U0385018

水文水资源与水利工程施工建设

宋金喜　曲荣良　郑太林　主编

吉林科学技术出版社

图书在版编目（CIP）数据

水文水资源与水利工程施工建设 / 宋金喜，曲荣良，郑太林主编 . —— 长春 : 吉林科学技术出版社，2022.12

ISBN 978-7-5744-0130-3

Ⅰ . ①水… Ⅱ . ①宋… ②曲… ③郑… Ⅲ . ①水文学—研究②水资源管理—研究③水利工程—工程施工—研究 Ⅳ . ① P33 ② TV213.4 ③ TV512

中国版本图书馆 CIP 数据核字 (2022) 第 247044 号

水文水资源与水利工程施工建设

主　　编	宋金喜　曲荣良　郑太林
出 版 人	宛　霞
责任编辑	李红梅
封面设计	刘梦杳
制　　版	刘梦杳
幅面尺寸	170mm×240mm
开　　本	16
字　　数	405 千字
印　　张	24
印　　数	1–1500 册
版　　次	2023年8月第1版
印　　次	2023年8月第1次印刷

出　　版	吉林科学技术出版社
发　　行	吉林科学技术出版社
地　　址	长春市南关区福祉大路5788号出版大厦A座
邮　　编	130118
发行部电话/传真	0431-81629529　81629530　81629531
	81629532　81629533　81629534
储运部电话	0431-86059116
编辑部电话	0431-81629510
印　　刷	廊坊市印艺阁数字科技有限公司

书　　号	ISBN 978-7-5744-0130-3
定　　价	90.00 元

前 言

水资源是生态—社会—经济系统的核心要素，是基础性自然资源和战略性经济资源。随着全球经济发展和人口的迅速增长，人类对水资源的需求量也急剧增加，水资源问题已引发了一系列社会经济问题。因此，水资源已成为全球可持续发展的重要基础。水资源学作为研究地球上人类可利用水资源的科学，在未来全球可持续发展研究中将发挥越来越重要的作用。

水文学主要叙述水文循环运动中，从降水到径流入海的过程，包括河川径流的基本概念、地面径流的运动规律、河川水文要素测量方法及在工程上的应用等问题。在水文分析中，常用数理统计的基本原理推求河川径流的年际变化与年内分配、进行枯水径流与洪水径流的调查分析与计算、整理降雨资料与暴雨公式、计算小流域暴雨洪水的流量和归纳城市降雨径流的特点。

生态问题是人类生存和发展的根本问题，为人类社会的发展提供物质基础和环境保障，不仅事关人类生存和发展，而且会影响整个国家的发展模式，生态文明是社会主义的重要内容，是建设和谐社会的基础和保障，是当前构建社会主义和谐社会面临的重大课题。水土资源是人类赖以生存和发展的基础性资源，水土流失是我国重大的环境问题。严重的水土流失导致水土资源破坏、生态环境恶化、自然灾害加剧，威胁国家生态安全、防洪安全、饮水安全和粮食安全，是我国经济社会可持续发展的突出制约因素，已成为我国实现生态文明的最大障碍。水土保持综合运用多种技术手段和措施，将生态改善目标与经济发展目标有机结合，推动生态、经济、社会的协调发展，是中华民族走向生态文明的必然选择。

本书突出了基本概念与基本原理，在写作时尝试多方面知识的融会贯通，注重知识层次递进，同时注重理论与实践的结合。希望对广大读者提供借鉴或帮助。

由于作者水平和时间有限，书中疏漏和不足之处在所难免，恳请专家、同行和广大读者提出宝贵意见。

目　录

第一章 水文与水资源概述

第一节 水文与水资源研究的对象和任务

水是生命之源，地球上一切生命活动都起源于水。水资源是人类生产和生活不可缺少的自然资源，也是生物赖以生存的环境资源。随着人口规模与经济规模的急剧增长，水资源的需求量不断增大。同时人类社会的高度发展对水环境造成了破坏乃至恶化，水资源短缺问题已成为全球性的战略问题。水资源危机的加剧和水环境质量的不断恶化，已成为未来人类可持续发展的主要限制因子之一。因此，针对水资源进行研究，掌握自然环境中水资源的运行、资源化利用、水资源消耗、污染治理及保护等基本问题是实现水资源可持续利用的关键性基础科学问题。

人类对水资源的认识已经历了很长时间，并进行了一系列研究。目前，学术界对水资源的定义尚未达成一致。各国学者从不同的角度对水资源进行了阐述，提出了许多具有重要意义的概念，不断加深了人类对水资源内涵的理解与认识。

一、水文与水资源概述

（一）水文与水资源概念

水是地球自然界最重要的组成部分，是人类及万物生存发展的基础。水资源可以理解为是人类长期生存、生活和生产活动中所需要的各种自然水，既包括数量和质量的含义，又包括使用价值和经济价值。水资源可以定义为：地球上目前和近期人类可直接或间接利用的水量的总称，是自然资源的一个重要组成部分，是人类生产和生活中不可缺少的资源。

水文一词泛指自然界中水的分布、运动和变化规律以及与环境的相互作用。水资源（water resource）一词虽然出现较早，随着时代进步其内涵也在不断丰富和发展。但是水资源的概念却既简单又复杂，其复杂的内涵通常表现在：水的类型繁多，具有运动性，各种水体具有相互转化的特性；水的用途广泛，各种用途对其量和质均有不同的要求；水资源所包含的"量"和"质"在一定条件下可以改变；更为重要的是，水资源的开发利用受经济技术、社会和环境条件的制约。因此，人们从不同角度的认识和体会，造成对水资源一词理解的不一致和认识的差异。目前，关于水资源普遍认可的概念可以理解为人类长期生存、生活和生产活动中所需要的具有数量要求和质量前提的水量，包括使用价值和经济价值。

水资源的定义有广义及狭义之分。广义水资源，指地球上水的总体。自然界中的水以固态、液态和气态的形式，存在于地球表面和地球岩石圈、大气圈和生物圈之中。因此，广义的水资源包括：地面水体，指海洋、沼泽、湖泊、冰川等；土壤水及地下水，主要存在于土壤和岩石中；生物水，存在于生物体中；气态水，存在于大气圈中。狭义的水资源，指逐年可以恢复和更新的淡水量，即大陆上由大气降水补给的各种地表、地下淡水的动态量，包括河流、湖泊、地下水、土壤水等。在水资源分析与评价中，常利用河川径流量和积极参与水循环的部分地下水作为水资源量。对于某一个流域或地区而言，水资源的含义则更为具体。广义的水资源就是大气降水，主要由地表水资源、土壤水资源和地下水资源三部分组成。在一定范围内，水资源存在两种主要转化途径：一是降水形成地表径流、壤中流和地下径流构成河川径流；二是以蒸发和散发的形式通过垂直方向回归大气。河川径流一般称为狭义水资源，主要包括地表径流、壤中流和地下径流。此外，水资源的定义是随着社会的发展而发展变化的，具有一定的时代性，并且出现了从非常广泛外延向逐渐明确内涵的方向演变的趋势。由于出发点不同，相对特定的研究学科，都从各个学科角度出发，提出了本学科含义以及研究对象的明确定义。

水资源由于自身的特性，其具有自然和社会经济两个方面的属性。自然属性——自然界天然存在，受自然因素控制，是参与自然界循环与平衡的重要因子。可利用性——水的类型多，有淡水、微咸水、中咸水、咸水、肥水；各种形态，气、固、液；赋存类型，地下水、地表水等。在自然生态环境和社会经济环境中水的用途广泛，要求不一。数量与质量兼顾性——在数量上要足够，在质量上满足需要，在一定条件下是可以改变的。时变性——是否是水资源在很大程度上取决于经济技术条件，今天认为或不能作为水资源的水随着经济技术的发展也可能成为水资源。

（二）国内水资源的不同定义

我国拥有悠久的水资源开发利用历史，在两千多年的实践过程中逐渐形成了具有中国特色的水利科学技术体系，并建设了一系列著名的水利工程，如秦代李冰主持修建了举世闻名的都江堰工程，科学地解决了江水的自动分流、排沙等水文难题，根治了水患，使川西平原成为"天府之国"。隋代开凿的京杭大运河，是世界上开凿最早、最长的运河，对沟通我国南北，促进社会经济发展发挥了巨大的推动作用，是我国古代水资源开发利用、水利工程建设的杰出代表之一。陈家琦和钱正英认为：广义的水资源是指在地球的水循环中，可供生态环境和人类社会利用的淡水，它的补给来源是大气降水，它的赋存形式是地表水、地下水和土壤水。其中把对生态环境的效用也理解为水资源的价值，但是对其他要素作了较多的限定。随着社会经济的不断发展，水资源概念的内涵将不断地发展与丰富。水资源这个名词在中国出现只是近几十年的事情，"水利资源"和"水力资源"的用法较"水资源"早。水资源定义的不断演化过程，也表明人类在水资源方面的知识和理解是一个不断深化的过程，不同学科对水资源的认识存在学科方面的认知差异。《中国农业百科全书·水利卷》定义水资源为：可恢复和更新的淡水量。详分为永久储量和可恢复的储量。永久储量：更替周期长，更新极为缓慢，利用消耗不能超过其恢复能力。可恢复的储量：参与全球水文循环最为活跃的动态水量，逐年可更新并在较短时间内可保持动态平衡，是人类常利用的水资源。

《中国大百科全书》在不同卷中对水资源作了不同解释："大气科学·海洋科学·水文科学卷"中对水资源的定义是"地球表层可供人类利用的水"，包括水量（质量）、水域和水能。"水利卷"中对水资源的定义为"自然界中各种形态（气态、液态或固态）的天然水"，并把可供人类利用的水作为"供评价的水资源"。"地理卷"中对水资源的定义是"地球上目前和近期人类可直接与间接利用的水资源，是自然资源的一个重要组成部分"。随着科学技术的发展，被人类所利用的水逐渐增多。

1.水资源含义的拓展

当今世界，随着水资源短缺程度的加剧和水资源开发利用技术的发展，人类开发利用水资源水平的提高，以及对水资源认识的不断深化，水资源含义也在不断拓展。如"洪水资源化""污水资源化""咸水和海水的利用和淡化""农业中的土壤水利用"，以及"人工增雨（雪）""雨水集蓄利用"等技术的发展，将进一步拓展水资源的范畴。

2.水资源量组成

一般认为"可供利用"是水资源的主要特征，而不是指地球上一切形态的水。可供利用即水源可靠，数量足够，且可通过自然界水文循环不断更新补充，大气降水为补给来源。水资源种类／组成按照其类型可分为海洋水、地下水、土壤水、冰川水、永冻土底冰、湖泊水等。

水资源是与人类生活、生产及社会进步密切相关的淡水资源，也可以理解为大陆上由降水补给的地表和地下的动态水量，可分别称为地表水资源和地下水资源。因此，水文与水资源学和人类生活及一切经济活动密切相关，如制定流域或较大地区的经济发展规划及水资源开发利用，抑或一个大流域的上中下游各河段水资源利用和调度以及工程建设都需要水文与水资源学方向的确切资料。一个违背了水文与水资源规律的流域或地区的规划、工程及灌区管理都将导致难以弥补的巨大损失。

二、水文与水资源研究的对象和任务

研究水文规律的学科称为水文学，是通过模拟和预报自然界中水量和水质的变化及发展动态，为开发利用水资源、控制洪水和保护水环境等方面的水利建设提供科学依据。而水资源作为一门学科是随着经济发展对水的需求和供给矛盾的不断加剧，伴随着水资源研究的不断深入而逐渐发展起来的。在这一发展过程中，水文学的内容一直贯穿在水资源学的始终，是水资源学的基础。

水文与水资源学，不但研究水资源的形成、运动和赋存特征以及各种水体的物理化学成分及其演化规律，而且研究如何利用工程措施，合理有效地开发、利用水资源并科学地避免和防治各种水环境问题的发生。在这个意义上可以说，水文与水资源学研究的内容和涉及的学科领域，较水文学还要广泛。

前已述及，水资源是与人类生活、生产及社会进步密切相关的淡水资源，也可以理解为大陆上由降水补给的地表和地下的动态水量，可分别称为地表水资源和地下水资源。因此，水文与水资源学和人类生活及一切经济活动密切相关，如制定流域或较大地区的经济发展规划及水资源开发利用，抑或一个大流域的上中下游各河段水资源利用和调度以及工程建设都需要水文与水资源学方向的确切资料。一个违背了水文与水资源规律的流域或地区的规划、工程及灌区管理都将导致难以弥补的巨大损失。

三、水文水资源在水利建设中的重要意义

近年来，我国经济发展速度和水利工程建设速度加快，生产和生活中广泛建设的水利工程对我国经济发展起到了重要作用，如在防洪、跨流域调水、调节局部气候等方面发挥了重要作用。水利工程建设的工作与我国目前的水资源环境对应，是适应我国经济发展方向的一种方法。尽管我国地大物博，淡水资源数量较大，基本可以满足我国国民生活的用水需要，但是我国人口数量众多，人均淡水拥有量低于世界平均水平。我国的水资源存在明显的时空分布不均现象，而全球气候变暖更加剧了时空分布不均的情况。现代

经济社会发展对水资源的污染和浪费，造成我国多数城市的水资源有不同程度的污染和缺乏，严重制约了我国经济的进一步发展。水文水资源管理中存在经费投入不足、设备不足、人才不足、节水意识淡薄、相关法律法规不完善等问题。在当前复杂多变的国际态势和经济形势下，我国经济发展面临的重要问题是如何高效利用和科学管理水资源。我国持续性建设水利工程项目，是解决人们生产生活中水资源不足和水污染严重等突出问题的重要途径。水文水资源的有效管理能促进水利工程项目的进一步发展，促进我国经济社会的快速发展，提高人们的生活水平。

（一）水文水资源管理应用的重要意义

1.水文水资源领域现代信息技术的意义

水文水资源研究管理中，最常见的应用是GPS（Global Positioning System）技术、GIS（Geography Information System）技术、RS（Remote Sensing）技术以及三者的融合（3S技术）。

GPS技术是用户端利用GPS星座卫星发送的星历和时间信息，通过计算机计算用户位置、运动方向及速度等信息的空间技术。GPS技术具有测量精度高、全天候、效率高、多功能、操作简便等优势，为水利建设中的工程测量提供空间坐标和移动路线，为水利工程建设提供方便、快捷且精确的测量方式。

GIS技术，一个显著的特征是可以精确地呈现空间实体与各实体之间的关系，表述出地图中各实体间的分布关系，进而重叠多个不同的图层，通过分析获得处理问题的最佳地理区块或模块。在水文情报预报中，GIS技术的应用主要表现在以下两个方面。

（1）信息的查询与分析。此功能以电子地图为依托，通过GIS和数据库与互联网技术综合应用，为我国水资源管理工作提供详尽的第一手资料。

（2）确定模型参数。水文水资源的管理经常使用与模型管理和分析相关的水文水资源，利用GIS技术对流域面雨量进行模型设计和计算，有效减少了现有技术分析方法的弊端，提高了模型处理的准确性。

GIS技术是客观的，数据分析尽量避免人为的主观要素，具有客观性和科学性。利用模型确定参数，借助计算机网络系统能够进一步提升边界分析质量，进而强化水文水资源模型系统在水利建设中的应用。

RS技术是通过从高空或外层空间接收来自地球表层各种地理的电磁波信息，然后对这些信息进行扫描、摄影、传送、处理，是对地表各类地上物和现象进行远程控制认识的现代综合技术。RS技术是涵盖现代物理学、数学方法、空间科学（微波技术、全息图技术、红外线技术、激光技术、雷达技术、光学等）、地球科学理论以及计算机技术的综合性探测技术。通过远距离操作，作业人员可以轻松获取预期的数据。在数据膨胀的今天，RS技术成为解决水文水资源及水利建设问题的重要手段。

在水利建设特别是水库建设中，可以利用3S技术完成水库水面面积、淹没面积和库容的测算。通过GIS与RS技术扫描提取水域面积，然后由得出的水库水域面积计算库容，从而建立"水位—面积—库容"模型。

可见，包括网络传输技术、3S技术在内的现代信息技术，为水利建设提供了多种多样的技术手段，提高了工作效率，减少了人力、物力投入。

2.控制废水的排污标准，实现水文水质动态同步监测

在水文水资源的管理业务中，水资源的合理分配始终是工作重心。要加强水资源的保护管理，不能只开发使用而破坏水资源。利用水文监测能够实时监测生活和生产污水的排放，保证可用水资源不受到污染和破坏，进而保证人们的生活用水质量能够达到相关执行标准。这不仅是保护我国的水资源环境，也是对人民生命财产安全负责的表现。因此，应加大科研投入，加快新仪器的研发和实践，从而实现各类水文要素和水质的在线监测及同步更新，为水利建设提供实时可靠的数据。

在水文水资源的同步动态监测中，还需加强水资源保护的法律规定，最大限度地保证水资源的水质不被污染，从法律层面为我国水文水资源管理做好防火墙。另外，我国很多地区由于城市化进程不断加快，工业污染不断加剧，居民的用水质量无法达到相关水质标准。但是，由于水资源的局限，只能继续使用不达标的水体，却没有相关单位对现有的自然水资源进行整治。

因此，要动态监测水文，时刻上传水环境状况至数据库，时刻检测水资源情况，第一时间发现水资源污染超标，并对有关工业企业进行问责。这不仅能够促进我国水资源的环境保护，而且有助于保证居民的用水安全。因此，在社会经济快速发展的同时，要加快立法和制定标准的步伐，使得水文水资源及水利建设相关标准与社会发展相适应。

3.水文与水资源管理对防洪减灾的意义

中国水文管理部门的责任在于监测水文灾害的发生，为洪水灾害救援提供技术支持。水文水资源的管理对防洪抗旱有着十分重要的作用。实际工作中，应加强水文水资源管理，掌握水环境变化规律，通过长时间的数据搜集整理发现有关的天气规律，利用计算机模型模拟和预测系统，有效应对灾害性天气，最大程度降低水资源灾害程度，降低水资源灾害问题对人民生命财产安全的威胁。所以，实际管理过程中，应当进一步提升水文水资源的检测水平，积极引进国外先进的检测技术和检测设备，及时掌握区域河流状况，密切关注降水情况，针对不同地区设置不同的报警阈值。一旦雨量过大或者水位过高等有发生洪涝灾害的危险，第一时间制定预警方案，从而进一步提升水文水资源管理水平。随着防洪减灾工作的开展，水文与水资源管理在预警、预防和水患灾害的治理中发挥了巨大作用。水文水资源环境管理工作与防洪减灾措施相辅相成，要不断完善相关技术，实施科学化管理，提升水资源管理水平。

（二）水文与水资源管理和水利工程密切相关

水文水资源和水利工程关系紧密。水文水资源管理工作在水利工程中的重要作用主要体现在以下几个方面。

1.资料信息的搜集

水文水资源和水利工程紧密的关系首先体现在水文水资源信息的搜集整理工作中。进行相关管理工作需有相关水资源的数据，而水资源信息的搜集整理工作主要包括如下内容。

（1）通过人工记录流域内的水文信息和水库相关信息，然后制作水资源的各类登记表等，最后作统计。需保证数据的正确性，否则十分不利于对数据的应用分析。

（2）利用收集的水文水资源信息和当地的地形信息等进行模型构建和分析。其中，困难是很多水利工程远离城市，地形复杂，设备延迟，可能会在设计时发生偏差，并且可能会在计算分析中出现错误。通过计算机设备进行测量和计算，可以提高数据的准确性，从而大大提高最终得到的结果的可靠性。

（3）水库各项数据必须经过加强处理。水库的防洪水位、坝顶高程等各项信息多年变化微小，甚至没有明显变化，经过后续加强处理可以多年使用。由于狂风暴雨等造成的自然腐蚀等，会导致水库硬度和水库容量等发生变化。这些变化的数据需要定期进行现场调查，统计中不能永久使用该数据，否则将出现大的误差。

2.现场勘测

在水库建设工程开工前，需进行现场勘查，深入了解水利工程的具体情况，如水土流失、水污染、防治等情况，确定水利工程加强工程符合水利工程地区的实际情况，也使资料收集和水利建设具有方向性。

3.确定死水位和蓄水位

一般情况下，水利工程建成后一旦确定了死水位和蓄水水位，长时间将无明显变化。但是，由于数据精度要求很高，因此，必须进行实地调查、勘察、测量，确定死水位和蓄水水位是否发生了变化。影响死水位和蓄水水位变化的主要情形如下。

（1）当水位受到主观因素影响时，可以与相关部门协商，引入自动观测仪器并加强校核，消除人为主观因素，确定正常的死水位和蓄水水位。

（2）如果输水管处于重要位置或水库容量无法满足蓄水要求，则必须进行勘察、测量，以确定水库现状和预计状态，然后根据水库的水位等各项水文要素进行调整，以确保其符合实际要求，但必须进行严谨的计算和校核，并保证在上级部门批准后调整。

（3）如果农业灌溉进入高峰期而供水量不足，一方面应向上级部门反映情况，另一方面要积极与上游水利工程管理部门协调，适当加大引入的水量，并适当适时地调高水库运行水位，确保满足灌溉要求。

4.分析水文水资源资料计算结果

在确定死水位和蓄水水位后，要分析水文水资源结果，选择最优的结果。一般的水文水资源资料分析方法是比较审阅的绘图和原始绘图。两者比较发现存在超出范围的偏差时，必须分析发生偏差的原因，以消除偏差产生的影响。在最终结果没有问题的情况下，可以按照图纸开展下一步加固工程。水利工程施工必须严谨，每一步修改和修正都必须有理有据。

综上所述，水文水资源在水利建设中具有重要作用，可为水利建设提供可靠的数据和分析方法，是水利建设不可缺少的重要环节。随着我国经济发展速度的不断加快，水文水资源管理不仅为水利工程的建设实现了弯道超车，而且对我国水文水资源的建设提出了新要求，要求其积极引进新的科学技术手段，为我国水利工程顺利开展打下基础，以满足人们向往美好生活的愿望。

第二节　水文与水资源的基本特征及研究方法

一、水文与水资源的基本特征

（一）时程变化的必然性和偶然性

水文与水资源的基本规律是指水资源（包括大气水、地表水和地下水）在某一时段内的状况，它的形成都具有其客观原因，都是一定条件下的必然现象。但是，从人们的认识能力来讲，和许多自然现象一样，由于影响因素复杂，人们对水文与水资源发生多种变化前因后果的认识并非十分清楚。故常把这些变化中能够作出解释或预测的部分称之为必然性。例如，河流每年的洪水期和枯水期，年际间的丰水年和枯水年；地下水位的变化也具有类似的现象。由于这种必然性在时间上具有年的、月的甚至日的变化，故又称之为周期性，相应地分别称之为多年周期、月的或季节性周期等。而将那些还不能作出解释或难以预测的部分，称之为水文现象或水资源的偶然性的反映。任一河流不同年份的流量过程不会完全一致；地下水位在不同年份的变化也不尽相同，泉水流量的变化有一定差异。这种反映也可称之为随机性，其规律要由大量的统计资料或长系列观测数据分析。

（二）地区变化的相似性和特殊性

相似性，主要指气候及地理条件相似的流域，其水文与水资源现象则具有一定的相似性，湿润地区河流径流的年内分布较均匀，干旱地区则差异较大；在水资源形成、分布特征也具有这种规律。

特殊性，是指不同下垫面条件产生不同的水文和水资源的变化规律。如河谷阶地和黄土塬区地下水赋存规律不同。

（三）水资源的循环性、有限性及分布的不均一性

水是自然界的重要组成物质，是环境中最活跃的要素。它不停地运动且积极参与自然环境中一系列物理的、化学的和生物的过程。

水资源与其他固体资源的本质区别在于其具有流动性，它是在水循环中形成的一种动态资源，具有循环性。水循环系统是一个庞大的自然水资源系统，水资源在开采利用后，能够得到大气降水的补给，处在不断的开采、补给和消耗、恢复的循环之中，可以不断地供给人类利用和满足生态平衡的需要。

在不断的消耗和补充过程中，在某种意义上水资源具有"取之不尽"的特点，恢复性强。可实际上全球淡水资源的蓄存量十分有限。全球的淡水资源仅占全球总水量的2.5%，且淡水资源大部分储存在极地冰帽和冰川中，真正能够被人类直接利用的淡水资源仅占全球总水量的0.796%。从水量动态平衡的观点来看，某一期间的水量消耗量应接近于该期间的水量补给量，否

11

则将会破坏水平衡，造成一系列不良的环境问题。可见，水循环过程是无限的，水资源的蓄存量是有限的，并非用之不尽、取之不竭。

水资源在自然界中具有一定的时间和空间分布。时空分布的不均匀是水资源的又一特性。全球水资源的分布表现为大洋洲的径流模数为 $51.0L/(s·km^2)$，亚洲为 $10.5L/(s·km^2)$，最高的比最低的多出数倍。

我国水资源在区域上分布不均匀。总的说来，东南多，西北少；沿海多，内陆少；山区多，平原少。在同一地区中，不同时间分布差异性很大，一般夏多冬少。

（四）利用的多样性

水资源是被人类在生产和生活活动中广泛利用的资源，不仅广泛应用于农业、工业和生活，还用于发电、水运、水产、旅游和环境改造等。在各种不同的用途中，有的是消耗用水，有的则是非消耗性或消耗很小的用水，而且对水质的要求各不相同。这是使水资源一水多用、充分发展其综合效益的有利条件。

此外，水资源与其他矿产资源相比，另一个最大区别是：水资源具有既可造福于人类，又可危害人类生存的两重性。

水资源质、量适宜，且时空分布均匀，将为区域经济发展、自然环境的良性循环和人类社会进步作出巨大贡献。水资源开发利用不当，又可制约国民经济发展，破坏人类的生存环境。如水利工程设计不当、管理不善，可造成垮坝事故，也可能引起土壤次生盐碱化。水量过多或过少的季节和地区，往往又产生各种各样的自然灾害。水量过多容易造成洪水泛滥，内涝渍水；水量过少容易形成干旱、盐渍化等自然灾害。适量开采地下水，可为国民经济各部门和居民生活提供水源，满足生产、生活的需求。无节制、不合理地抽取地下水，往往引起水位持续下降、水质恶化、水量减少、地面沉降，不仅影响生产发展，而且严重威胁人类生存。正是由于水资源利害的双重性质，在水资源的开发利用过程中尤其强调合理利用、有序开发，以达到兴利除害的目的。

二、水文与水资源学的研究方法

水文现象的研究方法，通常可分为以下三种，即成因分析法、数理统计法和地区综合法等。在这些方法的基础上随着水资源的研究不断深入，要求利用现代化理论和方法识别、模拟水资源系统，规划和管理水资源，保证水资源的合理开发、有效利用，实现优化管理、可持续利用。经过近几十年多学科的共同努力，水资源利用和管理的理论和方法取得了明显进展，主要为：

（一）水资源模拟与模型化

随着计算机技术的迅速发展以及信息论和系统工程理论在水资源系统研究中的广泛应用，水资源系统的状态与运行模型模拟已成为重要的研究工具。各类确定性、非确定性、综合性的水资源评价和科学管理数学模型的建立与完善，使水资源的信息系统分析、供水工程优化调度、水资源系统的优化管理与规划成为可能，加强了水资源合理开发利用、优化了管理的决策系统的功能和决策效果。

（二）水资源系统分析

水资源动态变化的多样性和随机性，水资源工程的多目标性和多任务性，河川径流和地下水的相互转化，水质和水量相互联系的密切性，以及水需求的可行方案必须适应国民经济和社会的发展，使水资源问题更趋复杂化，它涉及自然、社会、人文、经济等各个方面。因此，在对水资源系统分析过程中更注重系统分析的整体性和系统性。在20多年来的水资源规划过程中，研究者应用线性规划、动态规划、系统分析的理论力图寻求目标方程的优化解。总的来说，水资源系统分析正向着分层次、多目标的方向发展与完善。

（三）水资源信息管理系统

为了适应水资源系统分析与系统管理的需要，目前已初步建立了水资源信息分析与管理系统，主要涉及信息查询系统、数据和图形库系统、水资源状况评价系统、水资源管理与优化调度系统等。水资源信息管理系统的建立和运行，提高了水资源研究的层次和水平，加速了水资源合理开发利用和科学管理的进程。水资源信息管理系统已经成为水资源研究与管理的重要技术支柱。

（四）水环境研究

人类大规模的经济和社会活动对环境和生态的变化产生了极为深远的影响。环境、生态的变异又反过来引起自然界水资源的变化，部分或全部地改变原来水资源的变化规律。人们通过对水资源变化规律的研究，寻找这种变化规律与社会发展和经济建设之间的内在关系，以便有效地利用水资源，使环境质量向着有利于人类当今和长远利益的方向发展。

三、实现水资源循环利用的策略

（一）提高水资源利用效率

（1）及时制定落实国家节水行动的实施方案，开展相关政策解读和宣传，认真落实好相关工作任务，以更大力度、更高标准、更强举措推动节水，努力使节约用水成为全社会自觉行为。

（2）对于用水比较多的工业用水，为了提高用水重复率，可建立和完善循环用水系统，从而减少对水环境的污染，缓解城市供水的压力。此外，还可采用无污染或少污染的技术，推广新的节水器具等。在农业用水中，可利用河流水或培植需水少的作物，以减少灌溉用水量，从而提高水资源利用率。在平时生活中，重视水的重复利用。

（3）开展节水评价工作，各管理机构和各水利部门作为节水评价的实施主体，要修订相关规章制度，加强节水评价管理。

（二）开发和利用水资源要严格按照国家标准

水资源的合理开发、利用、节约和保护，可促进经济和社会的可持续发展，反之，则会给国民经济造成重大危害。举个例子来说，现在实行的最严格的水资源管理划定了三条红线，以用水总量控制红线而言，水资源管理如果没有合理开发利用，造成水资源浪费在一些高耗水、产能低的项目上，那么等到需要上马新项目的时候，就会发现被红线卡住导致新项目无法上马。因此，任何人在对水资源进行开发和利用时，都应严格按照国家的法律和法规标准，做到统筹兼顾和全面规划。

（三）增强对水资源的循环利用

对水资源循环利用，就是对水资源最大的节约。污、废水回用可以减少城市天然水体的取水量，缓解水资源危机，所以污、废水回用也是节水的重要方面。可行的污、废水回用有多方面，工业企业内部水的循环利用和重复利用是应用最广的一种。城市污水回用于工业，需要进行比排入天然水体更复杂的水处理，但对水短缺的地区，它在许多方案中仍是比较经济合理的一种。将城市污水回用于公用设施和住宅冲洗厕所、浇灌绿地、景观用水，浇洒道路等，也是很值得推广的。

（四）综合规划有效利用水资源

为了有效利用水资源，需进行综合规划。

（1）产业调整。根据产业情况，结合内外因进行切实可行的调整，以减少水资源的损耗。

（2）污水处理。通过对工业污水的处理，提高水资源的合理利用率。

（3）先进技术。加强现代先进技术的应用，配置比较完善的供水设备，并不断改进和升级，尽可能地减少水的浪费，更好地提高水资源的利用。

总而言之，必须坚持水资源循环利用的原则，促进用水的科学与合理，减少水资源的浪费。无论是企业还是家庭，或者是个人，都应该有节约用水的意识与习惯。

第三节　世界和中国水资源概况

一、世界水资源概况

从表面上看，地球上的水量是非常丰富的。地球71%的面积被水覆盖，其中97.5%是海水。如果不算两极的冰层、地下冰等，人们可以得到的淡水只有很小的一部分。此外，有限的水资源也很难再分配，巴西、俄罗斯、中国、加拿大、印度尼西亚、美国、印度、哥伦比亚和扎伊尔9个国家已经占去了这些水资源的6%。从未来的发展趋势看，由于社会对水的需求不断增加，而自然界所能提供的可利用的水资源又有一定限度，突出的供需矛盾使水资源已成为国民经济发展的重要制约因素，主要表现在如下两个方面。

（一）水量短缺严重，供需矛盾尖锐

随着社会需水量的大幅度增加，水资源供需矛盾日益突出，水量短缺现象非常严重。联合国在对世界范围内的水资源状况进行分析研究后发出警报："世界缺水将严重制约下个世纪经济发展，可能导致国家间冲突。"同时指出，全球已有1/4的人口面临着一场为得到足够的饮用水、灌溉用水和工业用水而展开的争斗。预测"到2025年，全世界将有2/3的人口面临严重缺水的局面"。

目前，全球地下水资源年开采量已达到550km^3，其中美国、印度、中国、巴基斯坦、欧共体、伊朗、墨西哥、日本、土耳其的开采总量占全球地下水开采量的85%。亚洲地区，在过去的40年里，人均水资源拥有量下降了40%～60%。

（二）水源污染严重，"水质型缺水"突出

随着经济、技术和城市化的发展，排放到环境中的污水量日益增多。据统计，目前全世界每年约有420km³污水排入江河湖海，污染了5500km²的淡水，约占全球径流总量的14%。由于人口的增加和工业的发展，排出的污水量将日益增加。估计今后25～30年内，全世界污水量将增加14倍。特别是在第三世界国家，污、废水基本不经处理即排入地表水体，由此造成全世界的水质日趋恶化。卫生学家估计，目前世界上有1/4人口患病是由水污染引起的。发展中国家每年有2500万人死于饮用不洁净的水，占所有发展中国家死亡人数的1/3。

水源污染造成的"水质型缺水"，加剧水资源短缺的矛盾和居民生活用水的紧张和不安全性。由于欧洲约有70%的人口居住在城市，而城市把大量的废物倾入大江大河，因此，通过供水管道流到居民家中的水的质量每况愈下。东欧的形势非常严峻，大多数自来水已被认为不宜饮用。由于工业废物的倾入，河流受污染严重，水环境的污染已严重制约国民经济的发展和人类的生存。

二、我国水资源概况

（一）我国水资源基本国情

我国地域辽阔，国土面积达960万平方千米。由于处于季风气候区域，受热带、太平洋低纬度上空温暖而潮湿气团的影响以及西南的印度洋和东北的鄂霍次克海的水蒸气的影响，东南地区、西南地区以及东北地区可获得充足的降水量，使我国成为世界上水资源相对比较丰富的国家之一。

据统计，我国多年平均降水量约6190km³，折合降水深度为648mm，与全球陆地降水深800mm相比，约低20%。全国河川年平均总径流量约2700km³，仅次于巴西、加拿大、美国、印度尼西亚。我国人均占有河川年径流2327m³，仅相当于世界人均占有量的1/4、美国人均占有量的1/6、俄罗斯人均占有量的1/8。世界人均占有年径流量最高的国家是加拿大，人均占有年径流量高达14.93万立方米，约是我国人均占有年径流量的64倍。

我国在每公顷平均所占有径流量方面不及巴西、加拿大、印度尼西亚和日本。上述结果表明，仅从表面看，我国河川总径流量相对丰富，属于丰水国，但我国人口和耕地面积基数大，人均和每公顷平均径流量相对要小得多，居世界80位之后。另外，我国地下水资源量估计约为800km³，由于地表水和地下水的相互转化，扣除重复部分，我国水资源总量约为2800km³。按人均与每公顷平均水资源量进行比较，我国仍为淡水资源贫乏的国家之一。这是我国水资源的基本国情。

（二）我国水资源特征

1.水资源空间分布特点

（1）降水、河流分布的不均匀性。我国水资源空间分布的特征主要表现为：降水和河川径流的地区分布不均，水土资源组合很不平衡。一个地区水资源的丰富程度主要取决于降水量的多寡。根据降水量空间的丰度和径流深度将全国地域分为5个不同水量级的径流地带，见表1-1所示。径流地带的分布受降水、地形、植被、土壤和地质等多种因素的影响，其中降水影响是主要的。由此可见，我国东南部属丰水带和多水带，西北部属少水带和缺水带，中间部分及东北地区则属于过渡带。

表1-1 我国径流带、径流深区域分布

径流带	年降水量（mm）	径流深（mm）	地区
丰水带	1600	>900	福建省和广东省的大部分地区、我国台湾的大部分地区、江苏省和湖南省的山地、广西壮族自治区南部、云南省西南部、西藏自治区的东南部
多水带	800~1600	200~900	广西壮族自治区、四川省、贵州省、云南省、秦岭—淮河以南的长江中游地区
过渡带	400~800	50~200	黄、淮河平原、陕西省的大部、四川省西北部和西藏自治区东部
少水带	200~400	10~50	东北西部、内蒙古自治区、宁夏回族自治区、甘肃省、新疆维吾尔自治区北部和西部、西藏自治区西部
缺水带	<200	<10	内蒙古自治区西部地区和准格尔、塔里木、柴达木三大盆地以及甘肃省北部的沙漠区

我国又是多河流分布的国家，流域面积在100km²以上的河流就有5万多

条，流域面积在1000km²以上的有1500条。在数万条河流中，年径流量大于7.0km³的大河流26条。我国河流的主要径流量分布在东南和中南地区，与降水量的分布具有高度一致性，这说明河流径流量与降水量之间有密切关系。

（2）地下水天然资源分布的不均匀性。作为水资源的重要组成部分，地下水天然资源的分布受地形及其主要补给来源降水量的制约。我国是一个地域辽阔、地形复杂、多山分布的国家，山区（包括山地、高原和丘陵）约占全国面积的69%，平原和盆地约占31%；地形特点是西高东低，山脉纵横交织，构成了我国地形的基本骨架。北方分布的大型平原和盆地成为地下水储存的良好场所。东西向排列的昆仑山—秦岭山脉，成为我国南北方的分界线，对地下水天然资源量的区域分布产生了重大的影响。

另外，年降水量由东南向西北递减所造成的东部地区湿润多雨、西北部地区干旱少雨的降水分布特征，对地下水资源的分布起到重要的控制作用。

地形、降水分布的差异性，使我国不仅地表水资源表现为南多北少的局面，而且地下水资源仍具有南方丰富、北方贫乏的空间分布特征。

由上述可见，占全国总面积60%的北方地区，水资源总量只占全国水资源总量的21%（约为579km³/年），不足南方的1/3。北方地区地下水天然资源量约260km³/年，约占全国地下水天然资源量的30%，不足南方的1/2。

而北方地下水开采资源量约140km³/年，占全国地下水年开采资源量的49%，宜井区开采资源量约130km³/年，占全国宜井区年开采资源量的61%。特别是占全国约1/3面积的西北地区，水资源量仅有220km³/年，只占全国的8%，地下水天然资源量和开采资源量分别为110km³/年和30km³/年，均占全国地下水天然资源量和开采量的13%。而东南及中南地区，面积仅占全国的13%，但水资源量占全国的38%，地下水天然资源量分别为260km³/年和80km³/年，均约占全国地下水天然资源量和开采资源量的30%。南、北地区地下水天然资源量的差异是十分明显的。

上述是地下水资源在数量上的空间分布状态。就储存空间而言，地下水与地表水存在较大差异。

地下水埋藏在地面以下的介质中，因此，按照含水介质类型，我国地下水可分为孔隙水、岩溶水及裂隙水三大类型，其中岩溶水占比25%，孔隙水占比27%，裂隙水占比48%。

由于沉积环境和地质条件的不同，各地不同类型的地下水所占的份额变化较大。孔隙水资源量主要分布在北方，占全国孔隙水天然资源量的65%。尤其在华北地区，孔隙水天然资源量占全国孔隙水天然资源量的24%以上，占该地区地下水天然资源量的50%以上。而南方的孔隙水仅占全国孔隙水天然资源量的35%，不足该地区地下水天然资源量的1/8。

我国碳酸盐岩出露面积约125万km²，约占全国总面积的13%。加上隐伏碳酸盐岩，总的分布面积可达200万km²。碳酸盐岩主要分布在我国南方地区，北方太行山区、晋西北、鲁中及辽宁省等地区也有分布，其面积占全国岩溶分布面积的1/8。

我国碳酸盐类岩溶水资源主要分布在南方，南方碳酸盐类岩溶水天然资源量约占全国碳酸盐类岩溶水天然资源量的89%，特别是西南地区，碳酸盐类岩溶水天然资源量约占全国碳酸盐类岩溶水天然资源量的63%。北方碳酸盐类岩溶水天然资源量占全国碳酸盐类岩溶水天然资源量的11%。

我国山区面积约占全国碳酸盐类面积的2/3，在山区广泛分布着碎屑岩、岩浆岩和变质岩类裂隙水。基岩裂隙水中以碎屑岩和玄武岩中的地下水相对较丰富，富水地段的地下水对解决人畜用水具有重要意义。我国基岩裂隙水主要分布在南方，其基岩裂隙水天然资源量约占全国基岩裂隙水天然资源量的73%。

我国地下水资源量的分布特点是南方高于北方，地下水资源的丰富程度由东南向西北逐渐减少。另外，由于我国各地区之间社会经济发达程度不一，各地人口密集程度、耕地发展情况均不相同，使不同地区人均、单位耕地面积所占有的地下水资源量具有较大的差别。

我国社会经济发展的特点主要表现为：东南、中南及华北地区人口密集，占全国总人口的65%；耕地多，占全国耕地总数的56%以上；特别是东南及中南地区，面积仅为全国的13.4%，却集中了全国39.1%的人口，拥有全国25.5%的耕地，为我国最发达的经济区。而西南和东北地区的经济发达程度次于东南、中南及华北地区。西北经济发达程度相对较低，约占全国面积

1/3的广大西北地区人口稀少，其人口、耕地分别只占全国的6.9%和12%。

我国地下水天然资源及人口、耕地的分布，决定了全国各地区人均和每公顷耕地平均地下水天然资源量的分配。地下水天然资源占有量分布的总体特点：华北、东北地区占有量最小，人均地下水天然资源量分别为351m³和545m³，平均每公顷地下水自然资源量分别为3420m³和3285m³，东南及中南地区地下水总占有量仅高于华北、东北地区，人均占有地下水天然资源量为全国平均水平的73%；地下水天然资源占有量最高的是西南和西北地区，西南地区的人均占有地下水天然资源量约为全国平均水平的2倍，平均每公顷地下水天然资源量为全国平均水平的2.7倍。

北方耕地面积占全国总耕地面积的60%，而地下水每公顷耕地平均占有量不足南方的1/2，人均占有量也大大低于南方。

2.水资源时间分布特征

我国的水资源不仅在地域上分布很不均匀，而且在时间分配上也很不均匀，无论年际或年内分配都是如此。时间分布不均匀主要是受我国区域气候的影响。

我国大部分地区受季风影响明显，降水年内分配不均匀，年际变化大，枯水年和丰水年连续发生。许多河流发生过3~8年的连丰、连枯期。

我国最大年降水量与最小年降水量之间相差悬殊。南部地区最大年降水量一般是最小年降水量的2~4倍，北部地区则达3~6倍。

降水量的年内分配也很不均匀，由于季风气候，我国长江以南地区由南往北雨季为3~6月至4~7月，降水量占全年的50%~60%。长江以北地区雨季为6~9月，降水量占全年的70%~80%。我国降水量年内分配的极不均匀性以及水资源合理开发利用的难度，充分说明我国地表水和地下水资源统一管理、联合调度的重要性和迫切性。

正是由于水资源在地域上和时间上分配不均匀，造成有些地方或某一时间内水资源富余，而另一些地方或时间内水资源贫乏。因此，在水资源开发利用、管理与规划中，水资源时空的再分配将成为克服我国水资源分布不均和灾害频繁状况，实现水资源最大限度有效利用的关键内容之一。

第二章　水资源特性研究

第一节　水与人类

人类的视野已经达到100多亿光年的宇宙深处。在茫茫宇宙中，在数以千亿计的大大小小星体中，我们生活的地球如沧海一粟。即使在太阳系里，我们的地球也几乎微不足道。但是，地球是一个很有特色而不可小视的星球。

1968年，天文学家在银河系中心附近发现了氨和水分子。此外，人们在河外星系里也发现了水分子；从夏威夷的红外望远镜里，看到了金牛星座星云里的大量星微粒状的冰；在太阳系的其他行星和卫星以及彗星里，也发现了一些水的迹象。但是，就目前来看，在人类认识的范围内，只有地球上海洋浩瀚，波澜壮阔；川流不息，白帆点点；冰山皑皑，巍峨峥嵘；云霞灿烂，雨露雪霜；绿草红花，林木森森；鸟兽虫鱼，物竞天择，一派生机盎然、欣欣向荣的景象。这一切都是由水造成的。而在其他已知的星体上，则是死气沉沉，寂寞无限。得天独厚，唯我地球上有水，水是我们地球的骄傲。正因如此，有的人觉得地球应当叫"水的星球""海洋行星""蓝色的星球"。

一、水是什么

（一）漫长的认识史

水是地球上极普通、极广泛的物质，但是，在物理学和理论化学研究的一切物质中，水的许多性状是最难研究的。原始人类就知道水这种物质。中国神话故事里有盘古氏开天辟地、大禹治水。古代哲学家从水得到灵感，希腊泰勒斯认为，水是万物之源，万物必复归于水。亚里士多德认为，水是构成世界上一切物体的四大基本元素之一（其他三个是火、气、土）。中国的哲学家也以金、木、水、火、土"五行"来说明世界上万物的起源。

人类很早就关注水这个物质的动态了。5000年前古埃及人观测尼罗河水位的记录，至今仍保存在意大利西西里的巴勒莫博物馆里。在中国仰韶文化（公元前50世纪—前30世纪）遗址出土的彩陶上，已有"水"的象形文字；殷商时代（公元前14世纪—前11世纪）的甲骨文里，已有了"水"这个字。

科学地认识水的物质结构，是近几个世纪的事。1612年，意大利天文学家和物理学家伽利略注意到冰的密度小于液体的水。1766年，英国化学家和物理学家卡文迪什发现了氢元素，通过火花放电制得了水。1784年，他测定了水的分子式是H_2O。1908年，法国物理学家佩林计算出了水分子的大小，因此获得了1923年的诺贝尔物理学奖。水的分子很小，1000万个水分子依次紧密排列出来，刚刚有4mm长。1932年，美国科学家尤里、布里克韦德和墨菲发现了氢的重同位素——氘。现在知道，氢和氧原子各有5种同位素，除去各有2种存在时间极短暂的以外，6种同位素共组成了18种水。也就是说，严格地讲，水是由H_2O及其同位素亚种组成。

（二）水的理化性质

一般人都认为，水是最典型的液体。其实，水是一种极不平常的液体，这可以从水的许多特性反映出来。水的物理性质和化学性质是水的最基本的自然特性。1665年，荷兰物理学家惠更斯得出水的沸点为100℃。水是天然状态下唯一的液体，而且数量多、分布广。其他液体，不是人或动植物生命活动的产物，就是人工合成的制品。水还是地球上唯一可以在天然状态下三态共存的物质。

1772年，德吕克指出，水在4℃时密度最大。据测定，水的密度，在0℃时为0.99987g/cm²，在3.98℃时最大，为1.00000g/cm³。水的这一密度，成了制定质量的计量单位"g"的物质依据。冰寒于水，而轻于水。水的固体比液体密度小，正因结冰始于水的表面，冰浮在水面，才有必要的生活空间。由于结冰而增加的压力，可达253MPa，足以胀裂巍峨的岩石，造成岩石风化，土崩瓦解，也造成对闸门、闸墩、挡水坝等水工建筑物的冻害。

在挥发程度相同的条件下，水的表面张力系数在常温下为 0.073N/m，比其他液体大得多（例如，酒精为 0.022N/m，丙酮为 0.024N/m，汽油为 0.029N/m）。水的表面就像有一张网，浮游生物得以在水面自由自在地滑行。巨大的表面张力，也使水能较容易地在岩石裂缝和土壤的细小缝隙间渗透，使植物的根须获得水的滋养。水的比热和气化热在液体中是最高的。水的比热容量为 4.1868J/（g·℃），是铁的 10 倍，砂的 5 倍，空气的 4 倍。在常温下，水的汽化热为 2445J/g。冰在 0℃时融解热为 33.7J/g。因此，水蒸气是能量的良好载体，这些差异，极大地影响着地球各地的气候，使近海地区气候温和。

水在一般压力下可以认为是不可压缩的，但是据测定，大洋表面水的密度为1.02813g/cm^3，而在10000m的深海处，水的密度为1.07104g/cm^2，即增大了约4%。也就是说，如果水是不可压缩的，洋面要比现在位置升高30m。大多数水分子是三三两两结合在一起的"缔合分子"，因此，水具有许多与众不同的性质。

在完全静止、没有结晶核心的状态下，水冷到-70℃也可以不结冰；但是这种过冷水一经震动，或有尘埃、冰晶等进入，便会立即结冰，并升温至0℃；水也可能达到150℃而不沸腾，但是如果有气泡进入，这种过热水便会很快降温至100℃。水是最好的溶剂，元素周期表上的各种化学物质都能不同程度地溶解于水。盐类的溶解度随水温和压力的升高而加大。例如，在10℃、100kPa压力情况下，NaCl的极限溶解度为257g/kg，而温度为500℃、压力为100MPa情况下，NaCl的极限溶解度可以达到561g/kg。天然水中含有很多微量成分，它们以离子状态或以与其他元素化合物结合的状态存在。

气体在水中的溶解度取决于温度、压力、矿化度等因素。20℃的水，1L可溶解二氧化碳665mL，而0℃的水，1L却可溶解1713mL。压力升高，溶解度加大。

（三）水从何处来

地球上的水是从何处来的？这是一个历史悠久、意味深长的问题。关于地球上水的形成，有30多种说法，大致可以归结为两类：一类是原生说，另一类是外来说。

原生说认为，宇宙的尘埃云凝聚成地球，随着地球快速的自转，含在熔融状态的原始物质里的水分便向地表移动，最终逐渐释放出来；当地球表面温度降至100℃以下时，呈气态的水才凝结成雨降落到地面。这过程大致发生在35亿年前。至今，地下岩浆中仍然含有大量的水分。火山喷发时，火山口的岩浆平均含水6%，有的甚至达到12%，这是原始物质含水的最好佐证。又据记载，著名的意大利维苏威火山在1906年喷发时，高压水蒸气柱高达1300m，持续了20多小时。因此，如果40km厚的大陆壳、6km厚的大洋壳都由岩浆凝结而成，那么，其释放的水量大体上与现代全球大洋的水量相当。目前，每年仍有660多km^{3}的原生水从地球内部逸放出来。

外来说大约又分为两种情况。一种认为，自地球诞生以后，每日都有大量的陨石降落到地球表面，从而源源不断地带来了宇宙的水。其中，球粒陨石是最常见的一种陨石，其含水量一般为0.5%~5%，有的可达10%以上。

另一种认为，从太阳辐射来的带正电的基本粒子——质子，与地球大气中的电子结合成氢原子，再与氧原子化合成水。原始的水经过几十亿年的演变，才成为今天的地球水，其成分和性质当然都发生了很大的变化，二者已不可同日而语。

二、水在人体中的作用

（一）宝贵的生命之源

人类十分关心"水"的信息，哪里暴雨成灾、庄稼被淹、街道成河、人们总揪心不已；哪里的沙漠底下发现了大量地下水，人们又欢呼雀跃、乐不可支；当滦河水引进天津的时候，政府向家庭发放茶叶，让老百姓品尝滦水沏茶的甘甜；当美国的"月球勘探者"发回的数据表明，月球两极存在大量冰冻状态水的时候，中国的一张晚报竟激动地用异乎寻常的大号字体、特大的照片和最突出的版面予以报道，尽管这水无论从时间还是空间来说都离人类十分遥远。这一切都是因为水是生命之源。

现代科学告诉我们，人体由5部分组成，蛋白质占17%，脂肪占13.8%，碳水化合物占1.5%，矿物质占6.1%，而水是人体的重要组成部分，约占到总重量的61.6%。婴儿的水分甚至占到体重的90%以上，就连坚硬的骨骼中也含有不少水分。因此，人体无时无刻都离不了水。

生命离开水是不能存活的。人体所含的水分不能过少，也不可过多。人对水的感觉是很敏锐的：缺水1%~2%，就会感觉口渴；缺水5%，就要唇干舌燥，十分难受，皮肤起皱，严重的会意识不清，以至于产生幻视；如果缺水10%~20%，将危及生命安全。

水创造过无数奇迹：在中国唐山大地震中，一群工人被堵在矿井里，靠矿井水度过了7天，终于被救；日本有个12岁的女学生，在登山归途中和同学们走散了，在深山里靠溪水度日，直到11天后遇救；1995年7月，韩国首尔三丰百货商场倒塌，600余人遇难，一名女售货员被救时，是靠舔吸水泥板上的滴水，熬过了285小时。

（二）特殊的作用

没有水就没有生命，生理学家有一句名言：生命就是朝气蓬勃的水。水在人体内担任着运输的功能。从外界吸收的氧气、水分和其他养料，首先要送到血液中，再经过细胞之间的淋巴液、脑脊液、腹腔液、关节液等"组织间液"，最后进入细胞而被利用。人所吃的食物中的营养成分，如淀粉、糖、脂肪、蛋白质等，要溶解于水才能被身体吸收。细胞里产生的二氧化碳和代谢废物，是先由水带到组织间液，再由血液送到肺和肾等器官，最后排出体外。

人体内分泌腺所分泌的激素，也是经过这样的途径到达应该去的地方而发挥出特殊的功用的。汗腺排泄汗液，皮肤表面也散失水分，带走大量体内新陈代谢活动中不断产生的热量，使体温不致上升，特别是在剧烈运动的时候。人体靠水来调节和保持基本恒定的体温。一般人一昼夜排出汗水约1.5L，呼吸失水约0.4L，每蒸发1g水，可散热3560J，总散热量很可观。在热天里干重体力活的人，有时一昼夜要消耗10L水，生活在非洲沙漠中的人白天每小时散失水1L。

此外，人还不断排泄尿液，成人每昼夜要排出1~1.8L尿液。水是血液的主要成分。血液在遍布人体的血管里流动，将氧气和营养送到需要的地方，再将新陈代谢产生的废物，送回肺、肾等排泄器官，完成循环运输工作。作为动力源的心脏，像一座强劲的泵站，每分钟将3.5~5.5L的新鲜血液压送出去，供应四方。

人体还有各种体液起着各自的特殊作用。比如，关节之间的关节囊液润滑着关节，保证运动的正常进行，减少关节的损伤；泪腺及时地分泌泪水，滋养圆润眼球，使其永远保持明亮，维护视力；深藏在内耳中的淋巴液，为人体的平衡提供了精确可靠的依据，使人的活动清醒正常地运行。这些体液主要是水，其他物质无法替代。

人体含水量随年龄的增长而有变化，刚出生3个月的婴儿，含水90%，不满1岁的小儿，含水80%，60岁以上的老年人，含水50%左右。人体里的水，约75%分布在细胞里，为细胞内液；约20%在组织间液里；其余在血浆里。许多生理现象，不仅反映了溶质的特征，也同样反映了溶剂——水的特征。

人体精确地维持着自身的"水平衡"。有资料说，一个成年人在不冷不热的季节每天大约吃掉含有0.75L水的固体食物，喝下约1.65L水，再通过氧化食物产生约0.35L水；以尿的形式排出约1.7L水，以汗的形式排出约0.5L水，由肺的呼吸排走约0.4L水；由大便排走约0.15L水。也就是说，为了维持正常的生理活动，一个成年人每天要吸收和排出各约2.75L水。

如上所述，人体不能缺水，相反地，人体水分过多一般都是由于病变。例如，患肾脏病或广泛的急性皮炎，皮肤大量潴留水分，发生水肿。心脏病患者的静脉血液回流受到阻碍，会造成下肢水肿。孕妇子宫压迫盆腔内血管，也会造成下肢水肿，有时体重因水分而每周增加0.5kg。水在人体中的作用，用美国医学博士巴尔克的话来概括就是："水可以作为强体剂、镇静剂、促泻剂、发汗剂、兴奋剂和新陈代谢促进剂。"

三、水在农业上的作用

（一）伴随作物一生

同样地，水也是植物和动物须臾不可或缺的物质。科学家测定，绿叶的含水量为75%～85%，苹果的含水量为85%，西红柿的含水量为90%～95%。水是植物的重要组成部分，而且维持着植物生命的活动，伴随植物的一生。1kg干玉米作物，是用368kg水浇灌出来的，1kg小麦、棉花、稻谷分别是用513kg、648kg、1000kg水浇灌出来的。俗话说得好，有收无收在于水，收多收少在于肥。水对农业的重要性，于此可见一斑。

农作物对水的需要，远远大于对其他养料。作物生长活跃和代谢旺盛的组织，含水量一般达到70%～80%，甚至90%以上。水在作物里起到三个方面的作用：水是作物细胞原生质的重要成分，水也是作物光合作用和有机物水解等过程的反应物；各种盐和气体是以水为溶剂而进入作物，并在作物体内运移；作物细胞的分裂、生长、利用光能和气体交换等生理活动，是靠细胞吸水膨胀而对细胞壁产生的一种压力（膨压）。作物通过根系的根毛和根表皮细胞的渗透作用，从土壤中吸收水分；经过根部的导管以及根茎叶的输导组织，把水分送到叶肉细胞，最后经过无数气孔散发到大气中去。作物需水量很大。例如，水稻的一日需水量（包括植株之间田面蒸发），在夏天为5～8mm，春秋天为3～5mm。作物一生中所需要的水量，可以用形成植物的干物质1g的总共需水量来反映。一株玉米一生大约消耗了200kg的水，最后的干物质仅仅700g。

水在作物生态环境中也具有十分重要的作用。调节土壤里的水分，会使作物根系和微生物获得良好的呼吸环境和保持正常活动；土壤水分的多少还影响土壤及地表的温度，从而影响到作物的生长发育；地面空气保持必要的湿润状况，既是作物生长所需，也是预防病虫害的措施之一；合理地灌水，可以控制土壤的盐碱，降低盐分。

（二）巨大的用量

为作物所需的灌溉用水，是人类用水最大的一项，在全世界约占到总用水量的65%，是名副其实的"用水大户"。20世纪，全世界人口从16亿猛增到60多亿，灌溉用水量也随之增长5～6倍。

四、水在工业上的作用

水在工业上的用途非常广泛，其作用是其他物质难以替代或根本无法替代的。在一些部门，水是作为工作动力而存在的。例如在水力发电站，强劲的水流冲击水轮机，带动发电机发出电力。在蒸汽机里，压力很大的水的蒸汽推动活塞，带动许多机器做功。

在另外的场合，人们利用水的流动性和巨大的热容量，为高速运转的机器、炽热的炼钢设备带走热量，进行降温冷却，使其保持连续工作的能力和较高的生产效率。在焦化工厂、煤炭制品场、纺织厂、印染厂等车间里，水是原料或成品的不可或缺的冲洗材料或洗涤剂。

许多地方用水作为调节空气温度和湿度的简便、廉价的介质，或直接以水喷雾冷却，或加冷冻机作间接冷却。例如，纺织厂的生产车间为了保持一定湿度，需要长年累月送给含有一定水分的空气。有些工业产品本身就是水体构成的，这主要是在食品工业方面。例如汽水、冰棍、人造冰等冷食，以及酱油、醋、啤酒、白酒等调料、饮料。

从20世纪60年代开始，随着人口的增长，许多耗水量大的工业出现，水对工业的重要性与日俱增。但是，工业用水量的多少与工业生产水平大有关系，先进的工艺也体现在耗用水量的降低上。同一工业类型，工艺水平越先进，用水的数量越小。例如，中国南方用直流式供水的钢铁厂，其用水量比同样生产规模但采取循环式供水的北方钢铁厂大60多倍，为日本同类钢铁厂用水量的86倍。

五、日见增长的城市用水

城市生活用水，包含城市居民用水和城市公共用水两个部分。前者包括饮用、洗涤、卫生和洗车、绿化用水等，后者包括所有商店、餐饮业、旅馆、浴池、影剧院、医院、学校、机关部队及消防等部门和场所的用水。随着人口增长、生活水平提高，城市用水增长特别快。国外城市标准多在300L左右，最高的在600L以上，如英国伯明翰为655L，俄罗斯莫斯科为600L。世界城市生活用水量增长很快，大约每10年增加50%，总需要量已十分巨大。专家分析，2000年全世界城市生活用水量达到4400亿m^3。

六、水与景观

风景是指一定地域内由山水、鸟兽、花草、树木、建筑物以及某些自然现象形成的可供人们观赏、愉悦身心的景象。因为地球上有水，所以地球上的许多景象都与水有关系，甚至可以说，绝大多数自然景象是由于水的存在、运动和变化所造成的，地球之美，美在有水，水是大自然的美容师、园艺师。水对地球的美化作用，大致可以分为气象的、地质地理的、水文水力的、人文的几个方面。

（一）气象景观

云，高低远近明暗颜色形态变幻无穷，接触地面是雾；水滴降落成雨，有毛毛雨、小雨、中雨、大雨、暴雨、大暴雨、特大暴雨；固体降水有千姿百态的雪，以及冰粒、冰雹等；地面或地物表面凝结的水滴是露，水气凝华在地面或地物表面的白色晶体是霜；阳光经雨滴雾滴折射和反射而在雨幕或雾幕上形成彩色霓虹光环，阳光或月光经冰晶折射和反射而在雨幕或雾幕上形成彩色光环、光弧、光柱。

（二）地质地理景观

水作为一种地质营力，主要参与地表或地球表部的塑造。雨水特别是暴雨的剥蚀、冲刷使大地千沟万壑，于是黄土高原出现奇特的塬、梁、峁景观，湘西有了张家界；泥石流搬运大量的泥沙石头，覆盖农田，破坏道路，摧毁村庄；水流冲刷河床和堤岸，又淤淀出沙洲和滩地，使河道迂回曲折变化无穷，大如"九曲黄河"，小如荆江的"九曲回肠"；甚至游荡善冲善淤善徙的黄河河道的变迁，也使人生发出"三十年河东，三十年河西"颇具哲理意味的感慨来；冰川像一把把利剑刨削山谷，形成一些奇特的堆积物；水在地下川流不息，溶蚀了岩石，塑造出千姿百态的喀斯特地貌，于是桂林的山水"甲天下"，云南的石林充满"阿诗玛"浪漫的诗情画意。大海亿万年的潮汐、波浪、冲刷、沉积，造成沧海桑田的巨大变化；迷人的西域楼兰古城，在1400多年前无声无息地消失在大沙漠中。究其原因，水源的枯竭是最重要的一点。罗布泊也在干旱中渐渐消失，使人无限惆怅，产生无尽遐想。以至雄浑之美的大漠荒原，如今也成了执着的科学工作者和无数勇敢的旅游者急切向往的地方。

（三）水文水力景观

水往低处流，百川归大海，给人许多启迪；树有根，水有源，追根穷源成为人们探求自然奥秘、勇往直前精神的体现；河流水位一年四季不停地升降，海洋潮汐日日夜夜定时地涨落，极大地丰富了人们的思想感情。人们像关心风云变幻那样关心水流的变化；洪水不期而至，汹涌澎湃，决堤破圩，造成农田减产甚至绝收，千万人流离失所，自古以来洪水被视为与猛兽同样凶恶，司马迁也慨叹道，"甚哉，水之为利害也"；平静舒缓的水流，令人心旷神怡，而激越磅礴的急流浪涛，更会激发人的斗志，鼓舞人的信心；冬天的水域也许是冰封雪飘，一派萧瑟景象，但是诗人和画家却从中看见"寒江钓雪"的绝妙风景。就连江河水分的清浊，也能促使人们因地因时制宜，学会区别对待，泾渭分明，各得其所。水的这一切看似普通的自然现象，却使人们在观察观赏之余，得到了无可估量的巨大精神财富。难怪中国自古就有"仁者乐山""智者乐水"这样的高论。

（四）园林艺术景观

各国造园学家一致认为，水从来就是园林中的重要组成部分，甚至认为水是园林中最有吸引力的景物。有的比喻说"水在园林中像一只快乐的眼睛"。中国明代出版的园林名著《园冶》总结园林水景的艺术时，还明确指出，水景所占的面积以整个园林面积的三分之一最为恰当。即使再小的园子，也追求"以拳代山，以勺代水"。

以水造景的形式，传统的有：把溪流引到园门口，在园中建池塘，形成弯弯曲曲的小河，幽深无限的溪涧，具有动态美、音响美的飞泉瀑布，以及文人雅士让流水传递酒杯的"流觞"等；近现代更发展有：池中建岛以增添池的变化，由"瀑布—水潭—溪流—水池"构成的人工循环系统，形状规则平易近人的整形水池，凉爽宜人的"践水踏步"，还有包括用声音光亮和电脑控制的形形色色的喷泉，等等。此外，水域中生长的动物、植物，也显出水的生气，使人欣赏之余产生"羡鱼之情"的美感。

第二节　水资源及其自然特性和社会特性

一、水资源的含义和特性

（一）宽泛的和特定的含义

水自古以来就是人类"生产资料和生活资料的天然来源"。但是，"水资源"一词的出现却是近代的事。1894年，美国地质调查局成立了一个水资源处。随着人们对水资源问题的日益关注，"水资源"一词才在中国频繁出现。由于研究的领域不同或思考的角度不同，专家学者们对"水资源"一词的理解大相径庭，对它的"定义"竟然有四五十种之多。因此，企图给出一个统一的权威的"水资源"定义，似乎不大现实，或许既无必要，也不可能，相反地，充分的探讨，集思广益，至关重要。

（二）水资源的特点

水资源作为自然资源的一种，具有许多自然资源的特性，同时具有许多独特的特性。为合理有效地利用水资源，充分发挥水资源的环境效益、经济效益和社会效益，需充分认识水资源的基本特点。

1.循环性

地球上的水体受太阳能的作用，不断地进行相互转换和周期性的循环过程，而且循环过程是永无止境、无限的，水资源在水循环过程中能够不断恢复、更新和再生，并在一定时空范围内保持动态平衡，循环过程的无限性使得水资源在一定开发利用状况下是取之不尽、用之不竭的。

2.有限性

在一定区域和一定时段内，水资源的总量是有限的，更新和恢复的水资源量也是有限的，水资源的消耗量不应该超过水资源的补给量，以前，人们认为地球上的水是无限的，导致人类不合理开发利用水资源，引起水资源短缺、水环境破坏和地面沉降等一系列不良后果。

3.不均匀性

水资源的不均匀性包括水资源在时间和空间两个方面上的不均匀性。由于受气候和地理条件的影响，不同地区水资源的分布有很大差别，例如我国总的来讲，东南多，西北少；沿海多，内陆少；山区多，平原少。水资源在时间上的不均匀性，主要表现在水资源的年际和年内变化幅度大，例如我国降水的年内分配和年际分配都极不均匀，汛期4个月的降水量占全年降水量的比率，南方约为60%，北方则为80%；最大年降雨量与最小年降雨量的比，南方为2~4倍，北方为3~6倍。水资源在时空分布上的不均匀性，给水资源的合理开发利用带来很大困难。

4.多用途性

水资源作为一种重要的资源，在国民经济各部门中的用途是相当广泛的，不仅能够用于农业灌溉、工业用水和生活供水，还可以用于水力发电、航运、水产养殖、旅游娱乐和环境改造等。随着人们生活水平的提高和社会国民经济的发展，对水资源的需求量不断增加，很多地区出现了水资源短缺的现象，水资源在各个方面的竞争日趋激烈，如何解决水资源短缺问题，满足水资源在各方面的需求是急需解决的问题之一。

5.不可代替性

水是生命的摇篮，是一切生物的命脉，如对于人来说，水是仅次于氧气的重要物质。成人体内，60%的重量是水，儿童体内水的比重更大，可达80%。水在维持人类生存、社会发展和生态环境等方面是其他资源无法代替的，水资源的短缺会严重制约社会经济的发展和人民生活的改善。

6.两重性

水资源是一种宝贵的自然资源，水资源可被用于农业灌溉、工业供水、生活供水、水力发电、水产养殖等各个方面，推动社会经济的发展，提高人民的生活水平，改善人类生存环境，这是水资源有利的一面；同时，水量过多，容易造成洪水泛滥等自然灾害，水量过少，容易造成干旱等自然灾害，影响人类社会的发展，这是水资源有害的一面。

7.公共性

水资源的用途十分广泛，各行各业都离不开水，这就使得水资源具有了公共性。《中华人民共和国水法》明确规定，水资源属于国家所有，水资源的所有权由国务院代表国家行使，国务院水行政主管部门负责全国水资源的统一管理和监督工作；任何单位和个人引水、截（蓄）水、排水，不得损害公共利益和他人的合法权益。

（三）"水资源"与"水利"

"水资源"一词，除了以上各种定义所阐述的自然属性方面内容之外，还经常扩展为一种对水资源的规划、管理、开发和评价等业务活动的代称。这时，它就同中国特有的"水利"行业，极易发生混淆，似乎具有基本一致的含义。例如，我国台湾地区1972年出版的《中国工程师手册》的"水资源规划"条目阐述为："以水之控制及利用为主要对象之活动，统称为水资源事业，包括水害防治、增加水源和用水。"此时，人们就很难分清什么是

"水利开发"，什么是"水资源开发"；什么是"水利规划"，什么是"水资源规划"了。但是，在中国，"水资源"与"水利"又是必须区别清楚的两个概念，根据专家们的意见，不妨从以下几个方面来比较二者的不同。

水利是有关治水业务的综合行业，在中国是古已有之的名词。而水资源业务只是水利综合业务的组成部分。当然，水资源研究中也有许多超越水利的新内容，如水资源评价和水资源模型等。

水资源业务多涉及水利工作的"软件"，如水利工作的前期工作和后期管理等，而很少涉及水利建筑物的工程技术问题。但是在中国，水的利用分属于不同部门，用水资源统一管理的名义比用水利管理易于统辖有关各部门。水资源工作可算是水利事业的后起之秀，在许多方面突破了传统水利的范畴。

水利科学是综合科学，有着比较完整的学科体系，包含自然科学、技术科学和社会科学等成分，主要是技术（工程）科学。水资源学则是水利科学的一个综合性的分支学科。

二、世界与中国的水资源

（一）世界水资源

水是一切生物赖以生存的必不可少的重要物质，是工农业生产、经济发展和环境改善不可替代的极为宝贵的自然资源。地球在地壳表层、表面和围绕气球的大气层中存在各种形态的，包括液态、气态和固态的水，形成地球的水圈，从表面上看，地球上的水量是非常丰富的。

地球上各种类型的水储量分布：水圈内海洋水、冰川与永久积雪地下水、永冻层中冰、湖泊水、土壤水、大气水、沼泽水、河流水和生物水等全部水体的总储存量为 13.86 亿 km^3，其中海洋水量为 13.38 亿 km^3，占地球总储存水量的 96.5%，这部分巨大的水体属于高盐量的咸水，除极少量水体被利用（作为冷却水、海水淡化）外绝大多数是不能被直接利用的。陆地上的水量仅有 0.48 亿 km^3，占地球总储存水量的 3.5%，就是在陆面这样有限的水体也并不全是淡水，淡水量仅有 0.35 亿 km^3，占陆地水储存量的 73%，其中

0.24亿 km^3 的淡水量，分布于冰川多积雪、两极和多年冻土中，以人类现有的技术条件很难利用。便于人类利用的水只有0.1065亿 km^3，占淡水总量的30.4%，仅占地球总储存水量的0.77%。因此，地球上的水量虽然非常丰富，然而可被人类利用的淡水资源量是很有限的。

地球上人类可以利用的淡水资源主要是指降水、地表水和地下水，其中降水资源量、地表水资源量和地下水资源量主要是指年平均降水量、多年平均年河川径流量和平均年地下水更新量（或可恢复量）。

（二）我国水资源

1.我国水资源总量

我国地处北半球亚欧大陆的东南部，受热带、太平洋低纬度上空温暖而潮湿气团的影响，以及西南的印度洋和东北的鄂霍次克海的水蒸气的影响，东南地区、西南地区以及东北地区可获得充足的降水量，使我国成为世界上水资源相对比较丰富的国家之一。

我国水利部门在综合有关文献资料的基础上，对世界上153个国家的水资源总量和人均水资源总量进行了统计。在进行统计的153个国家中，水资源总量排在前10名的国家分别是巴西、俄罗斯、美国、印度尼西亚、加拿大、中国、孟加拉国、印度委内瑞拉、哥伦比亚，中国仅次于巴西、俄罗斯、美国、印度尼西亚、加拿大，排在第6位，水资源总量比较丰富。

2.我国水资源特点

我国幅员辽阔，人口众多，地形、地貌、降水、气候条件等复杂多样，再加上耕地分布等因素的影响，使得我国水资源具有以下特点。

（1）总量相对丰富，人均拥有量少

我国多年平均年河川径流量为27115亿 m^3，排在世界第6位。然而，我国人口众多，年人均水资源量仅为2238.6 m^3，排在世界第21位。"国际人口行动"提出的《可持续水——人口和可更新水的供给前景》报告提出下列划分标准：人均水资源量少于1700 m^3/a，为用水紧张国家；人均水资源量少于1000 m^3/a，则为缺水国家；人均水资源量少于500 m^3/a，则为严重缺水国家。

随着人口的增加，到21世纪中叶，我国人均水资源量将接近1700m³/a，届时我国将成为用水紧张的国家。随着人民生活水平的提高，社会经济的不断发展，水资源的供需矛盾将会更加突出。

（2）水资源时空分布不均匀

我国水资源在空间上的分布很不均匀，南多北少，且与人口、耕地和经济的分布不相适应，使得有些地区水资源供给有余，有些地区水资源供给不足。据统计，南方面积、耕地面积、人口分别占全国总面积、耕地总面积、总人口的36.5%、36.0%、54.4%，但南方拥有的水资源总量却占全国水资源总量的81%，人均水资源量和亩均水资源量分别为41800m³/a和4130m³/a，约为全国人均水资源量和亩均水资源量的2倍和2.3倍。北方的辽河、海河、黄河、淮河四个流域片面积、耕地面积、人口分别占全国总面积、耕地总面积、总人口的18.7%、45.2%、38.4%，但上述四个流域拥有的水资源总量只相当于南方水资源总量的12%。

我国水资源在空间分布上的不均匀性，是造成我国北方和西北许多地区出现资源性缺水的根本原因，而水资源的短缺是影响这些地区经济发展、人民生活水平提高和环境改善等的主要因素之一。

由于我国大部分地区受季风气候的影响，我国水资源在时间分配上也存在明显的年际和年内变化，在我国南方地区，最大年降水量一般是最小年降水量的2~4倍，北方地区为3~6倍；我国长江以南地区由南往北雨季为3~6月至4~7月，雨季降水量占全年降水量的50%~60%，长江以北地区雨季为6~9月，雨季降水量占全年降水量的70%~80%。我国水资源的年际和年内变化剧烈，是造成我国水旱灾害频繁的根本原因，这给我国水资源的开发利用和农业生产等方面带来很多困难。

三、水资源的自然特性与经济特性

（一）水资源的自然特性

如上所述，水资源的自然属性中最基本的当数水的理化性质。水资源的其他自然属性，皆与此密切相关，值得注意。比如，液态水的流动性，使得水可以汇集与积蓄，这为城镇生活供水、水力发电、航运、水产养殖、防洪、旅游等活动，提供了重要的基本条件。水的代谢和水的循环，维持着地球上能量的传输，生物才得以生存和延续。水流的净化作用，水中的微生物和溶解氧，能把有机的废物分解，使得构成生物有机体的各种物质能够不断地回归大自然，从而维持着大自然的净化和再生，留给我们一个洁净宜人的世界。

（二）水资源的经济特性

水资源的经济特性明显地表现在四个方面。

1.水资源具有不可替代性

水资源在人类生活、生产上的作用，绝大多数情况下是其他物质不可替代的。有的方面（如工业部门的冷却水等）可以由其他物质替代，但是所花的代价过于昂贵或复杂，甚至给环境带来不良影响，得不偿失，成了实际上的不可替代。

2.水资源具有再生性

凭借自然界的水循环，人类使用的水资源是不会耗尽的可再生资源。但是使用和管理的不当，会极大地影响水资源的再生。例如，超量开采地下水，超过自然再生的能力，就会延缓水资源再生的周期，甚至造成当地地下水资源的枯竭。一水多用，提高水的利用率，以及代价较高的污水的再生化和资源化，也是水资源再生的途径。

3.水资源具有波动性

这反映在各地区水资源分布差异很大，同一地区的水资源历年各季不同，给使用造成许多困难，修工程进行调节要有巨大的经济投入。

4.水资源具有稀缺性

常年缺水地区，采取调水、节水、淡化海水、循环用水等方式解决水资源的紧缺，要付出巨大的经济代价。即使在水资源绝对数量并不少的地区，要获得可资利用的水资源量，也需要投入相应的生产成本，不会呼之即来，不能毫无限制、无代价地使用，因此也表现出不同程度的经济上的稀缺性。

第三节 水资源的形成与水循环

一、水资源的形成

水循环是地球上最重要、最活跃的物质循环之一，它实现了地球系统水量、能量和地球生物化学物质的迁移与转换，构成了全球性连续有序的动态大系统。水循环把海陆有机地连接起来，塑造着地表形态，制约着生态环境的平衡与协调，不断提供再生的淡水资源。因此，水循环对地球表层结构的演化和人类可持续发展都具有重大意义。

在水循环过程中，海陆之间的水汽交换以及大气水、地表水、地下水之间的相互转换，形成了陆地上的地表径流和地下径流。由于地表径流和地下径流的特殊运动，塑造了陆地的一种特殊形态——河流与流域。一个流域或特定区域的地表径流和地下径流的时空分布既与降水的时空分布有关，亦与流域的形态特征、自然地理特征有关。因此，不同流域或区域的地表水资源和地下水资源具有不同的形成过程及时空分布特性。

（一）地表水资源的形成与特点

地表水分为广义地表水和狭义地表水，前者指以液态或固态形式覆盖在地球表面上，暴露在大气中的自然水体，包括河流、湖泊、水库、沼泽、海洋、冰川和永久积雪等，后者则是陆地上各种液态、固态水体的总称，包括静态水和动态水，主要有河流、湖泊、水库、沼泽、冰川和永久积雪等，其中，动态水指河流径流量和冰川径流量，静态水指各种水体的储水量。地表水资源是指在人们生产生活中具有实用价值和经济价值的地表水，包括冰雪水、河川水和湖沼水等，一般用河川径流量表示。

39

在多年平均情况下，水资源量的收支项主要为降水、蒸发和径流，水量平衡时，收支在数量上是相等的。降水作为水资源的收入项，决定着地表水资源的数量、时空分布和可开发利用程度。由于地表水资源所能利用的是河流径流量，所以在讨论地表水资源的形成与分布时，重点讨论构成地表水资源的河流资源的形成与分布问题。降水、蒸发和径流是决定区域水资源状态的三要素，三者数量及其可利用量之间的变化关系决定着区域水资源的数量和可利用量。

1.降水

（1）降雨的形成

降水是指液态或固态的水汽凝结物从云中落到地表的现象，如雨、雪、雾、雹、露、霜等，其中以雨、雪为主。我国大部分地区，一年内降水以雨水为主，雪仅占少部分。所以，通常说的降水主要指降雨。当水平方向温度、湿度比较均匀的大块空气即气团受到某种外力的作用向上升时，气压降低，空气膨胀，为克服分子间引力需消耗自身的能量，在上升过程中发生动力冷却，使气团降温。当温度下降到使原来未饱和的空气达到过饱和状态时，大量多余的水汽便凝结成云。云中水滴不断增大，直到不能被上升气流所托时，便在重力作用下形成降雨。因此，空气的垂直上升运动和空气中水汽含量超过饱和水汽含量是产生降雨的基本条件。

（2）降雨的分类

按空气上升的原因，降雨可分为锋面雨、地形雨、对流雨和气旋雨。

锋面雨：冷暖气团相遇，其交界面叫锋面，锋面与地面的相交地带叫锋线，锋面随冷暖气团的移动而移动。锋面上的暖气团被抬升到冷气团上面。在抬升的过程中，空气中的水汽冷却凝结，形成的降水叫锋面雨。根据冷、暖气团运动情况，锋面雨又可分为冷锋雨和暖锋雨。当冷气团向暖气团推进时，因冷空气较重，冷气团楔进暖气团下方，把暖气团挤向上方，发生动力冷却而致雨，称为冷锋雨。当暖气团向冷气团移动时，由于地面的摩擦作用，上层移动较快，底层较慢，使锋面坡度较小，暖空气沿着这个平缓的坡面在冷气团上爬升，在锋面上形成了一系列云系并冷却致雨，称为暖锋雨。

我国大部分地区在温带，属南北气流交汇区域，因此，锋面雨的影响很大，常造成河流的洪水，我国夏季受季风影响，东南地区多暖锋雨，如长江中下游的梅雨；北方地区多冷锋雨。

地形雨：暖湿气流在运移过程中，遇到丘陵、高原、山脉等阻挡而沿坡面上升而冷却致雨，称为地形雨。地形雨大部分降落在山地的迎风坡。在背风坡，气流下降增温，且大部分水汽已在迎风坡降落，故降雨稀少。

对流雨：当暖湿空气笼罩一个地区时，因下垫面局部受热增温，与上层温度较低的空气产生强烈对流作用，使暖空气上升冷却致雨，称为对流雨。对流雨一般强度大，但雨区小，历时也较短，并常伴有雷电，又称雷阵雨。

气旋雨：气旋是中心气压低于四周的大气涡旋。涡旋运动引起暖湿气团大规模的上升运动，水汽因动力冷却而致雨，称为气旋。按热力学性质分类，气旋可分为温带气旋和热带气旋。我国气象部门把中心地区附近地面最大风速达到12级的热带气旋称为台风。

（3）降雨的特征

降雨的特征常用降水量、降水历时、降水强度、降水面积及暴雨中心等基本因素表示。降水量是指在一定时段内降落在某一点或某一面积上的总水量，用深度表示，以mm计。降水量一般分为7级。降水的持续时间称为降水历时，以min、h、d计。降水笼罩的平面面积称为降水面积，以km^{2}计。暴雨集中的较小局部地区，称为暴雨中心。降水历时和降水强度反映了降水的时程分配，降水面积和暴雨中心反映了降水的空间分配。

2.径流

径流是指由降水所形成的，沿着流域地表和地下向河川、湖泊、水库、洼地等流动的水流。其中，沿着地面流动的水流称为地表径流；沿着土壤岩石孔隙流动的水流称为地下径流；汇集到河流后，在重力作用下沿河床流动的水流称为河川径流。径流因降水形式和补给来源的不同，可分为降雨径流和融雪径流，我国大部分以降雨径流为主。径流过程是地球上水循环中重要的一环。在水循环过程中，陆地上的降水34%转化为地表径流和地下径流汇入海洋。径流过程又是一个复杂多变的过程，与水资源的开发利用、水环境保护、人类同洪旱灾害的斗争等生产经济活动密切相关。

（1）径流形成过程及影响因素

由降水到达地面时起，到水流流经出口断面的整个过程，称为径流形成过程。降水的形式不同，径流的形成过程也各不相同。大气降水的多变性和流域自然地理条件的复杂性决定了径流形成过程是一个错综复杂的物理过程。降水落到流域面上后，首先向土壤内下渗，一部分水以壤中流形式汇入沟渠，形成上层壤中流；一部分水继续下渗，补给地下水；还有一部分以土壤水形式保持在土壤内，其中一部分消耗蒸发。当土壤含水量达到饱和或降水强度大于入渗强度时，降水扣除入渗后还有剩余，余水开始流动充填坑洼，继而形成坡面流汇入河槽，和壤中流一起形成出口流量过程。故整个径流形成过程往往涉及大气降水、土壤下渗、壤中流、地下水、蒸发、填洼、坡面流和河槽汇流，是气象因素和流域自然地理条件综合作用的过程，难以用数学模型描述。为便于分析，一般把它概化为产流阶段和汇流阶段。产流是降水扣除损失后的净雨产生径流的过程。汇流，指净雨沿坡面从地面和地下汇入河网，然后沿着河网汇集到流域出口断面的过程。前者称为坡地汇流，后者称为河网汇流，两部分过程合称为流域汇流。影响径流形成的因素有气候因素、地理因素和人类活动因素。

①气候因素。气候因素主要是降水和蒸发。降水是径流形成的必要条件，是决定区域地表水资源丰富程度、时空间分布及可利用程度与数量的最重要的因素。其他条件相同时降雨强度大、历时长、降雨笼罩面积大，则产生的径流也大。同一流域，雨型不同，形成的径流过程也不同。蒸发直接影响径流量的大小。蒸发量大，降水损失量就大，形成的径流量就小。对于一次暴雨形成的径流来说，虽然在径流形成的过程中蒸发量的数值相对不大，甚至可忽略不计，但流域在降雨开始时土壤含水量直接影响着本次降雨的损失量，即影响着径流量，而土壤含水量与流域蒸发有密切关系。

②地理因素。地理因素包括流域地形、流域的大小和形状、河道特性、土壤、岩石和地质构造、植被、湖泊和沼泽等。流域地形特征包括地面高程、坡面倾斜方向及流域坡度等。流域地形通过影响气候因素间接影响径流

的特性，如山地迎风坡降雨量较大，背风坡降雨量小；地面高程较高时，气温低，蒸发量小，降雨损失量小。流域地形还直接影响汇流条件，从而影响径流过程。如地形陡峭，河道比降大，则水流速度快，河槽汇流时间较短，洪水陡涨陡落，流量过程线多呈尖瘦形；反之，则较平缓。流域大小不同，对调节径流的作用也不同。流域面积越大，地表与地下蓄水容积越大，调节能力也越强。流域面积较大的河流，河槽下切较深，得到的地下水补给就较多。流域面积小的河流，河槽下切往往较浅，因此，地下水补给也较少。流域长度决定了径流到达出口断面所需要的汇流时间。汇流时间越长，流量过程线越平缓。流域形状与河系排列有密切关系。扇形排列的河系，各支流洪水较集中地汇入干流，流量过程线往往较陡峻；羽形排列的河系各支流洪水可顺序而下，遭遇的机会少，流量过程线较矮平；平行状排列的河系，其流量过程线与扇形排列的河系类似。河道特性包括河道长度、坡度和糙率。河道短、坡度大、糙率小，则水流流速大，河道输送水流能力大，流量过程线尖瘦；反之，则较平缓。流域土壤、岩石性质和地质构造与下渗量的大小有直接关系，从而影响产流量和径流过程特性，以及地表径流和地下径流的产流比例关系。植被能阻滞地表水流，增加下渗。森林地区表层土壤容易透水，有利于雨水渗入地下从而增大地下径流，减少地表径流，使径流趋于均匀。融雪补给的河流，由于森林内温度较低，能延长融雪时间，使春汛径流历时增长。湖泊（包括水库和沼泽）对径流有一定的调节作用，能拦蓄洪水，削减洪峰，使径流过程变得平缓。因水面蒸发较陆面蒸发大，湖泊、沼泽增加了蒸发量，使径流量减少。

③人类活动因素。影响径流的人类活动是指人们为了开发利用和保护水资源，达到除害兴利的目的而修建的水利工程及采用农林措施等。这些工程和措施改变了流域的自然面貌，从而也改变了径流的形成和变化条件，影响了蒸发量、径流量及其时空分布、地表和地下径流的比例、水体水质等。例如，蓄、引水工程改变了径流时空分布；水土保持措施能增加下渗水量，改变地表和地下水的比例及径流时程分布，影响蒸发；水库和灌溉设施增加了蒸发，减少了径流。

（2）河流径流补给

河流径流补给又称河流水源补给。河流补给的类型及其变化决定着河流的水文特性。我国大多数河流的补给主要是流域上的降水。根据降水形式及其向河流运动的路径，河流的补给可分为雨水补给、地下水补给、冰雪融水补给以及湖泊、沼泽补给等。

①雨水补给。雨水是我国河流补给的最主要水源。当降雨强度大于土壤入渗强度后产生地表径流，雨水汇入溪流和江河之中从而使河水径流得以补充。以雨水补给为主的河流的水情特点是水位与流量变化快，在时程上与降雨有较好的对应关系，河流径流的年内分配不均匀，年际变化大，丰枯悬殊。

②地下水补给。地下水补给是我国河流补给的一种普遍形式。特别是在冬季和少雨无雨季节，大部分河流水量基本上来自地下水。地下水是雨水和冰雪融水渗入地下转化而成的，它的基本来源仍然是降水，因其经地下"水库"的调节，对河流径流量及其在时间上的变化产生影响。以地下水补给为主的河流，其年内分配和年际变化都较均匀。

③冰雪融水补给。冬季在流域表面的积雪、冰川，至次年春季随着气候的变暖而融化成液态的水，补给河流而形成春汛。此种补给类型在全国河流中所占比例不大，水量有限但冰雪融水补给主要发生在春季，这时正是我国农业生产上需水的季节，因此，对于我国北方地区春季农业用水有着重要的意义。冰雪融水补给具有明显的日变化和年变化，补给水量的年际变化幅度要小于雨水补给。这是因为融水量主要与太阳辐射、气温变化一致，而气温的年际变化比降雨量年际变化小。

④湖泊、沼泽水补给。流域内山地的湖泊常成为河流的源头。位于河流中下游地区的湖泊，接纳湖区河流来水，又转而补给河流。这类湖泊由于湖面广阔，深度较大，对河流径流有调节作用。河流流量较大时，部分洪水流进大湖内，削减了洪峰流量；河流流量较小时，湖水流入下流，补充径流量，使河流水量年内变化趋于均匀。沼泽水补给量小，对河流径流调节作用不明显。我国河流主要靠降雨补给。华北、东北的河流虽也有冰雪融水补

给，但仍以降雨补给为主，为混合补给。只有新疆、青海等地的部分河流是靠冰川、积雪融水补给，该地区的其他河流仍然是混合补给。由于各地气候条件的差异，上述四种补给在不同地区的河流中所占比例差别较大。

（3）径流时空分布

①径流的区域分布。受降水量影响，以及地形地质条件的综合影响，年径流区域分布既有地域性的变化，又有局部的变化，我国年径流深度分布的总体趋势与降水量分布一样由东南向西北递减。

②径流的年际变化。径流的年际变化包括径流的年际变化幅度和径流的多年变化过程两个方面，年际变化幅度常用年径流量变差系数和年径流极值比表示。年径流变差系数大，年径流的年际变化就大，不利于水资源的开发利用，也容易发生洪涝灾害；反之，年径流的年际变化小，有利于水资源的开发利用。影响年径流变差系数的主要因素是年降水量、径流补给类型和流域面积。降水量丰富地区，其降水量的年际变化小，植被茂盛，蒸发稳定，地表径流较丰沛，因此年径流变差系数小；反之，年径流变差系数则大。相比较而言，降水补给的年径流变差系数大于冰川、积雪融水和降水混合补给的年径流变差系数，而后者又大于地下水补给的年径流变差系数。流域面积越大，径流成分越复杂，各支流之间、干支流之间的径流丰枯变化可以互相调节；另外，面积大，因河川切割很深，地下水的补给丰富而稳定。因此，流域面积越大，其年径流变差系数越小。

③径流的季节变化。河流径流一年内有规律的变化，叫作径流的季节变化，取决于河流径流补给来源的类型及变化规律。以雨水补给为主的河流，主要随降雨量的季节变化而变化。以冰雪融水补给为主的河流，则随气温的变化而变化。径流季节变化大的河流，容易发生干旱和洪涝灾害。我国绝大部分地区为季风区，雨量主要集中在夏季，径流也是如此。而西部内陆河流主要靠冰雪融水补给，夏季气温高，径流集中在夏季，形成我国绝大部分地区夏季径流占优势的基本布局。

3.蒸发

蒸发是地表或地下的水由液态或固态转化为水汽，并进入大气的物理过程，是水文循环中的基本环节之一，也是重要的水量平衡要素，对径流有直接影响。蒸发主要取决于暴露表面的水的面积与状况，与温度、阳光辐射、风、大气压力和水中的杂质质量有关，其大小可用蒸发量或蒸发率表示。蒸发量是指某一时段如日、月、年内总蒸发掉的水层深度，以mm计；蒸发率是指单位时间内的蒸发量，以mm/min或mm/h计。流域或区域上的蒸发包括水面蒸发和陆面蒸发，后者包括土壤蒸发和植物蒸腾。

（1）水面蒸发

水面蒸发是指江、河、湖泊、水库和沼泽等地表水体水面上的蒸发现象。水面蒸发是最简单的蒸发方式，属饱和蒸发。影响水面蒸发的主要因素是温度、湿度、辐射、风速和气压等气象条件。因此，在地域分布上，冷湿地区水面蒸发量小，干燥、气温高的地区水面蒸发量大；高山地区水面蒸发量小，平原区水面蒸发量大。

水面蒸发的地区分布呈现出如下特点：低温湿润地区水面蒸发量小，高温干燥地区水面蒸发量大；蒸发低值区一般多在山区，而高值区多在平原区和高原区，平原区的水面蒸发大于山区；水面蒸发的年内分配与气温、降水有关，年际变化不大。我国多年平均水面蒸发量最低值为400mm，最高可达2600mm，相差悬殊。暴雨中心地区水面蒸发可能是低值中心，例如四川雅安天漏暴雨区，其水面蒸发为长江流域最小地区，其中荥经站的年水面蒸发量仅为564mm。

（2）陆面蒸发

①土壤蒸发。土壤蒸发是指水分从土壤中以水汽形式逸出地面的现象。它比水面蒸发要复杂得多，除了受上述气象条件的影响外，还与土壤性质、土壤结构、土壤含水量、地下水位的高低、地势和植被状况等因素密切相关。对于完全饱和、无后继水量加入的土壤其蒸发过程大体上可分为三个阶段。第一阶段，土壤完全饱和，供水充分，蒸发在表层土壤进行，此时的蒸发率等于或接近于土壤蒸发能力，蒸发量大而稳定。第二阶段，由于水分逐渐蒸发消耗，土壤含水量转化为非饱和状态，局部表土开始干化，土壤蒸发一部分仍在地表进行，另一部分发生在土壤内部。在此阶段中，随着土壤含

水量的减少，供水条件越来越差，故其蒸发率随时间逐渐减小。第三阶段表层土壤干涸，向深层扩展，土壤水分蒸发主要发生在土壤内部。蒸发形成的水汽由分子扩散作用通过表面干涸层逸入大气，其速度极为缓慢、蒸发量小而稳定，直至基本终止。由此可见，土壤蒸发影响土壤含水量的变化，是土壤失水的干化过程，是水文循环的重要环节。

②植物蒸腾。土壤中水分经植物根系吸收，输送到叶面，散发到大气中，称为植物蒸腾或植物散发。由于植物本身参与了这个过程，并能利用叶面气孔进行调节，故是一种生物物理过程，比水面蒸发和土壤蒸发更为复杂，它与土壤环境、植物的生理结构以及大气状况有密切的关系。由于植物生长于土壤中，故植物蒸腾与植物覆盖下土壤的蒸发实际上是并存的。因此，研究植物蒸腾往往和土壤蒸发合并进行。目前陆面蒸发量一般采用水量平衡法估算，对多年平均陆面蒸发来讲，它由流域内年降水量减去年径流量而得，陆面蒸发等值线即以此方法绘制而得；除此，陆面蒸发量还可以利用经验公式来估算。

（3）流域总蒸发

流域总蒸发是流域内所有的水面蒸发、土壤蒸发和植物蒸腾的总和。因为流域内气象条件和下垫面条件复杂，要直接测出流域的总蒸发几乎不可能，实用的方法是先对流域进行综合研究，再用水量平衡法或模型计算方法求出流域的总蒸发。

（二）地下水资源的形成与特点

地下水是指存在于地表以下岩石和土壤的孔隙、裂隙、溶洞中的各种状态的水体由渗透和凝结作用形成，主要来源为大气水。广义的地下水是指赋存于地面以下岩土孔隙中的水，包括包气带及饱水带中的孔隙水。狭义的地下水则指赋存于饱水带岩土孔隙中的水。地下水资源是指能被人类利用、逐年可以恢复更新的各种状态的地下水。地下水由于水量稳定，水质较好，是工农业生产和人们生活的重要水源。

1.岩石孔隙中水的存在形式

岩石孔隙中水的存在形式主要为气态水、结合水、重力水、毛细水和固态水。

气态水：以水蒸气状态储存和运动于未饱和的岩石孔隙之中，来源于地表大气中的水汽移入或岩石中其他水分蒸发，气态水可以随空气的流动而运动。空气不运动时，气态水也可以由绝对湿度大的地方向绝对湿度小的地方运动。当岩石孔隙中水汽增多达到饱和时，或当周围温度降低至露点时，气态水开始凝结成液态水而补给地下水。由于气态水的凝结不一定在蒸发地区进行，因此会影响地下水的重新分布。气态水本身不能直接开采利用，也不能被植物吸收。

结合水：松散岩石颗粒表面和坚硬岩石孔隙壁面，因分子引力和静电引力作用产生使水分子被牢固地吸附在岩石颗粒表面，并在颗粒周围形成很薄的第一层水膜，称为吸着水。吸着水被牢牢地吸附在颗粒表面，其吸附力达100atm（标准大气压），不能在重力作用下运动，故又称为强结合水。其特征为：不能流动，但可转化为气态水而移动；冰点降低至$-78℃$以下；不能溶解盐类，无导电性；具有极大的黏滞性和弹性；平均密度为$2g/m^3$。吸着水的外层，还有许多水分子亦受到岩石颗粒引力的影响，吸附着第二层水膜，称为薄膜水。薄膜水的水分子距颗粒表面较远，吸引力较弱，故又称为弱结合水。薄膜水的特点是：因引力不等，两个质点的薄膜水可以相互移动，由薄膜厚的地方向薄处转移；薄膜水的密度虽与普通水差不多，但黏滞性仍然较大；有较低的溶解盐的能力。吸着水与薄膜水统称为结合水，都是受颗粒表面的静电引力作用而被吸附在颗粒表面。它们的含水量主要取决于岩石颗粒的表面积大小，与表面积大小成正比。在包气带中，因结合水的分布是不连续的，所以不能传递静水压力；而处在地下水面以下的饱水带时，当外力大于结合水的抗剪强度时，则结合水便能传递静水压力。

重力水：岩石颗粒表面的水分子增厚到一定程度，水分子的重力大于颗粒表面，会产生向下的自由运动，在孔隙中形成重力水。重力水具有液态水的一般特性，能传递静水压力，有冲刷、侵蚀和溶解能力。从井中吸出或从泉中流出的水都是重力水。重力水是研究的主要对象。

毛细水：地下水面以上岩石细小孔隙中具有毛细管现象，形成一定上升高度的毛细水带。毛细水不受固体表面静电引力的作用，而受表面张力和重力的作用，称为半自由水，当两力作用达到平衡时，便保持一定高度滞留在毛细管孔隙或小裂隙中，在地下水面以上形成毛细水带。由地下水面支撑的毛细水带，称为支持毛细水。其毛细管水面可以随着地下水位的升降和补给、蒸发作用而发生变化，但其毛细管上升高度保持不变，只能进行垂直运动，可以传递静水压力。

固态水：以固态形式存在于岩石孔隙中的水称为固态水，在多年冻结区或季节性冻结区可以见到这种水。

2.地下水形成的条件

（1）岩层中有地下水的储存空间

岩层的空隙性是构成具有储水与给水功能的含水层的先决条件。岩层要构成含水层，首先要有能储存地下水的孔隙、裂隙或溶隙等空间，使外部的水能进入岩层形成含水层。然而，有空隙存在不一定就能构成含水层，如黏土层的孔隙度可达50%以上，但其空隙几乎全被结合水或毛细水所占据，重力水很少，所以它是隔水层。透水性好的砾石层、砂石层的孔隙度较大，孔隙也大，水在重力作用下可以自由出入，所以往往形成储存重力水的含水层。坚硬的岩石，只有发育有未被填充的张性裂隙、张扭性裂隙和溶隙时，才可能构成含水层。空隙的多少、大小、形状、连通情况与分布规律，对地下水的分布与运动有着重要影响。按空隙特性可将其分类为松散岩石中的孔隙、坚硬岩石中的裂隙和可溶岩石中的溶隙，分别用孔隙度、裂隙度和溶隙度表示空隙的大小，依次定义为岩石孔隙体积与岩石体体积之比、岩石裂隙体积与岩石总体积之比、可溶岩石孔隙体积与可溶岩石总体积之比。

（2）岩层中有储存、聚集地下水的地质条件

含水层的构成还必须具有一定的地质条件，才能使具有空隙的岩层含水，并把地下水储存起来。有利于储存和聚集地下水的地质条件虽有各种形式，但概括起来不外乎是：空隙岩层下有隔水层，使水不能向下渗漏；水平

方向有隔水层阻挡，以免水全部流空。只有这样的地质条件才能使运动在岩层空隙中的地下水长期储存下来，并充满岩层空隙而形成含水层。如果岩层只具有空隙而无有利于储存地下水的构造条件，这样的岩层就只能作为过水通道而构成透水层。

（3）有足够的补给来源

当岩层空隙性好，并具有储存、聚集地下水的地质条件时，还必须有充足的补给来源才能使岩层充满重力水而构成含水层。地下水补给量的变化，能使含水层与透水层之间相互转化。在补给来源不足、消耗量大的枯水季节里，地下水在含水层中可能被疏干，这样含水层就变成了透水层；而在补给充足的丰水季节，岩层的空隙又被地下水充满，重新构成含水层。由此可见，补给来源不仅是形成含水层的一个重要条件，而且是决定水层水量多少和保证程度的一个主要因素。综上所述，只有当岩层具有地下水自由出入的空间，适当的地质构造条件和充足的补给来源时，才能构成含水层。这三个条件缺一不可，但有利于储水的地质构造条件是主要的。因为空隙岩层存在于该地质构造中，岩空隙的发生、发展及分布都脱离不开这样的地质环境，特别是坚硬岩层的空隙，受构造控制更为明显；岩层空隙的储水和补给过程也取决于地质构造条件。

3.地下水的类型

按埋藏条件，地下水可划分为四个基本类型：土壤水（包气带水）、上层滞水、潜水和承压水。土壤水是指吸附于土壤颗粒表面和存在于土壤空隙中的水。上层滞水是指包气带中局部隔水层或弱透水层上积聚的具有自由水面的重力水，是在大气降水或地表水下渗时，受包气带中局部隔水层的阻托滞留聚集而成。上层滞水埋藏的共同特点是：在透水性较好的岩层中央有不透水岩层。上层滞水因完全靠大气降水或地表水体直接入渗补给，水量受季节控制特别显著，一些范围较小的上层滞水旱季往往干枯无水，当隔水层分布较广时可作为小型生活水源和季节性水源。上层滞水的矿化度一般较低，因接近地表，水质易受到污染。潜水是指饱水带中第一个具有自由表面含水层中的水。潜水的埋藏条件决定了潜水具有以下特征。

（1）具有自由表面

由于潜水的上部没有连续完整的隔水顶板，因此具有自由水面，称为潜水面。有时潜水面上有局部的隔水层，且潜水充满两隔水层之间，在此范围内的潜水将承受静水压力，呈现局部承压现象。

潜水通过包气带与地表相连通，大气降水、凝结水、地表水通过包气带的空隙通道直接渗入补给潜水，所以在一般情况下，潜水的分布区与补给区是一致的。

潜水在重力作用下，由潜水位较高处向较低处流动，其流速取决于含水层的渗透性能和水力坡度。潜水向排泄处流动时，其水位逐渐下降，形成曲线形表面。

潜水的水量、水位和化学成分随时间的变化而变化，受气候影响大，具有明显的季节性变化特征。

（2）潜水较易受到污染

潜水水质变化较大，在气候湿润、补给量充足及地下水流畅通地区，往往形成矿化度低的淡水；在气候干旱与地形低洼地带或补给量贫乏及地下水径流缓慢地区，往往形成矿化度很高的咸水。

潜水分布范围大，埋藏较浅，易被人工开采。当潜水补给充足，特别是河谷地带和山间盆地中的潜水，水量比较丰富，可作为工业、农业生产和生活用水的良好水源。承压水是指充满于上下两个稳定隔水层之间含水层中的重力水。

承压水的主要特点是有稳定的隔水顶板存在，没有自由水面，水体承受静水压力，与有压管道中的水流相似。承压水的上部隔水层称为隔水顶板，下部隔水层称为隔水底板；两隔水层之间的含水层称为承压含水层；隔水顶板到底板的垂直距离称为含水层厚度。

承压水由于有稳定的隔水顶板和底板，因而与外界联系较差，与地表的直接联系大部分被隔绝，所以其埋藏区与补给区不一致。承压含水层在出露地表部分可以接受大气降水及地表水补给，上部潜水也可越流补给承压含水层。承压水的排泄方式多种多样，可以通过标高较低的含水层出露区或断裂带排泄到地表水、潜水含水层或另外的承压含水层，也可直接排泄到地表成为上升泉。承压含水层的埋藏度一般都较潜水为大，在水位、水量、水温、水质等方面受水文气象因素、人为因素及季节变化的影响较小，因此富水性较好的承压含水层是理想的供水水源。虽然承压含水层的埋藏深度较大，但其稳定水位都常常接近或高于地表，这为开采利用创造了有利条件。

二、水循环

（一）水循环的概念

水循环是指各种水体受太阳能的作用，不断地进行相互转换和周期性的循环过程。水循环一般包括降水、径流、蒸发三个阶段。降水包括雨、雪、雾、雹等形式；径流是指沿地面和地下流动着的水流，包括地面径流和地下径流；蒸发包括水面蒸发、植物蒸腾、土壤蒸发等。自然界水循环的发生和形成应具有三个方面的主要作用因素：一是水的相变特性和气液相的流动性决定了水分空间循环的可能性；二是地球引力和太阳辐射热对水的重力和热力效应是水循环发生的原动力；三是大气流动方式、方向和强度，如水汽流的传输、降水的分布及其特征、地表水流的下渗及地表和地下水径流的特征等。这些因素的综合作用，形成了自然界错综复杂、气象万千的水文现象和水循环过程。在各种自然因素的作用下，自然界的水循环主要通过以下几种方式进行。

1.蒸发作用

在太阳热力的作用下，各种自然水体及土壤和生物体中的水分产生汽化进入大气层中的过程统称为蒸发作用，它是海陆循环和陆地淡水形成的主要途径。海洋水的蒸发作用为陆地降水的源泉。

2.水汽流动

太阳热力作用的变化将产生大区域的空气流动风，风的作用和大气层中水汽压力的差异，是水汽流动的两个主要动力。湿润的海风将海水蒸发形成的水分源源不断地运往大陆，是自然水分大循环的关键环节。

3.凝结与降水过程

大气中的水汽在水分增加或温度降低时将逐步达到饱和，之后便以大气中的各种颗粒物质或尘粒为凝结核而产生凝结作用，以雹、雾、霜、雪、雨、露等各种形式的水团降落地表而形成降水。

4.地表径流、水的下渗及地下径流

降水过程中，除了降水的蒸散作用外，降水的一部分渗入岩土层中形成各种类型的地下水，参与地下径流过程，另一部分来不及入渗，从而形成地表径流。陆地径流在重力作用下不断向低处汇流，最终复归大海完成水的一个大循环过程。在自然界复杂多变的气候、地形、水文、地质、生物及人类活动等因素的综合影响下，水分的循环与转化过程是极其复杂的。

（二）地球上的水循环

地球上的水储量只是在某一瞬间储存在地球上不同空间位置上水的体积，以此来衡量不同类型水体之间量的多少。在自然界中，水体并非静止不动，而是处在不断的运动过程中，不断地循环、交替与更新，因此，在衡量地球上水储量时，要注意其时空性和变动性。地球上水的循环体现为在太阳辐射能的作用下，从海洋及陆地的江、河、湖和土壤表面及植物叶面蒸发成水蒸气上升到空中，并随大气运行至各处，在水蒸气上升和运移过程中遇冷凝结而以降水的形式又回到陆地或水体。降到地面的水，除植物吸收和蒸发外，一部分渗入地表以下成为地下径流，另一部分沿地表流动成为地面径流，并通过江河流回大海，然后又继续蒸发、运移、凝结，形成降水。这种水的蒸发→降水→径流的过程周而复始、不停地进行着，通常把自然界的这种运动称为自然界的水文循环。自然界的水文循环，根据其循环途径分为大循环和小循环。

大循环是指水在大气圈、水圈、岩石圈之间的循环过程，具体表现为：海洋中的水蒸发到大气中以后，一部分飘移到大陆上空形成积云，然后以降水的形式降落到地面。降落到地面的水，其中一部分形成地表径流，通过江河汇入海洋；另一部分则渗入地下形成地下水，又以地下径流或泉流的形式慢慢地注入江河或海洋。

小循环是指陆地或者海洋本身的水单独进行循环的过程。陆地上的水，通过蒸发作用（包括江、河、湖、水库等水面蒸发、潜水蒸发、陆面蒸发及植物蒸腾等）上升到大气中形成积云，然后以降水的形式降落到陆地表面形成径流。海洋本身的水循环主要是海水通过蒸发形成水蒸气而上升，然后再以降水的方式降落到海洋中。

水循环是地球上最主要的物质循环之一。通过形态的变化，水在地球上起到输送热量和调节气候的作用，对于地球环境的形成、演化和人类生存都有着重大的作用和影响。水的不断循环和更新为淡水资源的不断再生提供条件，为人类和生物的生存提供基本的物质基础。

参与全球水循环的水量中，地球海洋部分的比例大于地球陆地部分，且海洋部分的蒸发量大于降雨量。参与循环的水，从地球表面到大气、从海洋到陆地或从陆地到海洋，都在经常不断地更替和净化自身。

地球上各类水体由于其储存条件的差异，更替周期具有很大的差别。所谓更替周期是指在补给停止的条件下，各类水从水体中排干所需要的时间。冰川、深层地下水和海洋水的更替周期很长，一般都在千年以上。河水更替周期较短，平均为16天左右。在各种水体中，以大气水、河川水和土壤水最为活跃。因此，在开发利用水资源过程中，应该充分考虑不同水体的更替周期和活跃程度，合理开发以防止由于更替周期长或补给不及时，造成水资源的枯竭。

自然界的水文循环除受到太阳辐射能作用，从大循环或小循环方式不停运动之外，由于人类生产与生活活动的作用与影响不同程度地发生"人为水循环"，可以发现，自然界的水循环在叠加人为循环后，是十分复杂的循环过程。

自然界水循环的径流部分除主要参与自然界的循环外，还参与人为水循环。水资源的人为循环过程中不能复原水与回归水之间的比例关系，以及回归水的水质状况局部改变了自然界水循环的途径与强度，使其径流条件局部发生重大或根本性改变，主要表现在对径流量和径流水质的改变。回归水（包括工业生产与生活污水处理排放、农田灌溉回归）的质量状况直接或间接对水循环水质产生影响，如区域河流与地下水污染。人为循环对水量的影响尤为突出，河流、湖泊来水量大幅度减少，甚至干涸，地下水水位大面积下降，径流条件发生重大改变。不可复原水量所占比例越大，对自然水文循环的扰动越剧烈，天然径流量的降低将十分显著，引起一系列环境与生态灾害。

第三章　水文测验与水文调查

第一节　短期与中长期水文预报

一、概述

水文预报是指利用已有的水文气象资料，分析研究水文现象的演变规律，在此基础上编制预报方案，以便能利用实时的水文气象信息，对未来河流水情变化进行预测。

准确及时的水文预报在防范水旱灾害、保证工农业安全生产、充分利用水资源以及发挥水利设施的作用等方面都有很大的作用。所谓准确，就是水文要素的预报值要与实际发生的值接近，也就是水文预报有一定的精度；所谓及时，就是要求预报有一定的预见期。预见期是指预报发布时刻与预报要素出现时刻之间的时距。预报发布时刻随预报方案所依据的因素不同而异，但一般来说，预见期将随预报方法的不同而异。预报的预见期在实用上是十分重要的，一般短期的水文预报常常不能满足生产的要求，因此要与气象预报结合起来应用，使水文预报有足够长的预见期，但是预见期加长后，预见期内随机因素的作用也增加了，从而使预报的精度降低。可见，精度和预见期之间存在矛盾。

水文预报按其预报的项目可分为径流预报、冰情预报、沙情预报和水质预报等。径流预报按水量大小特点又可分为洪水预报与枯季径流预报，预报的要素主要是水位和流量。水位预报是指水位高低及其出现时间；流量预报是指流量的大小、涨落时间及其过程。洪水预报方案可根据河段洪水波运动理论或降雨径流形成过程的原理制作；枯季径流预报方案可根据流域蓄水量消退规律制定。冰情预报是利用影响河流冰情的前期气象因子，预报冰情开始、封冻与开冻日期，冰厚、冰坝及凌汛最高水位等。沙情预报则是根据河流的水沙相关关系，结合流域下垫面因素，预报年、月或一次洪水的含沙量及其过程。

水文预报按其预见期的长短可分为短期水文预报与中长期水文预报。我国具体实践中，有两种基本的划分情况。一种是以预报所依据的要素划分：把依据实测水文因素作出的预报称为短期预报，而把那些还要依据气象预报因素来进行的预报称为中长期预报，但是这也不是绝对的，如将仅依靠实测的水文因素，并不依靠气象预报因素进行的枯水预报，预见期大于10~15d的，也称为长期预报。另一种是严格按照预见期划分：预见期在2d以内为短期水文预报，3~10d为中期水文预报，10d以上至1年以内为长期水文预报，1年以上为超长期水文预报。对于径流预报，预见期不超过流域汇流时间为短期径流预报，超过流域汇流时间为中长期径流预报。对于超长期水文预报，通常指大河或在较大范围内连续丰水年或连续枯水年的趋势预测。

二、水文预报精度评定

由于影响水文要素的因素很多，情况比较复杂，预报的水文特征值与实际的水文特征值总有一定的差别，这种差别称为预报误差。预报误差的大小反映了预报精度。很明显，精度不高的预报作用不大，至于精度太差的预报，反而会带来损失和危害。因此，在发布水文预报时，对预报精度必须进行评定。

精度评定的目的在于应用预报方案时了解方案的可靠性以及预报值的精确程度，做到心中有数，以便对预报方案是否可用作出判断；同时，通过精度评定分析存在问题，及时改进，促进水文预报技术与理论的发展和提高。

（一）精度评定指标

在水文预报中，衡量水文预报精度的指标通常有如下三种。

1.预报误差

水文要素的预报值减去实测值称为预报误差，其绝对值称为绝对误差。多个差值的平均值表示多次预报的平均误差水平。预报误差除以实测值为相对误差，以百分数表示。多个相对误差绝对值的平均值表示多次预报的平均相对误差水平。

2.确定性系数

预报过程与实测过程之间的吻合程度采用确定性系数作为指标。

3.合格率

一次预报的误差小于许可误差时，为合格预报。许可误差是依据预报成果的使用要求和实际预报技术水平等综合确定的误差允许范围。预报要素不同，许可误差也有区别。

（二）水文预报精度等级

在洪水预报中，洪峰流量、水位、洪峰出现时间、洪量（径流量）和洪水过程等预报项目按合格率或确定性系数的大小分为三个等级。而对于整个预报方案，当一个预报方案包含多个预报项目时，预报方案的合格率为各预报项目合格率的算术平均值；当主要项目的合格率低于各预报项目合格率的算术平均值时，以主要项目的合格率等级作为预报方案的精度等级。

作业预报时精度评定与预报方案相同，用预报误差与许可误差之比的百分数作为作业预报精度分级指标。一段时期或一个汛期作业预报的优秀率、良好率、合格率用高于和等于各个精度等级的预报次数占总次数的百分率统计。

三、中长期水文预报

（一）影响因素

当流域下垫面条件变化不大时，径流量的变化主要取决于降水与蒸发，这二者受大气环流所制约。因此径流量是天气过程的产物。引起长期天气变化的因子必然是影响水文要素长期变化的物理原因。大气运动的外界能量来源根本上讲是太阳辐射，但主要从来自下垫面的长波辐射而获得，同时与下垫面不断发生热量与水分的交换，因此必须注意下垫面的作用。此外，其他宇宙地球物理因素也对大气运动发生影响。这些影响的机制目前仍处于探索阶段。近代水文与气象的长期预报都十分注意海洋状况特别是海水表层温度作用。中国主要江河水量的丰枯与黑潮、亲潮、西风漂流，赤道冷水区、加利福尼亚寒流区的海温有显著相关。除海洋外，陆地下垫面能量的储放，特别是青藏高原对大气环流在热力与动力方面有重要的作用，与长江中下游水量的丰枯有一定的联系。

太阳活动的强弱与地球上的旱涝异常问题一直受到人们的关注。主要研究太阳黑子相对数的逐年变化与江河水量变化之间的对应关系。黑子相对数的记录年代较长，它的变化存在11年等多种周期。中国不少地区水量的丰枯与黑子数存在一定的对应关系，旱涝灾害多发生于黑子数11年周期极值年前后。其他宇宙地球物理因素如行星运动、地球自转速度、地球移动，火山爆发等对水文要素长期变化的影响，还处于探索阶段。以上因素影响江河水量中长期的变化，是通过大气环流实现的。

（二）预报方法

（1）中期水文预报方法。主要考虑的因素是在已经出现的天气形势下，影响本流域降水量的水汽条件与抬升作用。前者常用700hPa或850hPa形势图，在水汽输送通道上选择指标站的露点或比湿来反映。后者常用冷空气强度和地形条件来表征，然后由统计方法得出预报结果。也有应用上一旬的平均环流、前期下垫面的情况以及前期水量等因素与预报对象建立回归方程，来预测下一旬的水量。谐谱分析中期天气预报方法，也可用于中期水文预报。它是在分析大型环流的超长波与长波活动的时空变化波谱特征及物理量谱特征的基础上，用谐谱参数或其他环流因子与预报对象建立预报模型，作出中期水文预报。

（2）长期水文预报方法。主要是考虑影响水文长期变化过程的各种因素，或分析水文要素自身变化的规律来进行预报。应用大气环流前后期的演变规律，由前期环流预报后期的水文情势是主要方法。例如，在北半球500hPa月平均形势图上，分析与预报对象相关显著的关键地区与时段，或概括出几种旱、涝年前期环流的模式，用判断相似的方法进行定性预测；或选取网格上的高度数值，以及表征环流特征的各种环流指数与环流特征量和其他影响水文长期变化过程的因子，采用逐步回归或其他多元分析方法与预报对象建立定量联系，据此进行预报。利用前期海温进行预报的方法与此类似。作中小河流预报时，要注意恰当选择能反映小尺度扰动的因子。在归纳旱涝年模型和判断相似时，较多地采用聚类分析这一方法，而在制作区域或多站预报时，还采用主分量分析与典型相关等统计方法。

应用水文要素自身演变的统计规律，进行长期或中期预报，是中长期水文预报的又一途径。采取的方法主要是时间序列分析。考虑到水文序列一般不具有平稳性，把水文序列分解成趋势项、周期项、随机项，分项预测后进行叠加，其中周期的识别一般用周期图、谱分析和方差分析来进行。ARMA（自回归移动平均）模型、ARIMA（自回归移动平均求和）模型、季节ARIMA模型，以及非线性的门限自回归模型也已用于径流预报。

第二节　降水、蒸发与入渗观测

一、降水量观测

（一）降水量观测要求和方法

水文系统现行降水量观测包括观测降雨、降雪和降雹。降水量观测规范要求测记降雨、降雪、降雹的水量，需要时要测记雪深、冰雹直径、初终霜日期等。降水量单位以mm表示，测记最小量可以是0.1mm、0.2mm、0.5mm和1mm，按多年平均降水量的不同和是否观测蒸发量，选择不同的观测方法和仪器。雨量器、虹吸式雨量计、翻斗式雨量计的承雨口直径都规定为20cm。各类仪器适应的降雨强度范围应为0.01～4.00mm/min。翻斗雨量计在这一降雨强度范围内应达到±4%的测量准确性，其他降水量观测仪器或方法也不应超出±4%的范围。

国际标准要求和国内要求略有不同，对降水量分辨力的建议规定是：日降水量可以记至接近0.2mm，也可以记至接近0.1mm（美国记至0.2mm）；而周或月降水量可记至1mm；降雨强度用mm/h表示；降水量测量精度要求是在95%的置信水平下达到5%的不确定度要求；承雨口面积至少200cm^2（ϕ16cm），可取200～500cm^2（ϕ16.0～25.2cm）。

降水量数据依靠降水观测仪器采集。降水观测仪器主要指观测液体降水的雨量计和观测以雪为主的固态降水的雪量计。可以同时观测降雨和降雪的降水观测仪器称为雨雪量计。

我国降水量的大部分以降雨形式生成，另外降雨是防汛抗旱最重要的参数，所以雨量观测仪器是最重要的降水观测仪器。一般的降雨观测仪器都使用一定大小口径（如20cm）的圆形承雨口承接雨水，再经不同方式计测得到降水深度（mm）即降雨量。测量雨量时，既要知道时段降雨总量，又要知道降雨过程，还可能要推算或测量降雨强度，因而要配用降雨量记录器。

随着自动化系统和自记仪器的改进，翻斗式雨量器得到普遍应用，称重式雨量计也开始应用，同时还应用了光学雨量计、雷达测雨系统等先进测量方法。

（二）人工雨量器

人工观测降水量常用的仪器有雨量器。雨量器是最简单的观测降水量的仪器，它由雨量筒与量杯组成。雨量筒用来承接降水物，包括承水器、储水瓶和外筒等。我国采用直径为20cm的正圆形承水器，其口缘镶有内直外斜的刀刃形铜圈，以防雨滴溅湿和筒口变形。承水器有两种：一种是带漏斗的承雨器，另一种是不带漏斗的承雪器。外筒内放储水瓶，收集降水量。量杯为特制的有刻度的专用量雨筒，量杯有100分度，每1分度等于雨量筒内水深0.1mm。

雨量器用人工计测降雨（雪），不能自动测记。由于雨量器承雨口的尺寸形状稳定，故只要人员操作熟练、认真，就不会产生较大误差。用雨量器人工计测时段雨量，各测量环节可以得到很好的控制，测量值比其他自动雨量计准确，常用它测得的时段雨量值作为最准确的降雨量，与其他安装在同地点的雨量计进行比测。但应该注意，用口径不大的承雨口承接雨水，收集到的雨水量会受地形、风力风向、降雨不均匀性、仪器安装高度等因素的影响。在同观测场内的几台雨量器（计）会承接到有差异的降水量，不能简单地认为它们应该测得一致的降水量。

同时，可以用雨量器观测降雪、降雹量，观测前卸下承雨器漏斗，取下储水器，直接用储水筒承接雪或雹，在规定的观测时间将储水筒换下，加盖带回室内。在室内待雪、雹融化后用量雨杯量测相应的降水量。或者加入定量温水加快雪、雹融化，再用量雨杯量得总水量，减去加入的温水量，得到固体降水量。

（三）虹吸式雨量计

虹吸式雨量计使用历史悠久，曾经是我国使用最普遍的雨量自记仪器。测量精度较高，性能也较稳定。由于使用年代长，多数测站对仪器的维护、检修和数据修正都取得了很多经验，使仪器得以广泛使用。虹吸式雨量计利用虹吸原理对雨量进行连续测量。

虹吸式雨量计的性能如下：承水口内径为200mm，刃口角度为45°～50°；连续降水强度记录范围为0.01～4.00mm/min；记录纸分度范围为0.1～10.0mm（降水量每到10.0mm时，虹吸一次）；记录误差为±0.05mm；零点和虹吸点的不稳定性为不得超过0.1mm降水量（虹吸时间不得超过14s）；记录周期为24h；仪器走时精度为机械钟5min/d，石英晶体钟1min/d。

（四）翻斗式雨量计

翻斗式雨量计由雨量传感器和相应的记录仪器组成，目前已基本实现了遥测。这里只介绍雨量传感器部分，即翻斗式雨量传感器，也常被称为翻斗式雨量计。

翻斗式雨量计的雨量计量装置是雨量翻斗，在高分辨力、高准确度要求时，可以采用两层翻斗来计量。而通常情况下，只应用一层翻斗。由此可分为单（层）翻斗雨量计和双（层）翻斗雨量计。绝大部分翻斗式雨量计都是单（层）翻斗，只有雨量分辨力为0.1mm时，因为要控制雨量计量误差，才采用双（层）翻斗形式。目前国内水文部门对双（层）翻斗雨量计使用较少。国外对雨量分辨力和准确度要求与国内不同。

在雨量筒身内有一组翻斗结构进行雨量计量。雨量筒身的承雨口直径为200mm，有一定的高度要求。雨量翻斗是一种机械双稳态机构，由于机械平衡和定位作用，它只能处于两种倾斜状态。降雨由承雨口进入雨量计，通过进水漏斗流入翻斗的某一侧斗内。当流入雨水量达到要求值时，水的重量以及其重心位置使得整个翻斗失去原有平衡状态，向一侧翻转。翻斗翻转后，被调节螺钉挡住，停在虚线位置。这时一侧翻斗内雨水被倒出，另一侧空斗位于进水漏斗下方，承接雨水，继续进行计量。当这一空斗中流入雨水量达到要求值时，翻斗又翻转，这一计量过程连续进行，完成了对连续降雨的计量过程。

一般在翻斗上安装永磁磁钢，在固定支架上安装高灵敏度的干簧管。在翻斗翻转过程中，此磁钢随之运动，在运动过程中接近支架上的干簧管，随即离开，使干簧管内的触点产生一次接触断开过程，达到一次翻转产生一个信号的目的。

翻斗式雨量计的信号产生方式基本是利用干簧管和磁钢配合的方式，也常被称为磁敏开关。干簧管的接点密封、不易氧化、没有磨损、接触可靠、信号波形光滑，有利于信号接收处理，对于电子计数器尤为合适。但磁钢和干簧管的配合性能要求比较严格，尤其是两者配合距离要求，不同的翻斗式雨量计，其磁钢和干簧管的相对运动位置会有不同。

（五）称重式雨量计

称重式雨量计是近些年发展和应用的降水量自动监测仪器，是世界气象组织推荐应用的降水量自动监测仪器，圆形承雨口和其他雨量计类似，具有刃口环形端部。承雨口承接降水，承接的降水量流入并储存在承雨口下方的储水器内，储水器安放在一个称重机构上，称重机构称量储水器和其中已有降水量的总重量，即可得到降水重量，除以承雨口的承水面积，得到降水总量（深度mm）。

称重式雨量计将相当时间的总降水量都存放在储水器内，因而有测量总降水量的限制，一般在1000mm左右，与承雨口面积和储水器大小有关。有些产品在储水器下方设计了自动排水装置，当储水量将要达到设计最大值时，自动打开阀门排水，排完后进行称重，以此作为起始值，继续进行自动测量。测得的降水数据存储在仪器内，可以通过标准接口读出，也可以连接遥测终端机遥测传输。

（六）光学雨量计

光学雨量计通过间接测量方法测量降水量，并不需要承接降水量。光学雨量计有两种类型的产品，一种光学雨量计利用降雨（雪）液滴产生的光闪烁等原理制成，另一种光学雨量计可以测得外罩上落下的雨滴，从而测得雨量。目前已经应用较多的产品是前一种型式，也被称为滴谱仪。光学雨量计是一种较为复杂的间接感测式雨量计，水文行业没有正式使用。

（七）雷达测雨

雷达测雨系统应用的天气雷达是复杂的系统，主要用于气象部门和防汛指挥系统。由于雨量测量准确度的关系，需要设置地面雨量计实测站点进行校准。

天气雷达间歇性地向空中发射微波脉冲，然后接收被各种气象目标散射回来的电磁回波，探测数百千米半径范围内气象目标的空间位置和特性。利用发射天线的方位和仰角确定目标物的方向，确定目标物的位置。利用回波的信号强弱判断气象目标的性质，利用回波的多普勒频移确定气象目标的运动速度。

主要用于测雨的雷达是云雨雷达（常规天气雷达）和脉冲多普勒天气雷达。云雨雷达以云雨等降水粒子为探测目标，只探测云、雨、雹等粒子的产生及降水的形成、维持、发展和消散的过程，也称常规天气雷达，其性能不如后来发展的脉冲多普勒天气雷达。多普勒天气雷达具有常规天气雷达的作用，还可用于探测降水区中气流的垂直速度平均值、雨滴谱的测量、大气湍流的估计。

按安装地点可分为地基天气雷达和机载天气雷达。地基天气雷达安装在地面上，存在地面盲区，分辨力也差；机载天气雷达安装在飞机上，探测范围和分辨力高于地基天气雷达，但安装在飞机上也会带来很多问题；也可以安装在卫星上探测大范围天气情况。

二、水面蒸发观测

（一）水面蒸发观测要求

天然水体的水面蒸发量可以通过器测法进行观测，器测法得到的蒸发量要通过与代表天然水体蒸发量的大型水面蒸发池蒸发量进行折算，才能得到天然水体的蒸发量。蒸发量用蒸发水量的深度表示，我国水文、气象部门要求观测到0.1mm，基本要求为每日人工观测一次，得到日蒸发量。水文部门要求在上午8：00进行观测，应用自动蒸发器时，观测次数可以按需要而增加。

用于水面蒸发量人工观测的仪器有E601B型水面蒸发器和20cm口径蒸发皿。一些自动蒸发观测仪器都是在E601B型水面蒸发器基础上构成的。早期的水面蒸发观测规范规定了E601型的结构，经改进，应用玻璃钢制造的E601B型水面蒸发器的性能优于用钢板制作的原E601型。作为更新换代产品，E601B型水面蒸发器已成为水文、气象部门统一使用的标准水面蒸器，观测时宜同时观测水温、气温、风速，还应观测风向、日照、地温和气压。

现行的水面蒸发观测规范和水面蒸发器标准对水面蒸发观测方法、要求以及水面蒸发器作出了具体规定。世界气象组织也对蒸发观测提出了一些技术指导性要求。水面蒸发观测记载至0.1mm；世界气象组织提出水面蒸发量可读至mm，而蒸发仪器的测量精度通常是0.01～0.10mm。

（二）20cm蒸发皿

20cm口径蒸发皿的水体很小，只有20cm口径，10cm器深。主要用于冰期蒸发观测，应用时如器内水体呈冰冻状态，用称重法推算确定时段蒸发量。

20cm蒸发皿为口径20cm、壁厚0.5mm的铜质桶状器皿。其内径为20cm，高约10cm，口缘镶有8mm厚内直外斜的刀刃形铜圈，器口要求正圆，口缘下设一倒水小嘴。为防止鸟兽饮水，器口附有一个上端向外张开成喇叭状的金属丝网圈。

（三）E601B型水面蒸发器

以蒸发桶内小水体为蒸发观测样本，测定蒸发桶内的水位变化量，得到仪器的蒸发量，通过折算得到天然水体蒸发量。E601B应用水位测针人工观读蒸发桶内的水位，如有降雨发生，则再由降雨量、溢出量推算出蒸发量。观察蒸发的同时，除要观测降雨量、溢出量外，还要观测气温、湿度、水温、风等气象、水文要素。

1.仪器的结构组成

E601B型蒸发器（标准水面蒸发器）由蒸发桶、水圈、溢流桶、量测装置四部分组成。蒸发桶、水圈、溢流桶构成标准水面蒸发器，桶内水位量测装置结构不同，但要达到测量准确度和分辨力要求。

（1）蒸发桶。蒸发桶用玻璃钢（玻璃纤维增强树脂）制造，具有防腐、抗冻、隔热的优越性能。桶身器口直径为618mm±2mm，高600mm，器口面积3000cm^2。下部为一锥形底，蒸发桶口缘为里直外斜的刃形，斜面为

40°～50°，桶体内部光滑、洁白。桶内壁装有测针插座，测针轴杆上装有静水器，是观测时防风浪、起静水作用的装置。

近桶口处嵌有溢流管，以排出因降雨而溢出的水量。内壁水面线指示蒸发桶内应保持的水位，距离器口7.5cm。

（2）水圈部件。水圈是蒸发桶外围的盛水套环，其作用是平衡蒸发桶内外溅水，减少地面脏物进入蒸发桶，削弱太阳直射，降低地面温度，减少蒸发桶内水体和地面的热交换。

（3）溢流桶。用于积存因暴雨超过蒸发桶规定水位时溢流出的多余降雨量。

（4）电测针。E601B型水面蒸发器的水位量测装置，由测针和音响器组成。测针安装在蒸发桶插座上，测针尖伸进静水器内，音响器用导线和测针连接。旋动测微螺杆上端的刻度盘，测微螺杆带动测杆在螺丝套中做轴向移动，使测杆下端的测针尖接触水面。音响器两根连接导线的一端接音响器输入插孔，另一端分别接入测针支杆顶端孔和电极片，电极片放入水中。测针尖接触水面，音响器发出声音，读出此时水位读数。

2.技术指标

（1）蒸发桶。口径618mm±2mm，圆柱体高600mm，锥体高87mm，器壁厚6mm，整个器高693mm，器口呈40°～50°里直外斜型刃口，水面标志线距器口75mm±2mm，溢流孔底距器口60mm。

（2）水圈。槽宽200mm，深137mm。

（3）溢流桶。内径196mm±1mm（器口面积300cm²），深400mm。

（4）量测装置（电测针）。量程70mm，分辨力0.1mm。

（四）大型水面蒸发池

大型水面蒸发池的水面面积在20m²以上，一般都是圆形的。漂浮在大型湖泊、水库水面上的称为大型水面漂浮蒸发池，埋设在陆地上的称为陆上大型蒸发池。大型水面蒸发池蒸发面积较大，蒸发环境接近于自然水面状态，观测到的水面蒸发值被用来确定小型水面蒸发器的蒸发折算系数和进行各项科学研究。蒸发观测规范中规定了对大型水面蒸发池的基本技术要求。

大型水面漂浮蒸发池漂浮在水面上，不易很精确地测量蒸发引起的水位变化，陆上大型水面蒸发池的水面较大，精确测量水位变化也有一定难度。

世界气象组织（WMO）建议应用俄罗斯的$20m^2$的大型水面蒸发器，直径约5m，水面面积$20m^2$，深2m，平底，用钢板焊成，内外涂成白色。在陆地上应用时，埋入土壤中，器口高出地面7.5cm。基本形状要求和国内规范要求没有差别。

（五）自动蒸发器

自动蒸发器具有自记蒸发量和遥测信号输出的功能。其蒸发桶、水圈、溢流桶均和标准水面蒸发器（E601B型）一致，应用了自动水位计观测蒸发桶内水位。蒸发器的水位测量精度和分辨力要求都高于一般水位计。由于要保证蒸发桶内水面不能发生较大变化，在无人站点，自动蒸发器必须有向蒸发桶内补水的功能，还具有自动测量因降水引起蒸发桶内水位升高的功能。自动蒸发器需要同时测量降水量，一般都使用已有的雨量计，将降水信号接入自动蒸发器。

自动蒸发器分为全自动观测方式和半自动观测方式两类，全自动观测方式用于无人站点，能测记蒸发的变化过程，自动完成蒸发桶内水面高度变化值、时段溢流量、补水水面高度变化值、取水水面高度变化值的观测功能，同时应具备自动补水功能。半自动观测方式用于有人值守站点，具备自动观测蒸发桶内水面高度变化值、补水水面高度变化值、取水水面高度变化值的功能，时段溢流量可采用人工观测方式，补水可由人工操作完成。

全自动、半自动观测方式的仪器装置不得对蒸发桶的完整性造成较大的破坏，采用带有联通管的装置仪器，保证了联通装置中的水位与蒸发桶内水位一致。所有装置不能影响蒸发桶的有效蒸发面积，不宜在蒸发桶上方增设装置。

1.补水式自动蒸发器

补水式遥测蒸发器由蒸发桶、补水装置、控制部分、电源组成，蒸发桶使用E601B型水面蒸发器，水面蒸发使蒸发桶内水面下降。蒸发定量后，水面离开水面测针，产生的信号使补水机构将储水桶内的水导入量水筒。当量水筒内水面接触到量水探针时说明水量达到预定体积，同时产生信号，使水体停止进入量水桶。随后量水桶内的定量水体将自动由补水管流入蒸发桶，使水面上升，接触到水面测针，补水过程结束，记录机构将记下这一动作的时间，说明从上次补水时间以来蒸发了这一水量，发出的信号很容易接入自动记录和遥测系统。

这种补水式蒸发器的准确度主要取决于补水准确性，基本能保证有较高准确度，降雨以及溢流都会造成蒸发量自动测量的中断，必须经人工处理后才能继续工作。频繁降雨时会使蒸发观测难以进行，实际上不能用于无人站点。

2.磁致伸缩水位计遥测蒸发器

这类产品使用E601B型水面蒸发器，有的产品在桶内安装磁致伸缩水位计测量蒸发桶内水位，得到水面蒸发量。降雨时，单独安装的0.1mm分辨力的翻斗式雨量计测得降雨量，通过控制主机记录分析，可以得到雨中的蒸发量，降雨停止后继续自动测量。当蒸发桶内水位低于要求值时，仪器的补水泵开动补水，至规定水位后停止，继续进行水面蒸发自动测量。整套仪器配有遥测终端机，可以遥测蒸发数据。

仪器由E601B型水面蒸发桶、磁致伸缩水位传感器、0.1mm翻斗式雨量计、补水泵、控制主机、无线发射遥测设备、电源、补水桶等组成。

三、入渗量观测

目前，测定土壤入渗的方法有同心环法、人工降雨法及径流场法，简便而常用的为同心环法。

在流域内根据土壤、地形、植被及农作物等不同情况，分别选样有代表性的地点进行实验。观测点附近的地面应平整，要避开村庄、道路、积水和其他不良自然情况的各种地物的影响。

在无雨时，将内外环用木锤打入土中约10cm，外环与内环距离应尽可能保持四周相等，严格注意环口水平。实验开始时，土壤较干，其入渗强度变化较大，可先采用"定量加水法"，然后用"定面加水法"。内环定量加水，外环不定量，但应同时加水，注意保持内外环水面大致相等。

观测时距视土壤入渗强度变化而定。入渗初期，土壤入渗强度大，每3～5min测记1次，以后根据内环水位变化，时距可以长些。当土壤含水量增大，内外环水头变化较小时，每10～20min测记1次，水头趋于平稳时，每0.5h或1h测记1次，直至最后2～3次入渗强度基本为常数为止。根据入渗量和时间，便可绘制出入渗曲线，把流域上若干实验点测得的入渗曲线进行综合，即可得出流域平均入渗曲线。

第三节　水位观测

一、水位观测方法和要求

（一）水位观测方法

水位观测有人工观测和使用各种自记水位计自记两种。人工观测水位时应用水尺、水位测针、悬锤式水位计观测水位，人工记录水位值。自记水位计包括浮子式水位计、压力式水位计、超声水位计、雷达水位计、电子水尺等多种形式，都可以自动记录水位变化过程，基本都能接入遥测系统，遥测传输水位数据。

水位测针、浮子式水位计、压力式水位计、电子水尺属于接触式测量，测量水位时，仪器和水体有不同程度的接触。雷达水位计、气介式超声水位计属于非接触式测量，测量时不和水体接触，不受水体情况影响。

（二）水位观测要求

1.国内水位观测基本要求

水位一般应记至0.01m，在一些场合可能要记至0.5cm。为减少波浪造成的水位观测误差，人工观读水尺时，应读记波浪峰、谷两个读数，取均值。自记水位计应具有多次测量水位后计算平均数字的功能，尽量消除波浪影响。人工观测水位按规定的时段定时观测记录。自记水位计应能记录下所需的水位变化过程线，其记录时段可以人为设定。

2.国内水位观测设备要求

各类水位传感器满足如下要求。

（1）工作环境条件如下：

①工作环境温度：+20～+50℃，水体不冰冻。

②工作环境湿度：95%RH，40℃。

（2）技术参数如下：

①水位分辨力：0.1cm、1.0cm。

②水位测量范围：一般情况为0～10m、0～20m、0～40m。

③水位变率：一般情况下能适应的水位变率应不低于40cm/min，对有特殊要求的应不低于100cm/min。

④水位测量的准确度：水位计的水位测量准确度等级分为3级。

二、水位观测设备

（一）水尺

水尺是每个水位测量点必需的水位测量设备，是水位测量基准值的来源。每个水位测量约定真值都是依靠人工观读水尺取得的，所有其他水位仪器的水位校核都以水尺读数为依据。在不能安装自记式水位计的测量点，观读水尺更是测量水位的唯一方法。

1.水尺要求

水尺通常为长1m，宽5～10cm的尺面，称为水尺板。水尺板垂直固定在水尺桩、固定建筑物、岸壁上。也可以直接刻画在岸边各类固定面上。水尺或水尺板的最小刻度为1cm，误差不大于0.5mm。水尺长度在0.5m以下时，累积误差不得超过0.5mm；水尺长度在0.5m以上时，累积误差不得超过长度的1‰。刻度数字应清楚且大小适宜，数字的下边缘应靠近相应的刻度处。刻度、数字、底板的色彩对比应鲜明，且不易褪色和剥落。水尺板通常由搪瓷板、合成材料或木材制成，需要有一定的强度，不易变形、耐室外气候环境变化、耐水浸。野外自然环境条件下，水尺的伸缩率应尽可能小。为了便于夜间观察，面表层可涂被动发光涂料，在受到光线照射时，比较醒目，便于夜间水位观读。

水位的人工观测要求精确到厘米，1m的水尺刻度误差和因环境引起的伸缩误差应该小于0.3cm。

2.水尺的分类

水尺分为直立式水尺、倾斜式水尺及矮桩式水尺等。

（二）浮子式水位计

浮子式水位计是用浮子感应水位，浮子漂浮在水位井内，随水位升降而升降。悬挂浮子的悬索绕过水位轮悬挂一个平衡锤，由平衡锤自动控制悬索的位移和张紧。悬索在水位升降时带动水位轮旋转，从而将水位的升降转换为水位轮的旋转。

用于自动化系统记录的浮子式水位计，水位轮的旋转通过机械传动使水位编码器轴转动。一定的水位或水位变化使水位编码器处于一定的位置或位置发生一定的变化，水位编码器将对应于某水位的位置转换成电信号输出，达到编码目的。此水位编码信号可以直接用于水位遥测。

浮子式水位计分为水位感应部分、水位传动部分、水位记录或水位编码器三部分。

1.水位感应部分

水位感应部分由浮子、水位轮、悬索和平衡锤组成。绝大多数浮子都设计成空心状，有很好的密封性，能够单独浮在水面上。悬索应由耐腐蚀的材料制成，现在普遍使用线胀系数小的不锈钢丝绳制作。水位轮的外径尺寸要求很高，是水位测量误差的主要影响因素。平衡锤的作用是平衡浮子的重量，张紧悬索，保证悬索正常带动水位轮旋转，不发生滑动。

2.水位传动部分

水位传动部分将水位轮的转动传动到水位记录部分和水位编码器，使水位的变化能和记录部分的水位坐标或水位编码器的输入准确地对应起来。

3.水位编码器

水位编码器将水位轮的旋转角度、位置转换成代表相应水位的数字信号或电信号。水位编码器按编码方式分为增量编码器和全量编码器两类。

（三）压力式水位计

压力式水位计是一种无测井水位计，通过测量水下传感器所在位置点的静水压力，从而测得该点以上的水位高度，得到水位。主要应用的压力式水位计分为投入式压力水位计和气泡式水位计两大类型，共四种型式。振弦式水位计也属于压力式水位计，但其水位测量准确性较差，不被用于水文部门测量。

（1）投入式压力水位计分为大气压自动补偿型（使用通气电缆）、绝对压力测量型（不用通气电缆）。

（2）气泡式水位计分为恒流型气泡水位计、非恒流型气泡水位计。压力式水位计的压力传感器或气泡水位计的气管口固定安装在水下的测点位置上，此测点相对于水位基面的高程加上此测点以上的实际水深就是水位。

气泡式压力水位计是压力式水位计的一种，其典型特征是在工作过程中要通过吹气管向水中吹放气泡，所以被称为气泡式水位计。气泡式水位计的较投入式压力水位计更为复杂，但它和被测水体完全没有"电气"上的联系，只有一根吹气管进入水中，从而可以避免很多干扰、影响。

气泡式水位计测量水位的工作原理与投入式压力水位计相同，但测量静水压力的方法不一样。它将压力传感器安装在岸上仪器内部，通过一根吹气管将吹气管口的静水压强引入岸上仪器进行测量。气泡式水位计有一根吹气管进入水中，吹气管口固定在水下某一测点处。吹气管另一端接入岸上仪器的吹气管腔（气包）。此吹气管腔连接有高压气瓶或气泵。其引压原理是：在一个密封的气体容器内，各点压强相等。也就是说：如果气水分界处正好在管口，而气体又不流动，或基本不流动只冒气泡，那么吹气管出口处的气体压强和该点的静水压强相等，又和整个吹气管腔内的压强相等。将压力传感器的感压口置于吹气的管腔内，压力传感器就可直接感测到出气口的静水压强值，即可换算得到该测点位置对应的水位。要使吹气管出口处的气体压强和该点的静水压强相等，可采用两种方法：一种方式是仪器内部装有自动调压恒流装置，自动适应静水压力的变化，长期控制管口慢慢均匀地放出气泡，一般是 1min 冒数 10 个气泡。这时可以认为气体压强等于出气口的静水压强，这种方式称为恒流式气泡水位计。另一种方式是平时仪器不工作，测量时，仪器启动气泵，使气体压强超过吹气管口的静水压强，吹气管冒出大量气体，然后气泵停止工作，吹气管口的出气很快停止，此时管内压强等于静水压强，仪器快速自动测出此压强。这种方式称为非恒流式气泡水位计。

（四）超声波水位计

声波在介质中以一定的速度传播，当遇到不同密度的介质分界面时，产生反射。超声波水位计通过安装在空气或水中的超声换能器（声传感器），将具有一定频率、功率和宽度的电脉冲信号转换成同频率的声脉冲波，定向朝水面发射。此声波束到达水面后被反射回来，被超声换能器接收。通过这组发射与接收脉冲信号的发射、接收时间，测得声波从发射，经水面反射，再由换能器接收所经过的历时。

测量控制、计算以及必需的修正、显示、记录传输等工作由测量控制仪完成。超声波水位计定时工作，按预定设置的时间间隔测量水位。测得水位供自动测报系统应用。时间间隔可选择设置。为保证水位测量准确性，超声波水位计必须具备超声波声速修正和防水面起伏的多次水位测值平均功能。超声波水位计都应包括超声换能器、超声发射控制部分，数据显示记录部分和电源。一些产品由超声换能器和主机（测量端机）组成，主机包括超声发射控制部分、数据显示记录部分和电源等。一体化产品将换能器和发射控制部分以及发射控制、数据处理、电源等各部分制作在一起，成为一个整体，更便于应用于气介式超声水位计。所有产品都有标准数据输出接口，可用于自动化系统。

（五）雷达水位计

雷达水位计的工作原理与气介式超声波水位计完全一致，也是一种非接触式水位测量仪器，只是不再使用超声波，而是向水面发射和接收微波脉冲，采用脉冲雷达技术对水位进行测量。雷达发射接收的是微波，所以雷达水位计也称为微波水位计。雷达水位计定向朝水面发射微波脉冲信号。此脉冲信号到达水面后被反射回来，被雷达水位计接收。测得微波脉冲信号从发射经水面反射，再被接收所经过的历时。

测量控制、计算以及必需的修正、显示、记录传输等工作由测量控制仪完成。雷达水位计也必须具备防水面起伏的多次水位测值平均功能。

与超声波相比较，在空气中传播时，微波有一些优点。在可能的气温变化范围内，微波在空气中的传播速度可以被认为是不变的。这就无须温度修正，大大提高了水位测量准确度。微波在空气中传输时，损耗很小，可以用于很大的水位变化范围。而超声波必须要有较大功率才能传输（包括反射）较大的距离，超过10m水位变幅，应用气介式超声水位计就很困难。雷达水位计基本上都是一体化结构，内部包括微波发射接收天线和发送接收控制部分，都带有记录部分、通信输出接口、电缆连接和供电电源。

（六）电子水尺

普通水尺上有刻度，可以人工读取水位。如果将刻度改为等距离设置的导电触点，一定水位淹到某一触点位置，相应的电路扫描到接触水的最高触点位置，就可判读出水位，这样的水尺称为电子水尺。

电子水尺由绝缘材料制作水尺尺体，尺体上每隔一定距离（一般是1cm）露出一个金属触点。触点间相互绝缘，每一触点都接入内部电路。电子水尺的尺体固定垂直安装在水中，也可以是其他安装方式。被水淹到的触点和大地（水体）之间的电阻或与水尺上水中某一特定触点的电阻将大大减小。由此可由内部电路检测到所有被水淹到的触点，其中最高的就是当时的水位所在位置。也可以用其他电感应等方式检测到水面接触点，这类水尺也被称为触点式电子水尺。

在特殊地点使用时，尺体可以制作成特殊形状，如斜坡式（作为斜坡式水尺安装于坝、岸坡面上）、圆弧式（安装在圆形涵洞的壁上）。这些特殊形状的尺体上所有相邻触点的垂直高度距离仍必须是恒定的水位分辨力（如1cm）。

第四节　坡面流量与泥沙流量测验

一、坡面流量测验

坡面流在小流域地表径流中占很重要的地位，而从坡面流失的泥沙则是河流泥沙的主要源地。同时，人类活动很大部分是在坡地上进行的，特别是山丘区。因此，了解和掌握人类活动对坡面流和坡面泥沙的影响程度是必要的。目前，测定坡面流的方法主要采用实验沟和径流小区。

（一）实验沟和径流小区的选定

选择实验沟和径流小区时，应考虑如下三个方面。

（1）实验区的植被、土坡、坡度及水土流失等应有代表性，即对实验所取得的经验数据应具有推广意义。严禁在有破碎断裂带构造和溶洞的地方选点。

（2）选择的实验沟，其分水线应清楚，应能汇集全部坡面上的来水，并在天然条件下，便于布置各种观测设备。

（3）选定的实验沟、径流小区的面积一般应满足研究单项水文因素和对比的需要。实验沟的面积不宜过大，径流小区的面积可从几十平方米至几千平方米，根据具体的地形和要求确定。

（二）实验沟的测流设施

为了测得实验沟的坡面流量及泥沙流失量，其测验设施由坡面集流槽、出口断面的量水建筑物及沉沙池组成。地面集流槽沿天然集水沟四周修建，其内口（迎水面）与地面齐平，外口略高于内口，断面呈梯形或矩形。修建时，应尽量使天然集水沟的集水面积缩小到最低程度，而集水沟只起汇集拦截坡面流和坡面泥沙的作用。为使壤中流能自由通过集流槽，修建时，槽底应设置较薄的过滤层。为了防止集流槽开裂漏水，槽的内壁可用高标号水泥浆抹面或其他保护措施。为了使集流槽内的水流畅通无阻，在内口边缘应设置一道防护栅栏，防止坡面上枝叶杂草淌到槽内。在集流槽两侧端点出口处，设立量水堰和沉沙池。在天然集水沟出口处，再设立测流槽等量水建筑物测定总流量和泥沙。

（三）径流小区的测流设施

为了研究坡地汇流规律，可在实验区的不同坡地上修建不同类型的径流小区，观测降雨、径流和泥沙，即可分析出各自然因素和人类因素与汇流的关系。

径流小区适用于地面坡度适中、土壤透水性差、湿度大的地区。在平整的地面上，一般为宽5m（与等高线平行）、长20m、水平投影面积为100m^{2}的区域。径流小区，可以两个或更多个排列在同一坡面上，两两之间合用护墙。如受地形限制，也可单独布置。小区的下端设承水槽，其他两面设截水墙。截水墙可用混凝土、木板、黏土等材料修筑，墙应高出地面15～30cm，上缘呈里直外斜的刀刃形，入土深50cm，截水墙外设有截水沟，以防外来径流窜入小区。截水沟距截水墙边坡应不小于2m，沟的断面尺寸视坡地大小而定，以能排泄最大流量为宜。

径流小区下部承水槽的断面呈矩形或梯形，可用混凝土、砖砌水泥抹面。水槽需加盖，防止雨水直接入槽，盖板坡面应向场外。槽与小区土块连接处可用少量黏土夯实，防止水流沿壁流走。槽的横断面不宜过大，以能排泄小区内最大流量为准。

承水槽有引水管与积水池连通，引水管的输水能力按水力学公式计算。积水池的量水设备有径流池、分水箱、量水堰、翻水斗等多种，可根据要求选用。如选用径流池作为量水设备，它的大小应以能汇集小区某频率洪水流量设计。池壁要设水尺和自记水位计，测量积水量。池底要设排水孔，池应有防雨盖和防渗设施，以保证精度。

一般采用体积法观测径流，即根据径流池水位上升情况计算某时段的水量。测定泥沙也是采用取水样称重法，即在雨后从径流池内采集单位水样，通过量体积、沉淀、过滤、烘干和称重等步骤，即求得含沙量。取样时，先测定径流池内泥水总量，然后搅拌泥水，再分层取样2～6次，每次取水样0.1～0.5L，把所取水样混合起来，再取0.1～1L水样，即可分析含沙量。如池内泥水较多或池底沉泥较厚，搅拌有困难时，可用明矾沉淀，汲取出上部清水，并记录清水量，再算出泥浆体积，取泥浆4～8次混合起来，取0.1L的泥浆样进行分析。

（四）插签法

在精度要求较低时，可用插签法估算土壤的流失，即在土壤流失区内，根据各种土壤类型及其地表特征，布设若干与地面齐平的铁签或竹签，并测出铁、竹签的高程，经过若干时间后，再测定铁、竹签裸露出地面的高程，则这两高程之差即为冲刷深（mm），再乘以实测区内的面积即为冲刷量。

（五）流量测次

1.流量测次的概念及其布置

川流不息，涨落不定，反映在过水断面上年期间的流量过程线呈现为一条非常复杂的连续曲线。总体而言，在平水期和枯水期，流量变化可能比较平缓，在汛期，流量的变化频繁而又剧烈，陡涨陡落。流量测验的目的是希望获得完整的流量过程线，若依赖实测则需要一次又一次地进行观测，每一次实施全断面流量观测的全过程，就称为一个测次，具体以某个合适的时刻为其时标。针对一年的流量过程是否准确得到反应，就流量测验而言，对测次则意味着测流的次数和各个测次时机两个方面。

每一次流量测验的成果称为该测次的实测流量，每一次流量测验作业不可能在瞬间完成，在实践中，都假想为该实测流量是与相应水位所对应的瞬时流量，据此所建立的水位流量关系可以用于瞬时观测的水位推算流量。实测流量资料是最重要的基础数据，不仅从中获得流量的变化过程和某些特征值，还通过一定方法的如资料整编等技术处理和分析计算，得到所需要的数据。

对于流量这样时时刻刻都在变化的物理量，期望通过连续进行观测和计算来获得其变化的全过程非常困难。流量资料的应用，有时是需要某个瞬时值，例如最大流量和与此相应的最高水位，故某一些瞬时观测值有着非常重要的价值。为此，洪水期间需要通过密集观测获得高水变化情势以及出现的最大流量和最高水位资料，它们不仅对防汛抗险意义重大，对编制洪水预报方案、水文分析计算等也有着举足轻重的作用，因此汛期的测次布置得多。但是，有不少流量资料的应用只是将它转化为某一时段内的水量，在这种情况下，只要能满足水量计算的精度，流量观测工作可以适当简化，测次可以安排得少一些。总而言之，针对不同的需求和水情，测次的布置应该有所区别。

为了解决不间断地连续观测的困难，总体上是采用"以折代曲"的办法，即以有限的不连续的流量观测所得到的折线过程近似地代表连续的曲线过程，只要所产生的误差被控制在能被接受的微小范围内，就不失为一条简便而又有效的途径，这就是布置流量测验测次的基本出发点。

关于具体的测次布置，有许多操作指南可以参考，只要能掌握基本的原则，就可灵活处理，作出合理的布置方案。

（1）出现重要的、被直接利用的流量时必须施测。例如在汛期一次洪水过程中的洪峰、起涨、转折等时刻以及枯水期流量极小时刻，应及时施测，并且比较密集，以保证不会发生缺测、漏测重要信息的情况，或者即使发生也可以进行插补。

（2）平水期、枯水期流量变化平缓时期，测次可以少一些。例如流量资料主要用于计算时段水量的时期，可以隔几天测一次。众所周知，流量也是水量的一种表示，从数学上来看，一个时段起止时间内的流量过程线与时间轴所包围的面积，就是水量。制作洪水预报的产流方案、地表水资源调查所需要的降雨径流关系、进行水利规划计算，都需要将流量转化为以径流深或水体积表示的水量。在这样的时期适当减少测次，只要能保证因此而引起计算时段水量的误差在规定的范围内，也是合理的。

（3）流量变化很小的时期，可以用瞬时流量代替日平均流量。 日平均流量的应用非常广泛，例如流域产流量预报方案的制作与应用，水库的兴利调节计算、农田的灌溉制度设计等，都是应用日平均流量资料。因此，当满足一定的条件时，测次的安排可以更加简单：当河流流量在一定时段内变化很平缓时，其时段平均流量可以直接用瞬时流量来替代。除了洪峰暴涨、工程频繁调节，如果在一日甚至更长时段上的流量都几近不变时，测次的瞬时流量就可以直接当作日平均流量，例如8时流量。其原理是将变化平缓的流量过程线用水平线代替，当其变化表现为线性的涨或落的情况下，犹如把一个时段内流量过程线与时间轴所围成的梯形简化为矩形，进行这样的处理所造成的水量计算误差是可以控制的。当然，有的情况下，流量变化虽小，仅用瞬时流量却并不能代表日平均流量，于是另辟蹊径，具有良好水位流量关系的水文站就采用日平均水位来推算日平均流量，而不需要通过较多的测次流量来计算日平均流量。

（4）测次的布置需要满足建立或检验水位流量关系的需要。在良好测站控制条件的地方设站，建立水位流量关系，间接地用水位推算流量，不失为减轻繁重的流量测验工作负担的有效途径，这是水文测验的通用方法。但是需要定数量的流量实测数据，才能经过分析确定水位流量关系线，显然，这些数据的分布对水位流量关系的质量和使用效果有很大关系。因此，需要研究在全年中如何科学合理地布置测次。

此外，建立水位流量关系的办法并非万能。如出现河床冲淤变化、漫滩等影响情况时，水位流量关系的效果往往受到影响，用以推算的流量就会失去准确性，故还需要通过实测来弥补。人类活动影响也会使得有的地方无法建立水位流量关系，或者即使可以建立而因频繁受到干扰影响而难以使用，不得不依赖实测，其测次的布置也要根据实际情况酌定。

2.流量测次布置方法及具体要求

流量测验次数的多少及时机，密切影响到测站水位流量关系的适用性、稳定性，故必须根据测站特性和测站控制条件来分析确定测次分布，除了要注意流量变化的速度和变幅等因素外，还要兼顾对实测流量使用的需要。总的要求是能够保障可以准确推算出日平均流量和各项特征值，具体的要根据测站特性、使用的流量资料整编方法等综合考虑，才能制定合理的测次布置方法。

（1）满足水位流量关系定线需要。为了满足定线需要，水文站一年中的测流次数，要根据断面在高、中、低各水位级的水流特性、测站控制条件、测验精度要求、定线推流要求以及流量资料使用需求等综合确定，以能够准确掌握各个时期的水情变化、合理控制各级水位和水情变化过程转折点为依据。当发生洪水、枯水，超出历年资料中实测流量相应水位的范围时，对超出部分增加测次。

（2）根据水力因素的变化布置。由于断面上发生水力因素的不稳定变化，冲刷、淤积、回水、洪水涨落等单一或综合影响下，水位流量关系不为单一线。采用非单一线进行流量资料整编处理的站，或者非单一线期间，需要根据流量的实际变化，根据水位的相应表现，针对有关水力因素变化合理安排测次。

（3）受工情影响的测次布置。频繁受工程影响、流量大小变化不定的测站，临近工程和河段条件使得流量变化受水力因素的变化影响很大，无法建立行之有效的水位流量关系，需要完全按照流量实际变化安排测次，对于工程运行信息通报机制完善的，可以根据工情预告安排测次，缺乏工情预告的则最好采用自动测流设备并密集设置其观测测次。

水文测验中，大部分测流方法采用流速面积法，测速仪器是水文测验的主要仪器设备。随着科技进步，水流的流速测量仪器也从精密机械仪器发展到了高科技的电子仪器，根据其物理特征的不同，分为转子式流速仪、声学流速仪、光学流速仪、电磁流速仪、电波流速仪。根据工作原理还有多普勒类型（分声学和电磁波）、超声波类型（分多普勒和脉冲时差）等细分。常用的流速测量仪器是转子式流速仪、声学多普勒流速剖面仪、电波流速仪。

①转子式流速仪分为旋杯式和旋桨式两种。该仪器的流速传感件为旋杯或旋桨，其惯性力矩小，旋轴的摩阻力小，对流速的感应灵敏；结构稳定，自身不易变形；仪器的支承及接触部分装在体壳间，在一定程度上能防止进水进沙，在含沙含盐的水中都能应用；结构简单，使用方便，便于拆装清洗修理；体积小，重量轻，便于携带，测速成本低，便于推广。当流速仪放入水流中，水流作用于流速仪的感应元件（或称转子）时，由于它的迎水面各部分受到水压力不同而产生压力差，形成了转动力矩，使转子产生转动。

②多普勒流速剖面仪，是一种利用声脉冲在随流运动的水体悬浮物质和河床的反射回波中所产生的多普勒效应进行测流的仪器，采用与中心轴有固定夹角的4个换能器，发射和接收声波信号，测定声束方向上逐点和河底点的多普勒频移，得到声波受水流运动影响的程度和仪器对地运动的状态。

③电波流速仪是利用无线电磁波多普勒效应的测速仪器，其工作机制与多普勒雷达相似，其使用的电磁波频率也是很多观测雷达所用的频段。电波流速仪自身集成了姿态传感器，可以测出波束的倾斜角度，当电波流速仪对着水面发射电磁波后，电磁波被水面反射，根据反射波的多普勒频移，可以由波束上的速度变化计算得到水面流速。

二、泥沙流量测验

河流泥沙径流，或称固体径流，是指河流挟带水中的悬移质泥沙与推移泥沙而言。所谓悬移质泥沙，是指颗粒较小、悬浮于水中并随之流动的泥沙，也称悬沙。所谓推移质泥沙，是指颗粒较大、受水流冲击沿河底移动或滚动的泥沙，也称底沙。两者之间并无明确的颗粒分界，随水流条件的改变而相互转化。它们特性不同，测验及计算方法也各异。

（一）悬移质泥沙的测验

悬移质泥沙的两个定量指标，是含沙量和输沙率。单位体积的浑水中所含干沙的重量，称为含沙量，单位为kg/m³。单位时间内流过某断面的干沙重量，称为输沙率，单位为kg/s。

如果知道了断面输沙率随时间的变化过程，就可算出任何时段内通过该断面的泥沙重量。平均含沙量的推求，则是悬移质泥沙测验的主要工作。由于天然河流过水断面上各点的含沙量并不一致，必须由测点含沙量推求垂线平均含沙量，由垂线平均含沙量推求部分面积的平均含沙量。部分平均含沙量与同时测流的同一部分面积上的部分流量相乘，即得部分输沙率。全断面的部分输沙率之和，即为断面输沙率。断面输沙率被断面流量除，即得断面平均含沙量。

为求得测点含沙量，必须用采样器从河流中采取含有泥沙的水样。悬移质采样器目前以横式、瓶式采样器为主。横式采样器可装在悬杆上或有铅鱼的悬索上。取样时，把采样器放到测点位置上，待水流平稳后，在水上通过开关索拉动挂钩，使筒盖关闭取得水样，也有用电磁开关使筒盖关闭。横式采样器取得的水样，是该测点的瞬时水样，其结果受泥沙脉动影响较大。瓶式采样器的瓶口上安装有进水管与排气管，两管出口的高差为静水头△H，用不同管径的管嘴与△H值，可调节进口流速。为了能在预定的测点取样，一般将取样瓶安置于铅鱼腹中，进水管与排气管伸出腹外。也有的将取样瓶固定于一根测杆上。由于取样是在一个时段内进行的，故称为积时式采样器。显然，它能克服泥沙脉动的影响。如果水样是取自固定测点，称为积点式取样。如取样时，取样瓶在测线上由水面到河底（或上、下往返）匀速移动，称为积深式取样，该水样代表垂线平均情况。

采样器取得的水样，倒入水样瓶中，贴上标签，注明测点位置，送交泥沙分析室进行水样处理。水样处理的目的，是把从河流中取得的水样，经过量积、沉淀、烘干、称重等程序，得出一定体积浑水中的干沙重量。当含沙量较大时，也可使用同位素含沙量计来测验含沙量。该仪器主要由铅鱼、探头和晶体管计数器等部分组成。使用时，只要把仪器的探头放至测点，即可由计数器显示的数字在工作曲线上查出含沙量。它具有准确、迅速、不取水样等优点，但应经常校正工作曲线。

（二）河床质测验

采取河床质的目的，是进行河床泥沙的颗粒分析，取得泥沙颗粒级配资料，供分析研究悬移质含沙量和推移质基本输沙率的断面横向分布时使用。另外，河床质的颗粒级配状况，也是研究河床冲淤变化，利用理论公式估算推移质输沙率，研究河床糙率等的基本资料。

河床质的测验，一般只在悬移质和推移质测验作颗粒分析的各测次进行，在施测悬移质、推移质的各测线上取样。采样器应能取得河床表层 0.1～0.2m 以内的沙样，在仪器上提时，器内沙样应不致被水冲走。沙质河床质采样器有圆锥式、钻头式、悬锤式等类型。取样时，都是将器头插入河床，切取沙样。卵石河床质采样器有锹式与蚌式，取样时，将采样器放至河床上掘取或抓取河床质样品，以供颗粒分析使用。

第五节　地下水和墒情监测

一、地下水监测

地下水监测主要水文参数包括水位、水质、出流流量等，一般监测内容只有水位和水质参数。

（一）地下水位监测

1.监测地下水位的特点

地下水监测一般都有地下水位井，除了口径小、井较深以外，地下水位监测和地表水水位监测有相似之处。另外，地下水位变化较慢，地下水观测次数也不需过于频繁。

2.地下水位测量仪器

（1）人工观测设施。由于地下水比较深，地下水位井的口径小，人工观测地下水位必须使用仪器。传统应用的是各种"悬锤式水尺"。为了测量埋深较大的地下水位，其测尺很长，可以有50m、100m、150m。需要一较大的测尺卷筒容纳。测尺头部悬锤下端有两个触点，测尺是一根外包塑料的钢卷尺，两侧有两根绝缘导线。悬垂的两个触点接触地下水面，两根导线导通，连接的水上音响器发出音响，从测尺刻度上读出地下水位。

（2）地下水位自动测量设备。以下介绍浮子式自记地下水位计和压力式水位计。

①浮子式自记地下水位计。这类地下水位计和浮子式地表水位计的性能、结构基本相同，只是浮子很小（直径50mm以下），平衡锤很细，悬索柔软。都是长期自记仪器，以前是长图画线记录方式，现在的产品连接有水位编码器，可以用固态存储记录，也可以接入遥测系统。

②压力式水位计。测量地表水位的压力式水位计很适合测量地下水位。压阻式压力水位计的传感器能放入地下水位井。地下水位井中的地下水含沙量极低，温度变化很小，水位变化也很慢，很适合压力式水位计的应用。

其他形式的地表水位计很难用于地下水位的测量，除非地下水位井的口径足够大。

（二）地下水质监测

可以使用电极法水质自动测量仪，放入地下水位井内自动测量一些常规水质参数。用于地下水质测量的水质传感器都制作得很细，以便于放入地下水位井。很多水质参数的测量传感器较大较粗，不易放入地下水位井内，就不能自动测量。但抽水取样方式可以用于地下水质自动测量。

（三）地下水出流流量监测

开采利用地下水时，要将地下水抽出地面，而一些泉水会自动流出地面。需要时，要对这些出流流量进行监测。抽取地下水都使用管道输送，其流量监测使用各种管道流量计。

对出流泉水的流量监测，属于明渠小流量监测，常用流速仪法测量，也可以应用堰槽等水工建筑物测记流量。

二、墒情监测

（一）墒情和土壤含水量

在土壤墒情监测规范中墒情的定义是"田间土壤含水量及其对应的作物水分状态"。在不同部门，墒情定义稍有不同，如"田间土壤湿度"也是一种定义。

墒情和土壤含水量的含义并不完全相同。除了具体的土壤含水量以外，说明墒情的其他土壤水分常数还有土壤饱和含水量、田间持水量、凋萎含水量等。饱和土壤含水量、田间持水量由土质确定，凋萎含水量与土质和作物有关，对每一地块和特定作物，都基本可以被认为是一定值。

土壤饱和含水量是指该土壤最多能含多少水，此时土壤水势为0。土壤饱和含水量是指土壤颗粒间所有孔隙都充满水时的含水量，亦称持水度。在沙质土壤中，饱和含水量在25%～60%。有机土如泥炭土或腐泥土的饱和含水量可达100%（重量含水量）。

田间持水量是土壤饱和含水量减去重力水后土壤所能保持的水分。重力水基本上不能被植物吸收利用。田间持水量与凋萎系数之间的含水量称为土壤有效水，是植物可以吸收利用的部分。田间持水量长期以来被认为是土壤所能稳定保持的最高土壤含水量，也是土壤中所能保持的水的最大量，是对作物有效的最高的土壤水含量，且被认为是个常数，常用来作为灌溉上限和计算灌水定额的指标。

（二）土壤含水量表示方法

土壤中水分的多少有两种表示方法：一是以土壤含水量表示，分重量含水量和体积含水量两种方法，二者之间的关系由土壤容重来换算；二是以土壤水势表示，土壤水势的负值是土壤水吸力。

（三）土壤含水量测量方法和仪器

土壤含水量测量方法主要包括直接测量法、间接测量法及其他测量法三大类。其中，直接测量法为人工测量法，即烘干法。而间接测量法又可分为张力计法、中子法及介电法三类，这些方法基本可实现自动测量。其他间接测量方法包括电阻法，γ、χ射线法及干湿计法等。由于间接测量法基本可实现自动监测，现代化程度较高，故需作进一步说明。

1.张力计法

根据土壤中的土水势与土壤含水量相关关系的原理测量土壤含水量的方法，也称负压法。使用包括压力传感器在内的张力计（负压计）测量土水势，转换成土壤含水量。

2.中子法

放射性中子源发出的快中子进入土壤介质中，主要与氢原子相碰撞减速，使快中子损失能量而慢化，并且慢中子云球的密度与中子源作用范围内介质中的水分含量存在函数关系，通过测量慢中子云的通量密度来确定土壤含水量。使用中子土壤水分仪直接测量土壤含水量。

3.介电法

测得微波在土壤中传播时的有关参数，得到含水土壤的介电常数，根据土壤中的水和其他介质的介电常数之间存在差异的原理，从而得到土壤含水量的技术方法，统称为介电法。介电法包括频域法（FD）和时域法（TD）。介电法所用仪器常用的有时域反射仪（Time Domain Reflectometry，TDR）和频域反射仪（Frequency Domain Reflectometry，FDR）。

烘干法也称为人工取土烘干法。在105℃±2℃条件下，将采集的土壤样品烘干至恒重时，所失去的水分质量和达到恒重后干土质量的比值，用百分数表示，是土壤的重量含水量。这种测定土壤重量含水量的方法，称为烘干法，也称称重法，是直接测量土壤水分的一种方法，也是国内外通用的测定土壤含水量的标准方法。其他方法都应该与烘干法比对，从而确定该方法的土壤含水量测量的准确性。但烘干法需要采集测量点的土壤样品，采样对土壤结构是破坏性的，不能重复采样，也不易准确地测得土壤样品的干容重。

张力计用来测量土壤中的水势。张力计也称为负压计水势仪。土水势反映了土壤水的能量状态，是有关土壤水运动分析、水量评估、土壤作物水分关系的重要参数。可以认为，水势是在相同温度时，从土壤中提取单位水量所需要的能量。土壤中两点之间的水势差，标志了土壤水分从高到低水势的运动趋向。土壤水将从势能高处向势能低处运动。因此，植物根系四周土壤的含水量达到一定数值时，土水势会大于植物根系内部的根水势，才能保证水分从土壤进入根系，植物能吸收到水分。土水势与土壤水吸力密切相关，土壤水吸力与土壤含水量有关系，使得土水势与土壤含水量有较稳定的关系，此关系因不同土质而不同，可以由不同土水势得到各种土质的含水量。

中子源发出的快中子在通过土壤时遇到土壤水中的氢原子后，快中子将失去部分动能变为慢中子。土壤中水分愈多，快中子在土壤中传输、散射时碰撞到水中的氢原子愈多，产生的慢中子也愈多。这个规律比较确定，因此测得的慢中子数和土壤含水量的关系相当稳定。通过率定找出此关系就可以用此原理来测量土壤含水量。

时域法土壤水分测定仪属于介电法仪器，都是通过测量土壤中的水和其他介质介电常数之间差异的原理，间接测量土壤含水量。时域法土壤水分测定仪主要应用时域反射仪（TDR）原理。

频域法土壤水分测定仪和时域法土壤水分测定仪都属于介电法仪器，是通过测量土壤中的水和其他介质介电常数之间差异的原理，间接测量土壤含水量。频域法土壤水分测定仪主要应用驻波法（SWR）原理，少量仪器应用频域反射法（FDR）。测量土壤含水量的基本原理与TDR类似，都需要测量土壤的介电常数。TDR与FD的探头统称为介电传感器。

频域法仪器的传感器由电极组成一个电容。探针式传感器由平行排列的金属棒作为电容电极，其间土壤充当电介质。管式传感器内部有一对板状圆形金属环作为电容电极，管外环绕的土壤充当电介质。电容与振荡器组成一个调谐电路，振荡器工作频率随土壤电容的增加而降低，土壤电容随土壤含水量的增加而增加，于是振荡器频率与土壤含水量呈非线性反比例关系。实际测量时，测量振荡器的共振频率，得到土壤电容，再转换为土壤介电常数，由相应的土壤水分特性关系得到土壤含水量。

第六节　应急监测

一、应急监测概述

应急监测作为国民经济建设和社会发展的一项重要的基础性公益事业，是防汛抗旱、水利建设和水资源管理的"耳目""前哨"与"尖兵"。随着经济社会的发展，水文不仅为防汛抗旱、水利工程建设、水资源管理提供服务，而且为水资源开发、利用、配置、节约、保护以及生态文明建设等提供服务。特别是，在历次抗灾救灾斗争中，水文部门积极开展应急监测和预测预报，为政府有关部门提供决策支持，在减少灾害损失、保障人民生命财产安全方面起到不可替代的作用，产生了巨大的社会效益和经济效益。

水文应急是水文工作不可或缺的重要组成部分。水文应急工作有广义和狭义之分，广义的水文应急工作是指常规和非常规情况下的水文应急工作，又有应急特点，如遇到大洪水时的高洪应急监测与水情预测预报，遇到特枯年份时的应急调水监测与旱情预测预报。这些虽都是水文的正常工作内容，但在技术要求和工作的方式方法上又有应急的特点。

非常规水文应急，是指完全超出水文日常工作的范畴，如在应对突发性自然灾害和水污染事件时，为减少灾害损失提供决策支持和施工服务所开展的水文应急监测、水情应急预测预报和水文应急分析与计算。在技术要求和工作的方式方法上，既不同于日常工作，也不同于常规应急，具有独特的应急特性。

二、水文应急监测特点与工作内容

（一）水文应急监测特点

水文应急监测具有临时、紧急和及时的特征，因其工作环境及工作条件，对水文应急监测工作有一个客观的、正确的、科学的认识，是开展好水文应急监测工作的基础，同时对水文应急监测工作作用的评价也更为科学。

水文应急监测是水文测验工作的重要内容，但与日常的水文测验工作相比，又有很多不同。认识和理解其差异，不仅对水文应急监测工作有益，也使得政府及领导的决策更为科学和合理。水文应急监测通常是在出现与水有关的突发事件时，通过对水体等进行临时、紧急的监测，以及时取得水文基本资料及水文基本信息。与日常的水文测验工作相比，水文应急监测有以下特点。

1.工作环境不便利

日常水文测验工作开展通常具备完整、可靠的基本设施如水文缆道、水尺、断面桩、断面标点、水文测船等，同时具备可靠的平面、高程系统，而水文应急监测的工作环境没有上述内容的便利条件，即没有基本设施，平面、高程系统需要重新建设和确定等。

2.测验控制条件较差

开展日常水文测验工作的水文站，通常具有非常好的测站控制条件（断面控制、河槽控制），这使得水文要素容易收集，水位流量关系一般为较稳定的单一关系，测验断面稳定或者测站水文工作人员对测验断面的变化情况了如指掌；而开展水文应急监测工作所在地往往不具备设站条件，测站控制条件和河段控制条件较差，测验断面的变化情况未知，在部分条件恶劣的情况下，断面资料难以采用常规手段准确获取。

3.测验时机难以把握

日常水文测验工作的开展，受外在因素影响较小，可以在白天、黑夜的任何时候实施，而水文应急监测工作一般只能在白天实施，同时水文应急监测工作可能因交通条件等的影响，测验时机的把握存在不确定性。

4.安全作业环境恶劣

日常水文测验工作的安全是可控的，在日常水文测验工作中，只要作业人员遵守操作规则，安全生产是有保障的；而水文应急监测工作可能因工作环境恶劣，作业人员的安全受到严峻挑战。

5.测验精度要求略宽

水文应急监测工作是在特殊环境、特殊条件及特殊时间开展的水文测验工作，由于时效性、现场性的要求，使得开展水文应急监测工作的一些水文基本设施欠缺，其水文要素的测验精度较日常水文测验工作所得到的水文要素的测验精度低。尽管如此，水文应急监测工作通过对水文要素的变化趋势、水文要素达到的量级、变量大小等进行监测，仍然在政府及领导的决策中发挥重要的作用，能够满足应急处置单位对水文信息的精度要求。

（二）水文应急监测工作内容

不同类型与水有关的突发事件的发生，决定了水文应急监测工作的内容不同。目前，经常遇到的应急监测主要包括分洪、溃口洪水监测。

分洪应急监测包括分洪口上游、下游的流量测验，以确定分洪流量。溃口应急监测包括自然河流、水库、堰塞湖的溃口水文要素监测，监测对象为溃口，主要工作内容有溃口宽度、溃口水面流速、堤防管涌数量及水流大小，而监测范围可能受地理条件限制。需要指出的是，对堤防溃口的监测，需要事先选定安全的观测位置，水文应急监测方案要考虑到堤防（坝体）半溃、全溃的安全应对措施，确保水文应急监测工作人员的安全。发生其他类型的水文应急监测对象时，可参照上述方法，确定水文应急监测的对象及工作内容。

三、溃口监测

该部分主要对通常碰到的应急监测内容进行介绍。

（一）溃口口门宽度测量

采用全站仪免棱镜模式对堰塞坝口门宽进行施测。

（二）溃口流量测验

1.电波流速仪测流法

选用电波流速仪施测溃口水面流速，水面流速系数借用0.6~0.8，溃口面积近似口门宽与口门水深乘积。

2.溃口堰流测流法

当溃口口门比较稳定，且口门宽度不太宽，溃口水流可近似作为河流测验的出流。

3.ADCP测流

如果溃口流速不是太大，也可以采用遥控船或者冲锋舟搭载ADCP测流。

4.溃口监测测次

宜每10分钟或30分钟施测一次口门宽度和流量。

第七节　水文调查

一、洪水调查

进行洪水调查前，首先要明确洪水调查的任务，收集有关该流域的水文、气象等资料，了解有关的历史文献。这样可以了解历年洪水大小的概况。但定量的任务仍要通过实地调查和分析计算来完成。

在调查工作中，应注意调查洪痕高程，即洪水位。尽可能找到有固定标志的洪痕，否则要多方查证其可靠性，并估计其可能的误差。洪痕调查应在一个相当长的河段上进行，这样得出的洪痕较多，便于分析判断洪痕的可靠性，并可以提高确定水面比降的精度。当然，在一个调查河段上，不应有较大支流汇入。还应注意调查洪水发生时间，包括洪水发生的年、月、日、时及洪水涨落过程。这可为估算洪水过程、总水量提供依据。对洪水过程中的断面情况与调查时河床情况的差异，亦应尽可能调查了解。

计算洪峰流量时，若调查所得的洪水痕迹靠近某一水文站，可先求水文站基本水尺断面处的历史洪水位高程，然后延长该水文站实测的水位流量关系曲线，以求得历史洪峰流量。若调查洪水的河段比较顺直，断面变化不大，水流条件近于明渠均匀流，可利用曼宁公式计算洪峰流量。

按明渠均匀流计算所要求的条件，在天然河道的洪水期中较难满足。因为一般调查出来的历史洪水位，除有明确的标志者外，一般都有较大的误差。如果要减小水位误差对比降的影响，只有把调查河段加长。在一个较长的河段上，要保持河道断面一致的条件很困难，此时就要采用明渠非均匀流的计算办法。

二、暴雨调查

历史暴雨时隔已久，难以调查到确切的数量。一般是通过群众对当时雨势的回忆，或与近期发生的某次大暴雨相对比，得出定性的概念；也可通过群众对当时地面坑塘积水、露天水缸或其他器皿承接雨水的程度，分析估算降水量。

对于近期发生的特大暴雨，只有当暴雨地区观测资料不足时，才需要事后进行调查。调查的条件较历史暴雨调查有利，对雨量及过程可以了解得更具体确切。除可据群众观测成果以及盛水器皿承接雨量情况作定量估计外，还可对一些雨量记录进行复核，并对降雨的时、空分布作出估计。

三、枯水调查

历史枯水调查，一般比历史洪水调查更困难。不过有时也能找到历史上有关枯水的记载，但此种情况甚少。一般只能根据当地较大旱灾的旱情、无雨天数、河水是否干涸断流、水深情况等来分析估算当时的最小流量、最低水位及发生时间。

当年枯水调查，可结合抗旱灌溉用水调查进行。当河道断流时，应调查开始时间和延续天数。有水流时，可用简易方法，估测最小流量。

第四章　水文统计

第一节　水文统计概述

水文现象是一种自然现象，其发生、发展和演变过程中，既包含着必然性的一面，又包含着偶然性的一面。例如，流域的降水或融雪必然沿着流域的不同路径流入河流、湖泊或海洋，形成径流，这是一种必然性的结果。但是，河流上任一断面的流量每年都不相同，属于偶然现象，或称随机现象。对于随机现象而言，其偶然性和必然性是辩证统一的，而且偶然性本身也有其客观规律。如某地区年降雨量是一种随机现象，但由长期观测资料可知，其多年平均降雨量是一个比较稳定的数值，特大或特小的年降雨量出现的年份较少，中等的降雨量出现的年份则较多。随机现象的这种规律性只有通过大量的观察同类随机现象之后，并进行统计分析，才能看出来，故随机现象所遵循的规律，叫作统计规律。概率论和数理统计就是研究随机现象统计规律的方法论。我们把应用数理统计的原理和方法研究水文现象的变化规律，叫作水文统计。

水文统计的任务就是研究和分析水文随机现象的统计变化特性，并以此为基础对水文现象未来可能的长期变化做出在概率意义下的定量预估，以满足工程规划、设计、施工及运行管理期间的需要。

一、概率、频率、重现期

（一）概率

1.事件及随机事件

在概率论中，对随机现象的观测叫作随机试验，随机试验的结果称为事件，如掷硬币、掷骰子、摸扑克牌等均是如此。事件可以是数量性质的，即试验结果可直接测量或计算得出，例如，某地年降水量的数值和掷骰子的点数等。事件也可以是表示某种性质的，例如刮风、下雨等。事件按照其发生的可能性大小分为以下三大类。

（1）必然事件

某一事件在试验结果中必然发生的事件称必然事件。例如，天然河流中洪水来临时水位必然上涨。

（2）不可能事件

在试验之前，可以断定不会发生的事件称为不可能事件。例如，河流在天然状态下，洪水来临时发生断流就是不可能事件。

（3）随机事件

某种事件在试验结果中可能发生也可能不发生，这样的事件就称为随机事件。例如，某河流、某断面每年出现的最大洪峰流量可能大于某一数值，也可能小于某一个数值，事先不能确定，这就是随机事件。要定量地描述随机事件出现可能性的大小，需引出数理统计中概率的概念。

2.概率

在同等可能的条件下，随机事件在试验结果中可能出现也可能不出现，但其出现或不出现的可能性大小则不相同。为了比较随机事件出现的可能性大小，必须有个数量标准，这个数量标准就是随机事件的概率。例如，投掷一枚硬币，投掷一次的结果不是正面就是反面，正面（或反面）可能的数量标准均为1/2，这个1/2就是出现正面（或反面）事件的概率。

频率与概率既有区别又有联系。概率是个理论值，是抽象数；频率是个经验值，是具体数。对于古典概型，试验中可能出现的各种情况，其概率事先都可以计算出来。但是对于复杂事件，试验中可能出现的各种情况事先是算不出其概率的，只有根据试验结果计算其频率，即用频率代替其概率。

（二）频率

当试验资料足够多时，可以把频率作为事件概率的近似值。对于水文现象，其各种水文随机事件可能出现的结果总数是无限的，实际上只能根据有限的观测资料来计算它出现的频率，从而估计概率。

（三）重现期

频率是概率论中的一个概念，比较抽象，在实际工程中通常用重现期来代替它。所谓重现期是指某随机变量在长时期过程中平均多少年出现一次，即多少年一遇。因此，灌溉、发电、供水规划设计时，常把所依据的径流频率称为设计保证率，即兴利用水得到保证的概率。

二、随机变量及其频率分布

（一）随机变量

随机试验的结果可以用一个变量来表示，其取值随每一次试验的不同而不同，带有随机性，我们称这样的变量为随机变量。例如，某水文站的年径流量、洪峰流量等。这些随机变量的取值都是一些数值，还有一些随机变量，其结果虽然不是数值，但可以用数值来表示，如掷硬币试验，其结果分别是"正面朝上"或"反面朝上"，对于此类随机变量，我们可以人为规定用一些确定的数值代替结果，如用"1"代替"正面朝上"，用"0"代替"反面朝上"等。简言之，随机变量是在随机试验中测量到的数值。随机变量按照其可能取值的情况可分为以下两类。

1.离散型随机变量

若随机变量仅能取一个有限区间内的某些间断的离散数值，则称为离散型随机变量。例如，掷一颗骰子，出现的点数只可能取得1、2、3、4、5、6共6种数值，不能取得相邻两数值间的任何值，这些"出现点数"就是随机变量，用X来表示，其取值x为1、2、3、4、5、6点。

2.连续型随机变量

若随机变量可以取得某一有限区间的任何数值，则称此随机变量为连续型随机变量。水文上的许多变量都是连续型的，例如，年降水量、年径流量等均可以是零和极限值之间的任何数值。

在数理统计中，把随机变量所有取值的全体称为总体。从总体中任意抽取的一部分称为样本，样本的项数称为样本容量。水文现象的总体通常是无限的，实际无法获得，而其样本是指有限时期内观测到的资料系列。显然，水文随机变量的总体是不知道的，这就需要在总体不知道的情况下，靠观测到的样本去估计总体参数。既然样本是总体中的一部分，那么样本的特征在一定程度上（或部分地）反映了总体的特征，所以我们可以借助样本来掌握总体的规律。样本毕竟只是总体中的一部分，不能完全代表总体的情况，其中存在着一定的差别，称这种差别为抽样误差。

（二）随机变量的频率分布

随机变量在随机试验中可以取得所有可能值中的任何一个值。有的机会大，有的机会小。因此，随机变量的取值与其概率有一定的对应关系，一般将这种关系称为随机变量的概率分布。

对于连续型随机变量，由于它的所有可能取值有无限多个，而取个别值的概率可能为零，因此无法研究个别值的概率，只能研究在某个区间取值的概率分布规律。例如，某地区的年降水量为500～600mm，也就是说在此区间取值的雨量每年发生的概率最大，但实际就某一数值而言，其发生的概率却很小，甚至不可能。因此，在水文上，对于连续型随机变量，除研究某个区间值的概率分布外，更多的是研究随机变量X取值大于或等于某一数值的概率分布，即P（X≥x）。当然，有时也研究随机变量X取值小于或等于某值的概率，即P（X≤x）。但是，二者是可以互相转换的，只需研究一种就可以了。另外，在水文上遇到的都是样本资料，通常要用样本的频率分布规律去估计总体的概率分布规律。下面以工程实例来说明水文变量的频率分布规律。

三、样本审查与相关分析

（一）样本资料的审查

统计分析是以样本资料为基础的，即样本资料的特性将直接影响统计分析的结果。因此，在进行具体分析计算之前，应先做好样本资料的审查，尽量提高资料的质量以保证成果的合理性。一般来说，样本资料的质量主要取决于其可靠性、一致性和代表性三个方面，下面就从这三个方面进行分析。

1.样本资料的可靠性

水文样本资料的可靠性是指设计中所引用的资料的可靠程度。样本资料主要来源于水文测验和水文调查的成果，其结果由水文主管部门审核，一般来说，资料是可靠的。但是，由于采集所得到的水文资料受到许多人为因素的影响，比如，自然、社会政治及客观条件的限制等原因，可能会造成资料的缺失。所以，在分析计算前就应对原始资料进行复核、审查、修复等，使资料尽可能可靠。

水文样本资料审查的内容主要根据设计对象所应用的主要资料而确定，如水位、断面、流量、降雨等。对水位资料的审查，重点是水尺位置、高程系统水尺零点、水位衔接、观测次数等，若发现水尺零点高程有变动，应给予订正；对断面观测资料主要从测量方法、断面形状、滩槽边界、断面冲淤变化等方面进行审查。对流量资料的审查主要从两个方面进行：一是实测资料的审查，二是调查资料的审查。实测资料的审查重点是从测量方法、测点布设、比降、糙率、借用断面、浮标系数等方面进行审查。调查资料的审查主要是洪峰流量和枯水流量资料，前者重点是水位流量曲线高水延长、水力要素，后者重点是人类活动。而对降雨观测资料则主要是对观测场址、仪器类型、观测时段等的审查。

样本资料可靠性审查受到多种因素的影响，如人为因素、客观因素，因而修正方法也不尽相同，应结合实际情况，从资料的观测、计算、整编及调查等多方面分别进行修正。

2.样本资料的一致性

样本资料的一致性是指所用的资料系列必须是在同一自然条件下产生的或是同一种类型的水文因素，不能混合统计不同性质的、各种条件下产生的资料系列。

影响系列一致性主要有两种情况：一是人类活动的影响，二是气象成因的影响。人类活动的影响主要表现在各种工程建设改变了水文系列的天然状态；人类活动改变了流域上游的天然地貌与环境，即对流域下垫面条件的改变；对于径流资料来说，主要表现在气候条件和下垫面条件的影响。气候条件短时间内不会有太明显的变化，而下垫面条件受到人类活动的影响会发生较大改变，因此也就影响了径流的形成机理。例如，兴建水库前后、河道整治前后、灌溉引水前后等，河道径流都会有所变化。当样本资料的一致性受到破坏时，则应把变化后的资料进行合理还原，使设计资料与建成工程前保持一致。

3.样本资料的代表性

样本资料的代表性是指样本的统计特性（统计参数）能否很好地反映总体的统计特性。对于水文样本资料，总体总是未知的，要想知道其代表性的好坏，无法对样本资料系列本身进行评价，只能根据抽样误差的变化规律进行分析。一般情况下，样本容量越大，抽样误差就越小，也就表示样本的代表性越高。而实际工程中，样本容量与代表性的好坏无法量化。因此，样本资料的代表性审查，可通过其他长系列的参证资料做对比进行分析论证。

对于年径流样本系列，可选择与设计变量（以下称为设计站）有成因联系，具有相对较长资料系列年的参证变量（也称为参证站）来进行比较，参证站的长系列要求具有较好的可靠性、一致性。分别计算统计参数，即参证站长系列 N 年的统计参数及与设计站 n 年资料同期的短系列的统计参数，如果计算结果两组统计参数比较接近，就可认为参证站 n 年的短系列对 N 年的长系列具有较好的代表性，由此推出设计站 n 年的年径流量系列也具有较好的代表性；如果参证站长、短系列的统计参数相差较大，则表明短系列的代表性不好，同时也表明设计站 n 年的年径流量代表性也不好。

对于洪水样本系列，可以应用本河流上下游站或邻近河流测站的长期水文气象资料来检查，也可和年径流系列一样，采用参证站长系列洪水资料做类比分析。此外，还可以用暴雨资料来检查。一般暴雨与洪水有较高的相关关系，同时暴雨资料一般比洪水资料长，因此可以通过本流域或邻近流域的暴雨资料做参证资料，分析与设计断面同期的暴雨观测资料对长系列资料的代表性，从而评价设计站洪水资料系列的代表性。

（二）相关分析

前面研究的只是一种随机变量的变化规律，实际上经常遇到两种或两种以上的随机变量，且它们之间存在着一定的联系，例如，降水与径流、水位与流量等。研究两个或两个以上随机变量之间的关系，称为相关分析。在水文计算中进行相关分析的目的就是利用水文变量之间的相关关系，借助长系列样本延长或插补短期的水文系列，提高短系列样本的代表性和水文计算成果的可靠性。

1.相关关系的概念

两种随机变量之间的关系有以下三种情况：统计相关、完全相关（函数关系）、零相关（没有关系）。两个变量之间，一个变量的数量变化由另一个变量的数量变化唯一确定则称为完全相关。如果两个变量之间互不影响，其中一个变量的变化不影响另一个，则称没有关系或零相关。若其相关点在图上散乱分布或呈水平线分布，则称统计相关（相关关系）。统计相关是两个变量之间既不像完全相关那样密切，也不像零相关那样毫无关系，是介于这两种情况之间的一种关系。如果把这种关系的点据绘在坐标纸上，就能发现这些点据虽然散乱，但却有着明显的趋势，这种趋势可以用一定的数学曲线或直线来近似地拟合，这种关系称为相关关系。

2.简单直线相关

简单直线相关即两个变量间的直线相关。设x，y代表两系列的观测值，共有同步观测资料n对，以变量x为横坐标，变量y为纵坐标，将相关点点绘在相关图上，若其分布比较集中且平均趋势近似于直线，即属于直线相关，则可以用作图法或相关计算法来确定两个变量的直线关系式。

相关图解法的优点是比较简单，但是目估定法线可能会带来较大的偏差，特别是当相关点较少或者分布较散时，误差会更大；此时可以利用相关计算法，即根据实测资料用数学公式计算出待定参数，从而得到相关直线。

四、频率计算

（一）经验频率曲线

经验频率曲线是根据某一水文要素的实测资料，计算出样本各数值对应的累计频率（经验频率），在专用的频率格纸上（也称概率格纸）点绘相应的坐标点，这些点据称为经验点据，过点群中心绘制一条光滑的累积频率曲线，在水文上称为经验频率曲线。

经验频率曲线的绘制步骤如下：将样本资料系列按由大到小排序；计算各值的经验频率；在概率格纸上点绘经验点，通过点群中心，目估绘制经验频率曲线。

这里需要指出的是，在等分格纸上绘制频率曲线，其曲线两端过于陡峭，外延很困难。因此，在水文分析计算中，采用一种专用格纸即概率格纸，其纵坐标为均匀分格（有时也用对数分格），表示随机变量取值；横坐标为不均匀分格，表示累计频率。在这种格纸上绘制频率曲线，曲线的外延变缓了很多。

（二）理论频率曲线

由于经验频率曲线是目估通过点群中心绘制的，因此曲线的形状会因人而异，特别是当经验点分布较分散时更是如此。根据经验频率曲线查得随机变量取值会有很大不同。由于样本系列长度有限，通常$n<100$年，据此绘出的经验频率曲线往往不能满足工程设计的需要。如水利工程设计洪水的频率一般为$p=0.01\%$、$p=0.1\%$、$p=1\%$等，其在经验频率曲线上查不出相应的值。这样只能将曲线延长，但其任意性会更大，直接影响设计成果的正确性。此外，在分析水文统计规律的地区分布规律时，经验频率曲线很难进行地区综合。因此，经验频率曲线在实用上受到一定的限制。为了克服经验频率曲线的缺点，使设计成果有统计的标准，便于综合比较，实际工作中常采用数理统计中已知的频率曲线来拟合经验点，这种曲线习惯称之为理论频率曲线。

所谓理论频率曲线是指用数学方程式表示的频率曲线。但并不是说水文现象的总体概率分布规律已从物理意义上被证明并能够用数学方程式严密地表示，而是这种数学方程式的特点能够与频率曲线规律较好地配合。所以，它只是进行水文分析的数学工具，是以达到规范和延长经验频率曲线为目的的，并不能说明水文现象的本质。

第二节　随机变量及其概率分布

一、水文统计概述

水文现象的发生与变化存在两类规律，一类称为确定性规律，另一类称为随机性规律。确定性规律的研究采用成因分析法。前面章节的内容就是用成因分析法研究水文现象的确定性规律。自然界水分循环过程中受到众多因素的影响，其中有些因素是偶然的，因此导致水文现象在其发生、发展和演变过程中存在随机性，其发生时间及数值大小是不确定的。

随机的水文现象，与其影响因素之间的关系很难用因果关系表达，但通过长期观测、研究发现，大量资料的统计可以表现出一定的规律性，这就是统计规律。例如，一条河流每年出现的最大洪峰流量不同，是随机的，但是长期的观测可以发现，每一级流量的出现频率在统计意义上有一定的规律。因此，水文现象的这种随机性规律，可以用概率论与数理统计方法研究，称为水文统计方法。该方法研究的是水文随机现象的长期统计性规律。水文中有很多随机的水文现象，因此，数理统计法是很重要的研究方法。

水文统计是根据已观测到的水文资料，研究水文现象的统计规律。水文统计的意义和目的，是用得到的统计规律对水文现象未来可能的长期变化进行概率意义下的定量预测，以满足工程计算的各种需要，为工程规划、设计、施工及运用提供依据。例如，设计一座跨越某河流的桥梁，为保证桥梁在设计标准年内的防洪安全，必须知道该桥梁在工程运用期内可能发生的最大洪水。一项工程的运用期一般为几十年、上百年甚至上千年，如此长时期的最大洪水发生的可能性研究，需要运用数理统计方法。

水文统计用到的基础理论包括：概率论——数学中研究随机现象出现的概率大小的分布和统计规律的学科。数理统计——由随机现象的一部分试验（观测）资料去研究总体现象的数字特征和规律的学科。水文统计——应用概率论与数理统计学研究水文现象的概率分布和统计数字特征，进行水文分析与计算。

二、事件、概率与频率

（一）事件

在概率论中，对随机现象的观测叫作随机试验，随机试验的结果称为事件。事件可以分为三种。

（1）必然事件，是指每次试验中必定出现的事件。例如，流域内降雨量大，河川径流水量增加，这是必然的。

（2）不可能事件，是指任何一次试验中都不出现的事件。例如，河段洪水流量增加时水位降低属于不可能事件。

（3）随机事件，是指在一次试验中可能出现，也可能不出现的事件。例如，河段每年汛期出现洪峰流量的大小是不确定的，而某流量值何时出现也是不确定的，它们均属于随机事件。

（二）概率

随机事件在一次试验中发生的可能性有大有小，比较随机事件出现的可能性的大小的数量标准，称为随机事件的概率。

（三）频率

上述概率计算，需要知道随机试验可能取值的全体结果。而水文事件出现的全体结果是很难预知的，因此，难以用概率对水文现象做出统计分析。已有的水文资料只是所有水文事件中有限的一部分。利用有限的资料，对水文事件出现的机会做统计，属于频率的计算问题。

三、随机变量

所谓随机变量是指表示随机试验结果的一个数量。

若随机事件的试验结果可用一个数X来表示，X随试验结果的不同而取得不同的数值，它是带有随机性的，称这种随机试验结果X为随机变量。随机变量的种种可能值记为X。例如，某河一年内出现一次最大流量，而最大流量的取值事先不能确定，是随机的，所以年最大流量是随机变量。

随机变量按取值类型的不同可分为两大类。

（1）离散型随机变量，是指随机变量只可能取得取值区间内某些间断值。如某河段一年内可能出现的洪峰次数。

（2）连续型随机变量，是指随机变量可取得一定区间内任何数值。如某河段的流量、水位可在零和有限值之间连续取得任何实数值。

随机试验各种可能取值结果的全体称为总体。随机试验的取值可以是离散的，也可以是连续的。大多数水文现象取值结果是连续序列。总体可以是有限的，也可以是无限的。总体中元素的个数称为容量。当元素个数有限时，称为有限总体。对于有限总体，可由各个元素的特征值确定总体的确切性质。例如，河段一天内的水位变化若采用连续方式测得全部记录，由该日全部记录资料计算的水位平均值即为该日完整统计数字的统计量。但是，水文现象的总体容量通常不总是有限的，而是无限的，称为无限总体。例如，由于自然界水分循环是在长久岁月中永不休止的，河川径流这种水文现象就有长久的运动生命，径流量各年有不同的取值，是随机变化的。因此，按径流年代来说径流量变化的取值数量是无限的，也就是说径流量取值的总体是无限的。

从总体中随机抽取的部分系列，称为样本。总体的容量大于样本。无限的总体不易获得，所以事件的概率也难以得到。样本属于总体的一部分，通常是研究样本的特征，期望它在一定程度上可以反映总体的特征。但是，样本特征能否反映总体特征，与样本的性质或者与样本的选取方法有关。为了达到这一期望，人们研究了多种方法，有随机抽样、分层（或分组）随机抽样、均匀抽样。随机抽样即选取总体中每一项都是等可能的。分层（或分组）随机抽样则是将总体分成多个组，再进行随机抽样。均匀抽样是指所抽取的项具有均匀的时间或空间间隔。但无论如何抽样，样本与总体特征总是存在一定误差，称为抽样误差。用样本研究某事件的总体特征具有频率的意义。样本容量越大，越具有对总体的代表性，频率就越接近于概率。

统计学是根据从总体中抽取的样本的性质，对总体性质进行推断的方法。由于概率论的随机试验结果是在同等条件下重复试验得到的。自然界的水文现象的出现是靠天然观测得到的，不具有可重复性。特别是对工程的长时间预期内的大洪水或枯水，无法进行长时期原型观测，更无法进行重复试验而得到可能出现结果的总体。而用已有的天然资料作为样本，研究水文现象的性质，并用样本的性质对总体性质做出估计，是可以做到的，这就是统计学的方法。这种方法常用于工程规划、设计中，对水文现象的未来变化值做预估。这里特别需要指出的是，样本资料的合理性和对于总体的代表性如何，很大程度上影响着对未来出现结果预估的可靠性。因此，对水文资料（样本）的分析应该是水文统计的重要工作。

四、随机变量的概率分布

随机变量可以取得所有可能值中的任何一个，但是取某一可能值的机会却是不同的，随机变量的取值与取得该值的概率有一定的对应关系，称为概率分布。对于离散型随机变量和连续型随机变量，概率分布的表达方式是不同的。

离散型随机变量 X，可能取得系列 x_1，x_2，$\cdots$，x_n 中任何一个，即 $X=x_1$，$X=x_2$，$\cdots$，$X=x_n$，与取得各值的概率的对应关系可表示为 $P(X=x_1)=p_1$，$P(X=x_2)=p_2$，$P(X=x_3)=p_3$，$\cdots$，$P(X=x_n)=p_n$。

p_1，p_2，p_3，$\cdots$，p_n 分别表示随机变量 X 取值 x_1，x_2，$\cdots$，x_n 所对应的概率，这种对应关系称为离散型随机变量的概率分布，一般以分布列表示。

连续型随机变量的可能取值为无限，取任何一个值的概率都趋近于零，只能研究某个连续的取值区间的概率，即研究随机变量在某一个区间取值（一般为$X \geq x$）的概率[$P(X \geq x)$]分布规律。显然，$P(X \geq x)$是x的函数，称为随机变量X的分布函数，记为$F(x)$。

五、重现期与保证率

工程水文计算中，由于频率的定义比较抽象，为便于理解，有时采用重现期和保证率表达其含义。

（一）重现期

所谓重现期是指在许多试验中，某一事件重复出现的时间间隔的平均数，即平均的重现间隔期，以N表示。水文中，资料样本系列一般是由每年取一个代表值组成的，因此其频率具有年频率的意义，重现期则以年为计算单位。

需要指出的是，应该正确理解重现期的含义：由于水文现象是随机的，一般并无固定出现的周期性，所以，它并非在每个重现期内就一定出现一次，而是在长期统计意义上在一个重现期内平均可能出现一次。随机变量并非正好取某一个数值，而是大于或等于某值。例如，重现期为100年或百年一遇的暴雨或洪水，是指大于或等于这样的暴雨或洪水在长时期内平均100年可能发生一次，而不能认为每隔100年必然发生一次。而若百年一遇洪水流量为10000m³/s，即是指大于或等于这个流量的洪水为百年一遇。

（二）保证率

保证率作为频率的另一种表达，是指n年内均能保证安全的概率。它是工程水文设计中保证工程安全的一个频率指标。

六、随机变量的统计参数

（一）平均值

平均值简称均值，设某水文随机变量取值为x_1，x_2，$\cdots$，x_n，则其算术平

均值记为 $\bar{x}$。均值与数理统计学中的数学期望形式相同，但二者有不同的含义。均值说明的是实际存在的平均水平，数学期望反映的是事先预期的平均水平。数学期望一般用 $E（X）$ 表示。

对于水文系列来说，一年内只选一个样本或几个样本，水文特征值重复出现的机会很少，一般使用算术平均值。若系列内出现了相同的水文特征值，由于推求的是累计频率，可将相同值排在一起，各占一个序号。

平均数是随机变量最基本的位置特征，它的位置在频率密度曲线与 x 轴所包围面积的形心处，说明随机变量的所有可能取值是围绕此中心分布的，故称为分布中心，它反映了随机变量的平均水平，能代表整个随机变量系列的水平高低，故也称数学期望。例如，南京的多年平均降水量为970mm，而北京的多年平均降水量为670mm，说明南京的降水比北京丰沛。

根据均值的数学特性，可以利用均值推求设计频率的水文特征值，也可以利用均值表示各种水文特征值的空间分布情况，绘制成各种等值线图，例如，多年平均径流量等值线图，多年平均最大24小时暴雨量等值线图等。我国幅员辽阔，各种水文现象的均值分布情况各地不同，以年降雨量均值的分布为例，一般为东南沿海比西北内陆大、山区比平原大、南方比北方大。因降水是形成径流的主要因素，故径流的空间分布与降水量等值线图相似。

均值是一个非常重要的参数，它表征一个随机变量在概率或频率分布曲线坐标图中的位置特征。除均值外，描述随机变量位置特征的数还有中位数和众数。中位数是把概率密度分布分为两个相等部分的数。对于离散型随机变量，将其所有的可能取值按大小次序排列，中位数为位置居中的数字。对连续型随机变量，中位数将概率密度曲线下的面积平均划分为两个部分。众数是表示概率密度分布峰值点所对应的数。

（二）均方差

均方差是用于描述水文学中随机变量分布的离散程度的特征参数。均方差的单位与随机变量 X 相同。均值相同的两个随机变量，如果均方差不同则其分布曲线是不同的。显然，均方差越大，频率分布越分散，均方差越小，则分布愈集中。在数学统计上，离散程度是用随机变量所有可能取值与数学期望的离差平方的数学期望来反映的，称为方差。

（三）变差系数

变差系数也称离差系数或离势系数。它是反映两个均值不同的随机变量分布相对于均值的离散程度，而这时均方差不适用。两站虽然均方差相同，但均值不同，不能表明两个系列的离散程度是相同的。因此，采用相对值来反映数据系列的离散程度。均方差与均值之比称为变差系数。

虽然随机变量的概率分布函数或分布曲线比较完整地描述了随机现象，然而在许多实际问题中，随机变量的分布函数是未知的，也是不易确定的。另外，有时不一定都需要用函数形式来表达随机变量的概率分布，而仅需要知道个别代表性的数值，能说明随机变量的主要特征就可以了，这种代表性数值在统计学上称为随机变量的数字特征。例如，某地的年降水量是随机变量，各年取值不同，有一定的概率分布，但有时只要求了解该地年降水量的大致情况，如多年平均降水量。这种能说明随机变量统计规律的某些数字特征，称为随机变量的统计参数。

水文现象的统计参数能反映其基本的统计规律，而且用几个简明的数字来概括水文现象的基本特性，既具体又明确。统计参数有总体统计参数与样本统计参数之分，所谓总体是指某随机变量所有取值的全体，样本则是从总体中任意抽取的一部分，而样本中所包括的项数则称为样本容量（水文学中称为系列）。水文现象的总体是无限的，它是指从古到今乃至未来漫长岁月中的所有水文系列。显然，水文随机变量的总体是无限而且是未知的，这就需要在总体未知的情况下，靠有限的样本（已经观测到的资料系列）去估计总体的统计参数或总体的分布规律。做出这种估计的一个重要途径就是由样本的统计参数来估计总体的统计参数，通常称为参数估计。显然，样本容量越大，对总体的代表越好，对总体参数的估计越可靠。

第三节　经验频率曲线

一、理论频率曲线

由于实测系列的项数较小，所绘经验频率曲线往往不能满足推求稀遇频率特征值的要求，目估定线或外延会产生较大的误差，往往需要借助于某些数学形式的频率曲线作为定线和外延的依据。通常在实测资料中选取或算得 2～3 个有代表性的特征值做参数，并据此选配一些数学方程作为总体系列频率密度曲线的假想数学模型，再按一定的方法确定累计频率曲线。这种用数学形式确定的、符合经验点据分布规律的曲线称为理论频率曲线。所谓"理论"二字，是有别于经验累计频率曲线的称谓，并不意味着水文现象的总体概率分布已从物理意义上严格被证明符合这种曲线了，它只是水文现象总体情况的一种假想模型，或者说是一种外延或内插的频率分析工具。

因为水文系列总体的频率曲线是未知的，常选用能较好地拟合大多数水文系列的线型。我国的水文工作者已进行了大量的拟合和分析，认为水文现象中最常用的理论频率曲线是皮尔逊Ⅲ型曲线（三参数Γ分布曲线）。

英国生物学家皮尔逊在统计分析了大量随机现象后，提出了一种概括性的曲线族，以与实际资料相拟合，后来的水文工作者将其中的第Ⅲ型曲线引入水文频率的计算中，成为当前水文频率计算被广泛应用的频率曲线。皮尔逊发现概率密度曲线大部分类似于铃形的曲线，这种曲线有两个特点：

（1）只有一个众数，在众数处曲线的斜率等于零。

（2）曲线的两端或一端以横轴为渐近线。

二、计算经验频率曲线中的误差分析

（一）误差来源

水文计算中的误差来源有两个方面，一方面是观测、记录、整编和计算中有些假定不够合理造成的，这种误差随着科学技术的发展逐渐减小；另一方面误差是从总体中抽取样本产生的。水文现象属于无限总体，我们所观测到的资料只是一个有限的样本，根据样本资料计算的参数对总体而言，总有一定的误差。这种由抽样所引起的误差称为抽样误差。

（二）抽样误差概述

1.抽样的类型

通常，研究水文现象是通过研究总体中的部分元素所组成的样本而得出的统计规律性。为了说明总体的特征，必须了解同总体特征有关的样本性质：

（1）随机抽样：总体中选取每一项的可能性是相等的，可用随机数生成器来获得，以便确定被选取的元素。

（2）分层随机抽样：把总体分成多个组，在各组中采用随机抽样的方法。

（3）均匀抽样：按照严格的规则选取资料，所抽取的点在时间或空间上均匀地相隔一定距离。

（4）适时抽样：实验者只在方便时收集资料。如某些水文工作者只在无雨的夏日收集资料，而不喜欢在雨期或冷天工作。

由上述的样本性质来看，抽样最好采用前三种形式。均匀抽样常有一些逻辑上的优点，在多数情况下，它比随机抽样更为有效，因为它可使系列中的相依性对抽样变化的影响为最小。但水文现象的样本，经常受各地所具有的观测技术水平和时间、水文资料保存状况等因素影响，而不能进行最有效的抽样，甚至有些样本全部拿来，也不能保证样本的可靠性和代表性，需做一定的相关分析来增长样本系列。

2.抽样误差

从总体中随机抽样，可以得到许多个随机样本，这些样本的统计参数也属于随机变量，它们也具有一定的频率分布，这种分布称为抽样误差分布。

三、经验频率曲线存在的问题及改善方法

经验频率曲线完全是根据实测资料点绘的，绘制在频率格纸的目的是将频率曲线展直一些，便于定线以解决外延问题。如果将经验频率点据绘在普通方格纸上，频率曲线是一条下凹、弯曲度很大的曲线，它的两端特别陡峭。当实测资料较长或设计标准要求较低时，经验频率曲线尚能解决一些实际问题。但是，洪水设计中往往要推求稀遇频率的洪水，如$P=1\%$，0.1%，甚至0.01%。而目前实测资料一般不过几十年，计算的经验频率点据只有几十个，即使利用历史特大值（以后还要涉及这个问题），设计中需要查用的数据往往在经验频率曲线上端的外延部分，由于缺乏实测点据控制，外延时就感到没有把握。所以，就要求将频率曲线变直一些，直线外延总比曲线外延可靠一些。

根据频率格纸设计原理可知，如果所研究的水文变量服从正态分布，就可以使经验频率曲线变成直线。然而，水文变量一般不是正态分布，所以使用频率格纸后仍不会是一条直线，但是可以将曲线的弯曲程度大大加以改善。在频率计算时，一般都是把频率曲线点绘在频率格纸上。

利用频率格纸对外延问题虽然有所改善，但仍有相当多的主观成分，定线时会因人而异，使设计数据的可靠程度还受到一定影响。另外，水文要素有一定的地区规律性，而利用经验频率曲线很难直接把这种规律性进行地区综合，没有这种地区规律性的综合，就不能解决无实测水文资料的小流域水文计算问题。为了解决这些问题，人们就想到利用数学公式去配合经验频率曲线，这种用数学公式表达的频率曲线就是所谓的"理论频率曲线"。因此，使用理论频率曲线可以较好地解决定线外延与地区综合问题。

第四节　水文随机变量概率分布的估计

一、水文随机变量概率分布估计的方法

统计参数是针对随机变量取值总体的，也有针对样本的。按时间系列来说，自然界水文现象的总体是无限的，而且也是不易获得的。在水文中，对在有限期间已发生的水文现象可进行观测，获得系列资料。这些资料可以视为从无限长时期的资料总体中随机抽取的样本。统计学中，常用样本所提供的信息，对总体的分布数字特征参数做出估计，称为参数估计，用于确定总体的概率分布函数。

由样本估计总体参数的方法有很多，例如，矩法、极大似然法、适线法等。目前，我国水文计算中广泛应用的是适线法。矩法和极大似然法在数学统计学中称为点估计法。用于推估总体参数的样本统计量称为估计量。点估计的无偏估计量只能代表一个估计量平均意义上与总体参数真值之间无偏差，但并不说明根据任一样本算出的估计值与总体参数无偏差。为了回答参数估计值的可靠程度，需要用区间估计法，并需要将点估计法的估计结果作为初估值。我国水文工作中用适线法进行统计参数估计时，一般是先用矩法做初估，然后用适线法确定参数。

（1）在力学和物理学中用矩描绘质量的分布，概率统计中用矩描绘概率分布。常用的矩有原点矩和中心矩两大类。矩和统计参数有对应关系，其中均值或数学期望是一阶原点矩，而方差或变差系数可用二阶中心矩表示，偏态系数可用三阶中心矩表示。

（2）统计量的无偏估计，将有偏估计量加以修正，再求其数学期望，得到的值称为统计量的无偏估计量。该方法称为无偏估计。无偏估计量可用作

总体同名统计参数的估计值。

（3）抽样误差：需要指出的是，用样本资料通过上述无偏估计公式计算的参数，与总体参数总会有一定的误差，这是由随机抽样引起的，在统计学上称为抽样误差。这种误差是由于从总体中随机抽取的样本与总体有差异引起的，与计算误差不同。

样本统计参数的抽样误差，是一种随机变量，所以，对于某一特定样本，抽样误差无法准确得到，只能在概率意义下做出某种估计，称为误差分析。抽样误差的大小可以用表征抽样分布离散程度的均方差度量，它与总体分布曲线线型有关。样本容量大，对总体的代表性就好，其抽样误差就小，这就是在水文计算中总是想方设法取得较长的水文系列的原因。

二、设计标准与水文频率目的

众所周知，水利建设的目的是兴利除害，解决洪涝灾害和干旱缺水等问题。为了使水利工程建设做到既经济合理又安全可靠，在规划设计时，就要确定一个合理的设计标准或工程规模。如果标准过高，规模过大，将会增加投资，造成浪费；反之，如果标准过低，规模过小，又可能在不利水文条件下导致工程失事造成损失，甚至给人民生命财产带来巨大损失。因此，设计标准或工程规模的确定具有重要意义。

早期水利工程规模的确定具有经验性，采用历史上出现过的（实测的或调查的）历史最大洪水或另加一个安全系数作为设计标准。目前，人们一般根据水文现象的随机性，用概率来描述未来出现各种大小洪水的可能性。

引入频率概念后，就可以按频率划分等级从而确定设计标准。对重要的工程，设计频率可取得小些，这样设计值就大些；而对次要的工程，设计频率可取得大些，这样设计值就小些。因此，设计频率也就成了设计标准。

我国水利工程设计时采用的设计标准是由国家统一制定的，设计时应根据工程的类型及重要性等选取。设计标准除用设计频率表示外，还可等价地用重现期表示。一般水文变量的样本多以年为时间单位取值，如年降水量、年平均流量和年最大洪峰流量等。

三、水文频率计算的基本问题

为了推求设计值通常必须解决好两个基本问题：首先，必须确定水文变量的概率分布模型，这在水文统计中称为线型选择；其次，估计所选线型中的未知参数，这在水文统计中称为参数估计。

（一）线型选择

要得到合理的频率计算成果，除了想方设法充分收集和利用现有水文资料外，还要有符合水文现象的概率分布线型。由于水文现象影响因素具有高度复杂性，这个问题至今尚未完全解决。有些水文学者曾企图从统计理论上来分析论证水文变量服从的分布。例如，利用中心极限定理论证水文变量服从正态分布或对数正态分布；利用极值理论论证年最大洪水服从耿贝尔分布等。但由于这些论证不是严格的推理，又缺乏物理和经验基础，因此结论往往不可靠。另外，有些学者根据事件的联合概率模型，考虑水文现象的物理、统计特性和成因机制，推求洪水特征值的概率分布，这种方法兼有数学和物理基础，故人们常称之为有物理基础的概率模型。但由于在分布中常不得不做一些与实际情况不符的假定，致使所得到的结果常不合理，因而目前还不能供实际应用。

在实际水文工作中，目前大多根据实测经验点据和频率曲线拟合的好坏选择线型。由于实际应用中评判拟合优劣的标准各异，所得结论往往相差较大。此外，该方法是根据有限观测资料对于点和线拟合好坏做出判断，而对于水文频率计算中关心的稀遇水文事件点据和线拟合优劣则难以做出判断，因此，该方法还是经验性的。

一般说，选配线型应根据下列两条原则：概率密度曲线的形状应大致符合水文现象的物理性质，曲线一端或两端应有限，不应出现负值；概率密度函数的数学性质简单，计算方便，同时应有一定弹性，以便有广泛的适应性，但又不宜包含过多的参数。

（二）参数估计

每一种概率分布中都包含若干参数，如正态分布中包含两个参数，P-Ⅲ型分布包含三个参数。选定了线型之后，还必须确定其中的参数，才能进行频率计算。但这些参数同样是无法根据水文现象的物理机制确定的，必须利用实测资料加以估计，这就需要研究估计方法。既然是估计，就不可避免地会有误差，为了说明频率计算结果的可靠程度，就必须研究参数估计的误差。因此，参数估计方法及其估计误差分析就构成水文频率计算的另一个重要内容。

第五节　相关分析

一、相关分析的意义

随机变量有一维的和二维的或多维的。前面分析的是一维的随机变量统计分布规律，即单一随机变量的规律，二维或多维的随机变量在实际中也是常见的。例如，降水、径流、水位、流量都是水文中常见的随机现象，它们作为水文循环过程的活跃因子，除了各自具有随机变化规律外，相互之间还会有影响，即一种随机变量的变化会对另一种产生影响，如降水和径流、水位和流量等。数学上称具有相互影响关系的随机变量是相关的，它们之间存在着相关关系。

两个随机变量之间关系总存在以下三种情况之一：函数关系、相互独立和相关关系。函数关系是确定性的，相互独立则表示无关，相关关系为非确定性的。研究两个或两个以上随机变量之间存在的非确定性关系，称为相关分析。它包含随机变量之间相关性和相关程度的研究（称为相关分析）和随机变量之间非确定性依存关系的数学描述（称为回归分析）。广义上讲，相关分析包含回归分析，严格来讲，相关分析和回归分析是有区别的。二者虽有区别，但可相互补充。二维及以上的随机变量相关性，在数理统计中，用统计参数——协方差和相关系数来描述。回归分析则对具有相关关系的两个变量确定其相关方程。

工程水文计算中，通常实测资料系列不够长，进行相关或回归分析的目的，就是插补和延长短系列的观测资料，增大样本容量，以适应工程水文计算的要求。例如，某水文测站记录的某水文变量实测资料年系列较短，或其中某些年份缺测，若相邻测站有较长的资料系列，并且已知两测站变量之间的相关关系，则可用于估计短系列资料缺少的部分。

在水文频率分析中，如果实测资料系列的项数较大，利用目估适线法或其他适线法可以推求出一条和经验点据配合较好的理论频率曲线，确定出合适的统计参数，以计算设计频率的水文特征值。但是有些测站，或因建站较晚实测资料系列较短；或由于某种原因系列中有若干年缺测，使得整个系列不连续。从误差分析可知，统计参数的标准误差都和样本系列的项数的平方根成反比。为了增加系列的代表性，提高分析计算的精度，减少抽样误差，需要对已有的实测资料系列进行插补和延长。

自然界的许多现象都不是孤立变化的，而是相互关联、相互制约的，例如，降雨和径流、气温和蒸发、水位和流量等，它们之间都存在一定的联系。但是在相关分析时，必须先分析它们在成因上是否有联系，若只凭数字的偶然巧合，将毫无关联的现象拼凑到一起，找出相关关系，这也是毫无意义的。

二、相关分析的概念和类型

研究分析两个或两个以上随机变量之间的关系称为相关分析。从不同的角度，相关分析有着不同的类型。

（1）两种现象（两个变量）之间的关系，一般可分为三种情况：①完全相关（函数关系）：当自变量x变化时，因变量y有一个确定的值和它对应，两者的关系可以写成$y=f(x)$，则这两个变量之间的关系就是完全相关（或称函数相关）。相关的形式可以是直线，也可以是曲线。

②零相关（不相关）：两种现象之间没有关系或相互独立，则称为零相关（或没有关系）。它们的相关点在图上的分布十分散乱，或呈水平线。

③统计相关：若两个变量之间的关系介于完全相关和零相关之间，则称为相关关系。在水文的分析计算中，当一个量变化时，另一个量由于受多种因素的影响，没有一个确定的值与之对应变化，为简便起见，通常只考虑其中最主要的一个因素而略去其次要因素。例如，径流与相应的降雨量的关系，或同一断面的流量与相应水位之间的关系。如果把对应点据绘在坐标中，便可看出这些点子虽有些散乱，但其点群的分布具有某种趋势，这种关系称为统计相关。

（2）其他相关分类：根据研究相关变量的多少，相关关系可分为简单相关和复相关。只研究两个现象间的相关关系，一般称为简单相关；若研究3个或3个以上变量的相关关系，则称为复相关。从相关关系的图形上看，相关关系又可分为直线相关和曲线相关。简单相关常用于水文计算中，而复相关常用于水文预报。水文现象间由于受多种因素的影响，它们之间的相关关系属于统计相关，有不少还属于简单相关中的直线相关。

三、一元线性回归分析

（一）回归方程

回归分析就是通过一个变量或一些变量的变化解释另一个变量的变化，这种解释可用合适的数学方程式表达，该方程式称为回归方程。两个变量的简单相关数学方程，是表达其中一个变量的变化（自变量）引起另一个变量（因变量）的变化关系，仅有一个自变量，故称为一元回归方程。

设x_i，y_i代表两个系列的观测值，计有n对，把这些数据点绘于二维直角坐标系中，如数据点群的平均趋势近似于直线，则可近似地用直线的数学方程式代表这种相关关系，称为一元线性回归方程。直线方程的形式为

$$y=a+bx \tag{4-1}$$

式中：x——自变量；

y——因变量；

a、b——待定常数。

水文变量常常不是仅由另一个变量的变化所决定的，还有诸多因素影响。例如，某河段断面平均流速V和流量Q显然存在依赖关系，流速随流量变化而发生相应变化。但除了流量的影响以外，还受到其他因素如河道糙率、河床冲淤、比降等的影响。因此，在给定流量条件下，所观察到的流速值会围绕某些中心值波动。系数a和b需要根据具体样本的观测值求解，称为样本的直线拟合。拟合方法有很多，最常用的是最小二乘法，原理是x坐标值相同的回归直线上的纵坐标与观测点纵坐标离差平方和达到最小。最小二乘法用于统计学的回归分析已有长久的历史，并有很好的计算机程序用于求解计算。

（二）回归方程的误差

由于两变量x和y并不具有确定性关系，观测点不完全落在回归线上，而是散布于直线两侧。故对于任意$x=x_0$，代入回归方程得到估计值，与总体真实的y_0值存在偏差。这种偏差是随机的，一般假设为正态分布。偏差的均方差越小，则估计值y_0越可靠。

（三）回归分析中应注意的问题

（1）回归方程中的参数是用样本资料来估计的，必然存在抽样误差。为减小抽样误差，样本资料的数据点对数n不能太少。抽样误差一般在回归线的中部较小，两端较大，用回归方程做预估时应注意这一点。

（2）相关系数只表示两个变量间的相互影响的程度，不代表因果关系。回归方程应有绝对值较大的相关系数，这样用回归方程做变量预估时才能有较高的可靠性，用于插补或延长水文资料系列时才有意义。

（3）应首先对变量之间的影响关系进行客观分析，如果存在相关关系，再进行回归分析，这样做是为了避免仅由数学处理上出现的假相关而导致错误结论。因为有时两个本来不相关的变量，经数学计算可能出现较大的相关系数。

四、一元非线性回归分析

两个变量间的非线性相关在水文中也是多见的，相关线型为曲线。例如，水位与流量呈非线性相关，尤其在低水位时更明显。水文中常见的非线性相关曲线有幂函数曲线、指数函数曲线、多项式等。前面两种函数可通过变量代换变换为直线，即可采用上述线性回归方法进行回归分析。

五、多元线性回归分析

一个变量（因变量）受到多于一个的另外变量（自变量）的影响时，其相关关系称为复相关，对其相关关系的分析称为复相关分析。描述多个自变量对一个因变量的影响的相关数学方程称为多元回归方程。相关关系可以用曲线表示，也可以用直线表示。

在做因变量与自变量之间的回归分析时，选择线性模型只是一种假定，一方面，这种假定是否符合实际，即因变量的变化趋势与自变量之间是否真的存在线性关系，是需要检验的；另一方面，回归分析中的自变量是人们选择的，每个自变量是否都与因变量有显著关系也是需要检验的。因此，在求出回归方程以后，还必须进行统计检验，才能确定所求得的回归方程是否有效。

与一元线性回归类似，对于 y 与 x_1，x_2，$\cdots$，x_m 之间是否存在线性回归关系的检验称为多元线性回归的显著性检验，在一元线性回归中，变量之间是否存在线性相关关系可以通过散点图直接观察，而对于多元回归来说，要用作图来展示变量之间是否有线性相关关系就比较困难，有时甚至不可能。所以，建立的多元线性回归方程是否有意义，只能通过检验做出判断。

如果一个回归方程经检验后认为是显著的，这并不说明方程中的所有自变量与因变量间的线性关系都是显著的，因为此检验只说明"回归方程的 m 个回归系数不全为零"，但并不排除其中可能有某些回归系数等于零，如果某个回归系数 $\beta_i=0$，就说明自变量 x_i 与 y 之间不存在线性关系，这样的自变量自然不应该包含在回归方程中，另外，各自变量之间也可能密切相关，如果把它们都放在回归方程中，对回归效果并没有好处，也就是说，进入回归方程的自变量应该都是与因变量显著相关的，而且各自变量之间是相互独立的。所以，为了判明回归方程中各个自变量的作用，在确认回归方程显著后，还必须对每个自变量的显著性进行检验，把不显著的自变量从方程中剔除掉。

在水文、气象等工作中，为了利用回归方程进行预测，对于研究的因变量y，虽然可以从物理联系上挑选一批对y有影响的自变量（常称为因子），但由于自然和社会现象的复杂性，这些因子对y的关系究竟如何，往往很难单凭物理分析就可判定。其中可能有些因子对y有显著影响，有些则影响很小，为了避免遗漏对y有显著影响的因子，初选时往往考虑的因子很多。于是，这里就有一个问题：如何在这许多的因子中，选出对y影响最大的一些因子，构成预测误差最小的"最优的线性回归方程"。

六、非线性回归

（一）线性化方法

线性化方法是建立一元非线性回归方程最简便最常用的方法。这种方法是通过对变量做适当变换，将原变量的非线性关系转化为新变量的线性关系，建立起线性回归方程，然后再还原为原变量之间的曲线回归方程。

要把一个非线性回归问题转化为线性回归，首先要确定非线性函数的类型，然后再考虑能否通过变量变换的方法使之线性化。确定非线性函数的类型，可以根据专业知识和经验确定，也可以通过数学方法估出。下面列出一些常用的非线性函数的线性化变换，如果实测数据的散点图大致围绕下列的某一曲线散布，就可采用与之相应的变换，使之转化为线性问题。

（二）二步法

线性化方法和直接最小二乘法是建立曲线回归方程的基本方法。前者计算方便，但误差较大，而且这种方法只能保证对变换后的回归方程满足总误差平方和最小，而不能保证还原后的回归方程的误差平方和最小；后一种方法精度较高，但计算量太大，必须利用计算机才能完成。二步法是将两种方法结合起来使用，渴望得到较好的结果。具体方法是先用线性化方法求出曲线方程线性化过程中无须变换的参数的最小二乘估计，再用直接最小二乘法求线性化过程中的必须变换的参数的最小二乘估计。

七、数理分析法对于水文资料的要求

水文分析计算所依据的基本资料，包括水文、气象、地形、人类活动及水质等方面。对于水文频率计算而言，基本资料系列必须满足可靠性、一致性、代表性、随机性和独立性。

（一）检查资料的可靠性

实测资料是水文分析的基础，故必须具有足够的可靠性，应用错误的资料就不可能获得正确的结果。水文分析一般使用经有关部门整编后正式刊布的资料，从总体上看可以直接使用。但由于社会、特殊水情变化时观测条件的限制等，也会影响成果的可靠性。收集资料时，应对原始资料进行复核，对测验精度、整编成果做出评价，并对资料中精度不高、写错、伪造等部分进行修正，以保证分析成果的准确性。

（二）检查资料的一致性

寻求任一水文要素的统计规律或物理成因规律，其所依据的资料基础，都必须具有一致性，否则就找不出正确的结果。所谓资料基础的一致性，就是要求所使用的资料系列必须是同一类型或在同一条件下产生的，不能把不同性质的水文资料混在一起统计。例如，不同基准面、不同水尺处的水位不能收入同一系列；暴雨洪水和融雪洪水的成因不同，也不能收在同一系列中；瞬时水位和日平均水位也不能收在同一系列中，因为它们取得的条件不同，性质也不一样。

（三）检查资料的代表性

水文分析的目的是要根据已有资料找出规律，用于水利水电工程的规划设计。对于水文频率计算而言，代表性是样本相对于总体来说的，即样本的统计特征值与总体的统计特征值相比，误差越小，代表性越高。若误差小于允许误差，则称为样本有代表性。但是水文现象的总体，是无法通盘了解的，只能大致认为，一般资料系列越长，丰平枯水段齐全，其代表性越高。一般要有20～30年资料才能比较有代表性。增加资料系列长度的手段有3种：插补展延、增加历史资料、坚持长期观测。

（四）检查资料的随机性

用作频率分析的资料，必须具有随机性，即不能把具有相关关系的系列（如前后期流量）或者是有意选取偏丰或偏枯的系列来进行计算。严格地说，水文系列不具备完全的随机性。这表现在两个方面：一是从资料系列本身来说，各年数值的形成均有其物理成因，只是数值的大小带有随机性，同时，不少学者的研究均表明，水文系列隐含有一定的周期成分，故水文系列并非完全随机，而是准随机；二是从取样来说，供频率分析用的水文样本，不是随机抽取的，而是在短期内观测到的。因为现有资料系列本来就很短，我们就不能再从中随机抽取某些年的资料，作为样本来进行频率分析。

（五）检查资料的独立性

对于频率分析来说，独立性也很重要。即要求同一系列中的资料应是相互独立的。因此，不能把彼此有关的资料统计在一起。例如，每年实测所得的洪水最大流量或最高水位，其关联性极小，独立性好；但是，前后几天的日流量值，都是同一场暴雨造成的，彼此并不独立，故不能用连续日流量来作为一个统计系列。

第五章　水资源规划研究

第一节　水资源规划概述

一、水资源规划的概念

水资源规划是我国水利规划的主要组成部分，对水资源的合理评价、供需分析、优化配置和有效保护具有重要的指导意义。水资源规划的概念是人类长期从事水事活动的产物，是人类在漫长历史过程中在防洪、抗旱、灌溉等一系列的水利活动中逐步形成的，并随着人类生活及生产力的提高而不断地发展变化。

美国的古德曼（A·S.Goodman）认为水资源规划就是在开发利用水资源过程中，对水资源的开发目标及其功能在相互协调的前提下做出总体安排。陈家琦教授等（2002）认为，水资源规划是指在统一的方针、任务和目标的约束下，对有关水资源的评价、分配和供需平衡分析及对策，以及方案实施后可能对经济、社会和环境的影响方面而制定的总体安排。水资源规划是以水资源利用、调配为对象，在一定区域内为开发水资源、防治水患、保护生态环境、提高水资源综合利用效益而制定的总体措施、计划与安排。

二、水资源规划的编制原则

水资源规划是为适应社会和经济发展的需要而制定的对水资源开发利用

和保护工作的战略性布局。其作用是协调各用水部门和地区间的用水要求，使有限的可用水资源在不同用户和地区间合理分配，减少用水矛盾，以达到社会、经济和环境效益的优化组合，并充分估计规划中拟定的水资源开发利用可能引发的对生态环境的不利影响，并提出对策，实现水资源可持续利用的目的。

（一）全局统筹，兼顾社会经济发展与生态环境保护的原则

水资源规划是一个系统工程，必须从整体、全局的观点来分析评价水资源系统，以整体最优为目标，避免片面追求某一方面、某一区域作用的水资源规划。水资源规划不仅要有全局统筹的要求，在当前生态环境变化的背景下，还要兼顾社会经济发展与生态环境保护之间的平衡。区域社会经济发展要以不破坏区域生态环境为前提，同时要与水资源承载力和生态环境承载力相适应，在充分考虑生态环境用水需求的前提下，制定合理的国民经济发展的可供水量，最终实现社会经济与生态环境的可持续协调发展。

（二）水资源优化配置原则

从水循环角度分析，考虑水资源利用的供用耗排过程，水资源配置的核心实际是关于流域耗水的分配和平衡。具体来讲，水资源合理配置是指依据社会经济与生态环境可持续发展的需要，以有效、公平和可持续发展的原则，对有限的、不同形式的水资源，通过工程和非工程措施，调节水资源的时空分布等，在社会经济与生态环境用水，以及社会经济构成中各类用水户之间进行科学合理的分配。由于水资源的有限性，在水资源分配利用中存在供需矛盾，如各类用水户竞争、流域协调、经济与生态环境用水效益、当前用水与未来用水等一系列的复杂关系。水资源的优化配置就是要在上述一系列复杂关系中寻求一个各方面都可接受的水资源分配方案。一般而言，要以实现总体效益最大为目标，避免对某一个体的效益或利益的片面追求。而优化配置则是人们在寻找合理配置方案中所利用的方法和手段。

（三）可持续发展原则

从传统发展模式向可持续发展模式转变，必然要求传统发展模式下的水利工作方针向可持续发展模式下的水利工作方针实现相应的转变。因此，水资源规划的指导思想要从传统的偏于对自然规律和工程规律的认识，向更多认识经济规律和管理作用过渡；从注重单一工程的建设向发挥工程系统的整体作用并注意水资源的整体性努力；从以工程措施为主，逐步转向工程措施与非工程措施并重；由主要依靠外延增加供水，逐步向提高利用效率和挖潜配套改造等内涵发展方式过渡；从单纯注重经济用水，逐步转向社会经济用水与生态环境用水并重；从单纯依靠工程手段进行资源配置，向更多依靠经济、法律、管理手段逐步过渡。

（四）系统分析和综合利用原则

水资源规划涉及多个方面、多个部门及众多行业，同时在各用水户竞争、水资源时空分布、优化配置等一系列的复杂关系中很难完全实现水资源供需完全平衡。这就需要在制定水资源规划时，既要对问题进行系统分析，又要采取综合措施，开源与节流并举，最大可能地满足各方面的需求，让有限的水资源创造更多的效益，实现其效用价值的最大化。同时进行水资源的再循环利用，提高污水的处理率，实现污水再处理后用于清洗、绿化灌溉等领域。

三、水资源规划的指导思想

（1）水资源规划需要综合考虑社会效益、经济效益和环境效益，确保社会经济发展与水资源利用、生态环境保护相协调。

（2）需要考虑水资源的可承载能力或可再生性，使水资源利用在可持续利用的允许范围内确保当代人与后代人之间的协调。

（3）需要考虑水资源规划的实施与社会经济发展水平相适应，确保水资源规划方案在现有条件下是可行的。

（4）需要从区域或流域整体的角度来看待问题，考虑流域上下游及不同区域用水间的平衡，确保区域社会经济持续协调发展。

（5）需要与社会经济发展密切结合，注重全社会公众的广泛参与，注重从社会发展根源上来寻找解决水问题的途径，也配合采取一些经济手段，确保"人"与"自然"的协调。

四、水资源规划的内容与任务

（一）水资源规划的内容

水资源规划涉及面比较广，涉及的内容包括水文学、水资源学、经济学、管理学、生态学、地理学等众多学科，涉及区域内一切与水资源有关的相关部分，以及工农业生产活动。如何制订合理的水资源规划方案，协调满足各行业及各类水资源使用者的利益，是水资源规划要解决的关键性基础问题，也是衡量水资源规划科学合理性的标准。

水资源规划的主要内容包括：

（1）水资源量与质的计算与评估、水资源功能的划分与协调；

（2）水资源的供需平衡分析与水量优化配置；

（3）水环境保护与灾害防治规划，以及相应的水利工程规划方案设计及论证等。

水资源规划的核心问题是水资源合理配置，即水资源与其他自然资源、生态环境及经济社会发展的优化配置达到效用的最大化。

（二）水资源规划的任务

水资源系统规划是从系统整体出发，依据系统范围内的社会发展和国民经济部门用水的需求，制定流域或地区的水资源开发和河流治理的总体策划工作。其基本任务就是根据国家或地区的社会经济发展现状及计划，在满足生态环境保护及国民经济各部门发展对水资源需求的前提下，针对区域内水资源条件及特点，按预定的规划目标，制订区域水资源的开发利用方案，提出具体的工程开发方案及开发次序方案等。区域水资源规划的制定不仅要考虑区域社会经济发展的要求，同时区域水资源条件和规划的制定对区域国民

127

经济发展速度、结构、模式、生态环境保护标准等都具有一定的约束。区域水资源规划成果也对区域制定各项水利工程设施建设提供了依据。

水资源规划的具体任务是：

（1）评价区域内水资源开发利用现状；

（2）分析流域或区域条件和特点；

（3）预测经济社会发展趋势与用水前景；

（4）探索规划区域内水与宏观经济活动间的相互关系，并根据国家建设方针政策和规定的目标要求，拟定区域在一定时间内应采取的方针、任务，提出主要措施方向、关键工程布局、水资源合理配置、水资源保护对策，以及实施步骤和对区域水资源管理的意见等。

五、水资源规划的类型

水资源系统规划根据不同范围和要求，主要分为以下几种类型：

（一）江河流域水资源规划

江河流域水资源规划的对象是整个江河流域。它包括大型江河流域的水资源规划和中小型河流流域的水资源规划。其研究区域一般是按照地表水系空间地理位置划分的，以流域分水岭为系统边界的水资源系统。内容涉及国民经济发展、地区开发、自然资源与环境保护、社会福利，以及其他与水资源有关的问题。

（二）跨流域水资源规划

它是以一个以上的流域为对象，以跨流域调水为目标的水资源规划。跨流域调水涉及多个流域的社会经济发展、水资源利用和生态环境保护等问题。因此，规划中考虑的问题要比单个流域水资源规划更加广泛、复杂，需要探讨水资源分配可能对各个流域带来的社会经济影响。

（三）地区水资源规划

地区水资源规划一般是以行政区域或经济区、工程影响区为对象的水资源系统规划。研究内容基本与流域水资源规划相近，规划的重点因具体的区域和水资源功能的不同而有所侧重。

（四）专门水资源规划

专门水资源规划是以流域或地区某一专门任务为对象或某一行业所做的水资源规划。如防洪规划、水力发电规划、灌溉规划、水资源保护规划、航运规划及重大水利工程规划等。

六、水资源规划的一般程序

水资源规划的步骤因研究区域、水资源功能侧重点的不同、所属行业的不同及规划目标的差异而有所区别，但基本程序步骤一致，概括起来主要有以下几个步骤：

（一）现场勘探，收集资料

现场勘探收集资料是最重要的基础工作。基础资料掌握的情况越详细越具体，越有利于规划工作的顺利进行。水资源规划需要收集的基础数据主要包括相关的社会经济发展资料、水文气象资料、地质资料、水资源开发利用资料及地形资料等。资料的精度和详细程度主要是根据规划工作所采用的方法和规划目标要求决定的。

（二）整理资料，分析问题，确定规划目标

资料整理包括资料的归并分类、可靠性检查及资料的合理插补等。通过整理、分析资料，明确规划区内的问题和开发要求，选定规划目标，作为制定规划方案的依据。

（三）水资源评价及供需分析

水资源评价的内容包括规划区水文要素的规律研究和降水量、地表水资源量、地下水资源量及水资源总量的计算。在进行水资源评价之后，需要进一步对水资源供需关系进行分析。其实质是针对不同时期的需水量，计算相应的水资源工程可供水量，进而分析需水的供应满足程度。

（四）拟订和选定规划方案

根据规划问题和目标，拟订若干规划方案，进行系统分析。拟订方案是在前面工作基础之上，根据规划目标、要求和资源的情况，人为拟订的。方案的选择要尽可能地反映各方面的意见和需求，防止片面的规划方案。优选方案是通过建立数学模型，采用计算机模拟技术，对拟选方案进行检验评价。

（五）实施的具体措施及综合评价

根据优选方案得到规划方案，制定相应的具体措施，并进行社会、经济和环境等多准则综合评价，最终确定水资源规划方案。方案实施后，对国民经济、社会发展、生态与环境保护均会产生不同程度的影响，通过综合评价法，多方面、多指标进行综合分析，全面权衡利弊得失，最后确定方案。

（六）成果审查与实施

成果审查是把规划成果按程序上报，通过一定程序审查。如果审查通过，进入规划安排实施阶段；如果提出修改意见，就要进一步进行修改。

水资源规划是一项复杂、涉及面广的系统工程，在规划实际制定过程中很难一次性完成让各个部门和个人都满意的规划。规划需要经过多次的反馈、协调，直至规划成果对各个部门都较满意为止。此外，由于外部条件的改变及人们对水资源规划认识的深入，要对规划方案进行适当的修改、补充和完善。

第二节　水资源规划的基础理论

水资源规划涉及面广，问题往往比较复杂，不仅涉及自然科学领域知识，如水资源学、生态学、环境学等众多学科，以及水利工程建设等工程技术领域，同时还涉及经济学、社会学、管理学等社会科学领域。因此，水资源规划是建立在自然科学和社会科学两大基础之上的综合应用学科。水资源规划简化为三个层次的权衡。

（1）哲学层次。即基本价值观问题，如何看待自然状态下的水资源价值、生态环境价值，以及以人类自身利益为标准的水资源价值、生态环境价值，两者之间权衡的问题等。

（2）经济学层次。识别各类规划活动的边际成本，率定水利活动的社会效益、经济效益及生态环境效益。

（3）工程学层次。认识自然规律、工程规律和管理规律，通过工程措施和非工程措施保证规划预期实现。

一、水资源学基础

水资源学是水资源规划的基础，是研究地球水资源形成、循环、演化过程规律的科学。随着水资源科学的不断发展完善，在其成长过程中，其主要研究对象可以归结为三个方面：研究自然界水资源的形成、演化、运动的机理，水资源在地球上的空间分布及其变化的规律，以及在不同区域上的数量；研究在人类社会及其经济发展中为满足对水资源的需要而开发利用水资源的科学途径；研究在人类开发利用水资源过程中引起的环境变化，以及水循环自身变化对自然水资源规律的影响，探求在变化环境中如何保持水资源的可持续利用途径等。从水资源学的三个主要研究内容就可以看出，水资源学本身的研究内容涉及众多相关领域的基础科学，如水文学、水力学、水动力学等。以水的三相转化及全球、区域水循环过程为基础，通过对水循环过程的深入研究，实现水资源规划的优化提高。

二、经济学基础

水资源规划的经济学基础主要表现在两个方面：一方面是水资源规划作为具体工程与管理项目本身对经济与财务核算的需要；另一方面是水资源规划作为区域国民宏观经济规划的重要组成部分，需要在国家经济体制条件下、在国家政府层面进行宏观经济分析。在微观层面，水利工程项目的建设需要进行投资效益、益本比、内部回收率及边际成本等分析。具体工程的投资建设都需要进行工程投资财务核算，要求达到工程建设实施的财务计算净盈利。在宏观层面，仅以市场经济学的价值规律作为水资源规划的基础，必然使水资源的社会价值、生态环境效益、生态服务效益得不到充分的体现。因此，水资源规划既要在微观层面考虑具体水利工程的收益问题，更要考虑区域宏观经济可持续发展的需要。根据社会净福利最大和边际成本替代两个准则确定合理的水资源供需平衡水平，二者间的平衡水平应以更大范围内的全社会总代价最小为准则（社会净福利最大），为区域国民经济发展提供合理、科学、持续的水资源保障。

三、工程技术基础

水资源的开发利用模式多种多样，涉及社会经济的各个方面，因此与之相关的科学基础均可看作水资源规划的学科基础，如工程力学、结构力学、材料力学、水能利用学、水工建筑物学、农田水利、给排水工程学、水利经济学等，也包括有关的应用基础科学，如水文学、水力学、工程力学、土力学、岩石力学、河流动力学、工程地质学等，还包括现代信息科学，如计算机技术、通信、网络、遥感、自动控制等。此外，还涉及相关的地球科学，如气象学、地质学、地理学、测绘学、农学、林学、生态学、管理学等学科。

四、环境工程、环境科学基础

水资源规划中涉及的"环境"是一个广义的环境，包括环境保护意义下的环境，即环境的污染问题；另一个是生态环境，即普遍性的生态环境问题。水资源的开发利用不可避免地会影响到自然生态环境中水循环的改变，引起水环境、水化学性质、水生态等诸多方面发生相应的改变。从自然规律看，各种自然地理要素作用下形成的流域水循环是流域复合生态系统的主要控制性因素，对人为产生的物理与化学干扰极为敏感。流域的水循环规律改变可能引起在资源、环境、生态方面的一系列不利效应；流域产流机制改变，在同等降水条件下，水资源总量会发生相应的改变；径流减少则导致河床泥沙淤积规律改变，在多沙河流上泥沙淤积又使河床抬高，河势重塑；径流减少还导致水环境容量减少且水质等级降低等。

第三节　水资源供需平衡分析

水资源供需平衡分析就是在综合考虑社会、经济、环境和水资源的相互关系基础上，分析不同发展时期、各种规划方案的水资源供需状况。水资源供需平衡分析就是采取各种措施使水资源供水量与需水量处于平衡状态。水资源供需平衡的基本思想就是"开源节流"。开源就是增加水源，包括各类新的水源、海水利用、非常规水资源的开发利用、虚拟水等，而节流就是通过各种手段抑制水资源的需求，包括通过技术手段提高水资源利用率和利用效率，如进行产业结构调整、改革管理制度等。

一、需求预测分析

需水预测是水资源长期规划的基础，也是水资源管理的重要依据。区域或流域的需水预测是制定区域未来发展规划的重要参考依据。需水预测是水资源供需平衡分析的重要环节。需水预测与供水预测及供需分析有密切的联系：需水预测要根据供需分析反馈的结果，对需水方案及预测成果进行反复和互动式的调整。

需水预测是在现状用水调查与用水水平分析的基础上，依据水资源高效利用和统筹安排生活、生产、生态用水的原则，根据经济社会发展趋势的预测成果，进行不同水平年、不同保证率和不同方案的需水量预测。需水量预测是一个动态预测过程，与利用效率、节约用水及水资源配置不断循环反馈，同时需水量变化与社会经济发展速度、结构、模式、工农业生产布局等诸多因素相关。如我国改革开放后，社会经济的迅速发展，人口的增长，城市化进程加速及生活水平的提高，都导致了我国水资源需求量的急剧增长。

（一）需水预测原则

需水预测应以各地不同水平年的社会经济发展指标为依据，有条件时应以投入产出表为基础建立宏观经济模型。从人口与经济驱动增长的两大因素入手，结合具体的水资源状况、水利工程条件及过去长期多年来各部门需水量增长的实际过程，分析其发展趋势，采用多种方法进行计算比对，并论证所采用的指标和数据的合理性。需水预测应着重分析评价各项用水定额的变化特点、用水结构和用水量的变化趋势，并分析计算各项耗水量的指标。

此外，预测中应遵循以下主要原则：

（1）以各规划水平年社会经济发展指标为依据，贯彻可持续发展的原则，统筹兼顾社会、经济、生态、环境等各部门发展对需水的要求。

（2）全面贯彻节水方针，研究节水措施推广对需水的影响。

（3）研究工农业结构变化和工艺改革对需水的影响。

（4）需水预测要符合区域特点和用水习惯。

（二）需水预测内容

按照水资源的用途和对象，可将需水类型分为生产需水、生活需水和生态环境需水，其中生产需水包括第一产业需水（农业需水）和第二产业需水

（主要指工业需水）。

1.工业需水

工业需水是指在整个工业生产过程中所需水量，包括制造、加工、冷却、空调、净化、洗涤等各方面用水。一个地区的工业需水量大小，与该地区的产业结构、行业生产性质及产品结构、用水效率、企业生产规模、生产工艺、生产设备及技术水平、用水管理与水价水平、自然因素与取水条件有关。

2.农业需水

农业需水是指农业生产过程中所需水量，按产业类型又可细化为种植业、林业、牧业、渔业。农业需水量与灌溉面积、方式、作物构成、田间配套、灌溉方式、渠系渗漏、有效降雨、土壤性质和管理水平等因素密切相关。

3.生活需水

生活需水包括居民用水和公共用水两部分，根据地域又可分为城市生活用水和农村生活用水。居民生活用水是指居民维持日常生活的家庭和个人用水，包括饮用、洗涤等用水；公共用水包括机关办公、商业、服务业、医疗、文化体育、学校等设施用水，以及市政用水（绿化、道路清洁）。一个地区的生活用水与该地区的人均收入水平、水价水平、节水器具推广与普及情况、生活用水习惯、城市规划、供水条件和现状用水水平等多方面因素有关。

4.生态环境需水

生态环境需水是维持生态系统最基本的生存条件及最基本的生态服务价值功能所需要的水量，包括森林、草地等天然生态系统用水，湿地、绿洲保护需水，维持河道基流用水等。它与区域的气候、植被、土壤等自然因素和水资源条件、开发程度、环境意识等多种因素有关。

（三）需水预测方法

1.指标量值的预测方法

按是否采用统计方法分为统计方法与非统计方法。

按预测时期长短分为即期预测、短期预测、中期预测和长期预测。

按是否采用数学模型方法分为定量预测法和定性预测法。

常用的定量预测方法有趋势外推法、多元回归法和经济计量模型。

（1）趋势外推法

根据预测指标时间序列数据的趋势变化规律建立模型，并用以推断未来值。这种方法从时间序列的总体进行考察，体现出各种影响因素的综合作用，当预测指标的影响因素错综复杂或有关数据无法得到时，可直接选用时间 t 作为自变量，综合替代各种影响因素，建立时间序列模型，对未来的发展变化做出大致的判断和估计。该方法只需要预测指标历年的数据资料，工作量较小，应用也较方便。该方法根据原理的不同又可分为多种方法，如平均增减趋势预测、周期叠加外延预测（随机理论）与灰色预测等。

（2）多元回归法

该方法通过建立预测指标（因变量）与多个主相关变量的因果关系来推断指标的未来值，所采用的回归方程为单一方程。它的优点是能简单定量地表示因变量与多个自变量间的关系，只要知道各自变量的数值就可简单地计算出因变量的大小，方法简单，应用也比较多。

（3）经济计量模型

该模型不是一个简单的回归方程，而是两个或多个回归方程组成的回归方程组。这种方法揭示了多种因素相互之间的复杂关系，因而对实际情况的描述更加准确。

2.用水定额的预测方法

通常情况下，需要预测的用水定额有各行业的净用水定额和毛用水定额，可采用定量预测法，包括趋势外推法、多元回归法与参考对比取值法等，其中参考对比取值法可以结合节水分析成果，考虑产业结构及其布局调整的影响，并可参考有关省市相关部门和行业制定的用水定额标准，再经综合分析后确定用水定额，故该方法较为常用。

二、供给预测分析

供水预测是在规划分区内，对现有供水设施的工程布局、供水能力、运行状况，以及水资源开发程度与存在问题等综合调查分析的基础上，进行对水资源开发利用前景和潜力分析，以及不同水平年、不同保证率的可供水量预测。

可供水量包括地表水可供水量、浅层地下水可供水量、其他水源可供水量。可供水量估算要充分考虑技术经济因素、水质状况、对生态环境的影响，以及开发不同水源的有利和不利条件，预测不同水资源开发利用模式下可能的供水量，并进行技术经济比较，拟定供水方案。供水预测中新增水源工程包括现有工程的挖潜配套、新建水源、污水处理回用、雨水利用工程等。

（一）相关概念的界定

供水能力是指区域供水系统能够提供给用户的供水量大小。它主要反映了区域内所有供水工程组成的供水系统，依据系统的来水条件、工程状况、需水要求及相应的运行调度方式和规则，提供给用户不同保证率下的供水量大小。

可供水量是指在不同水平年、不同保证率情况下，通过各项工程设施，在合理开发利用的前提下，可提供的能满足一定水质要求的水量。可供水量的概念包括以下内涵：可供水量并不是实际供水量，而是通过对不同保证率情况下的水资源供需情况进行分析计算后，得出的"可能"提供的水量；可供水量既要考虑到当前情况下工程的供水能力，又要对未来经济发展水平下的供水情况进行预测；可供水量计算时，要考虑丰、平、枯不同来水情况下，工程能提供的水量；可供水量是通过工程设施为用户提供的，没有通过工程设施而为用户利用的水量不能算作可供水量；可供水量的水质必须达到一定使用标准。

可供水量与可利用量的区别：水资源可利用量与可供水量是两个不同的概念。一般情况下，由于兴建供水工程的实际供水能力同水资源丰、平、枯水量在时间分配上存在矛盾，这大大降低了水资源的利用水平，所以可供水量总是小于可利用量。现状条件下的可供水量是根据用水需要能提供的水量，它是水资源开发利用程度和能力的现实状况，并不能代表水资源的可利用量。

（二）影响可供水量的因素

1.来水特点

受季风影响，我国大部分地区水资源的年际、年内变化较大，存在"南多北少"的趋势。南方地区，最大年径流量与最小年径流量的比值在2～4之间，汛期径流量占年总径流量的60%～70%；北方地区，最大年径流量与最小年径流量的比值在3～8，干旱地区甚至超过100倍，汛期径流量占年总径流量的80%以上。可供水量的计算与年来水量及其年内变化有着密切的关系，年际及年内不同时间和空间上的来水变化都会影响可供水量的计算结果。

2.供水工程

我国水资源年际、年内变化较大，同时与用水需求的变化不匹配。因此，需要建设各类供水工程来调节天然水资源的时空分布，蓄丰补枯，以满足用户的需水要求。供水量总是与供水工程相联系，各类供水工程的改变，如工程参数的变化，不同的调度方案及不同发展时期新增水源工程等情况，都会使计算的可供水量有所不同。

3.用水条件及水质状况

不同规划水平年的用水结构、用水要求、用水分布与用水规模等特性，以及节约用水、合理用水、水资源利用效率的变化，都会导致计算出的可供水量不同。不同用水条件之间也相互影响制约，如河道生态用水，有时会影响到河道外直接用水户的可供水量。此外，不同规划水平年供水水源的水质状况、水源的污染程度等都会影响可供水量的大小。

（三）可供水量计算方法

1.地表水可供水量计算

地表水可供水量大小取决于地表水的可引水量和工程的引提水能力。假如地表水有足够的可引用量，但引提水工程能力不足，则其可供水量也不大；相反，假如地表水可引水量小，再大能力的引提水工程也不能保证有足够的可供水量。

可供水量预测，应预计工程状况在不同规划水平年的变化情况，应充分考虑工程老化失修、泥沙淤积、地表水水位下降等原因造成的实际供水能力的减少。

2.地下水可供水量计算

地下水规划供水量以其相应水平年可开采量为极限，在地下水超采地区要采取措施减少开采量使其与开采量接近，在规划中不应大于基准年的开采量；在未超采地区可以根据现有工程和新建工程的供水能力确定规划供水量。

（四）其他水源的可供水量

在一定条件下，雨水集蓄利用、污水处理利用、海水、深层地下水、跨流域调水等都可作为供水水源，参与到水资源供需分析中。

（1）雨水集蓄利用主要指收集储存屋顶、场院、道路等场所的降雨或径流的微型蓄水工程，包括水窖、水池、水柜、水塘等。通过调查、分析现有集雨工程的供水量及对当地河川径流的影响，提出各地区不同水平年集雨工程的可供水量。

（2）微咸水（矿化度$2 \sim 3g/L$）一般可补充农业灌溉用水，某些地区矿化度超过$3g/L$的咸水也可与淡水混合利用。通过对微咸水的分布及其可利用地域范围和需求的调查分析，综合评价微咸水的开发利用潜力，提出各地区不同水平年微咸水的可利用量。

（3）城市污水经集中处理后，在满足一定水质要求的情况下，可用于农田灌溉及生态环境用水。对缺水较严重城市，污水处理再利用对象可扩及水质要求不高的工业冷却用水，以及改善生态环境和市政用水，如城市绿化、冲洗道路、河湖补水等。

①污水处理再利用于农田灌溉，要通过调查、分析再利用水量的需求、时间要求和使用范围，落实再利用水的数量和用途。部分地区存在直接引用污水灌溉的现象，在供水预测中，不能将未经处理、未达到水质要求的污水量计入可供水量中。

②有些污水处理再利用需要新建供水管路和管网设施，实行分质供水，有些需要建设深度处理或特殊污水处理厂，以满足特殊用户对水质的目标要求。

③估算污水处理后的入河排污水量，分析对改善河道水质的作用。

④调查分析污水处理再利用现状及存在的问题，落实用户对再利用的需求，制订各规划水平年再利用方案。

（4）海水利用包括海水淡化和海水直接利用两种方式。对沿海城市海水利用现状情况进行调查。海水淡化和海水直接利用要分别统计，其中海水直接利用量要求折算成淡水替代量。

（5）严格控制深层承压水的开采。深层承压水利用应详细分析其分布、补给和循环规律，做出深层承压水的可开发利用潜力的综合评价。在严格控制不超过其可开采数量和范围的基础上，提出各规划水平年深层承压水的可供水量计算成果。

（6）跨流域、跨省的调水工程的水资源配置，应由流域管理机构和上级主管部门负责协调。跨流域调水工程的水量分配原则上按已有的分水协议执行，也可与规划调水工程一样采用水资源系统模型方法计算出更优的分水方案，在征求有关部门和单位后采用。

三、水资源供需平衡分析

（一）概念及内容

水资源供需平衡分析是指在综合考虑社会、经济、环境和水资源的相互关系基础上，分析不同发展时期、各种规划方案的水资源供需状况。水资源供需平衡分析就是采取各种措施使水资源供水量和需水量处于平衡状态。

水资源供需平衡分析的核心思想就是开源节流。一方面增加水源，包括开辟各类新的水源，如海水利用；另一方面就是减少用水需求，通过各种手段减少对水资源的需求，如提高水资源利用效率、改革管理机制等。

水资源供需分析以流域或区域的水量平衡为基本原理，对流域或区域内的水资源的供、用、耗、排等进行长系列的调算或典型年分析，得出不同水平年各流域的相关指标。供需分析计算一般采取2～3次供需分析方法。

水资源供需分析的内容包括：

（1）分析水资源供需现状，查找当前存在的各类水问题。

（2）针对不同水平年，进行水资源供需状况分析，寻求在将来实现水资源供需平衡的目标和问题。

（3）最终找出实现水资源可持续利用的方法和措施。

（二）基本原则与要求

（1）水资源供需分析是在现状供需分析的基础上，分析规划水平年各种合理抑制需求，有效增加供水，积极保护生态环境的可能措施（包括工程措施与非工程措施），组合成规划水平年的多种方案，结合需水预测与供水预测，进行规划水平年各种组合方案的供需水量平衡分析，并对这些方案进行评价与比选，提出推荐方案。

（2）水资源供需分析应在多次供需反馈和协调平衡的基础上进行。一般进行两次至三次平衡分析，一次平衡分析是考虑人口的自然增长、经济的发展、城市化程度和人民生活水平的提高，在现状水资源开发利用格局和发挥现有供水工程潜力情况下的水资源供需分析；若一次平衡有缺口，则在此基础上进行二次平衡分析，再进一步强化节水、治污与污水处理回用、挖潜等工程措施，以及合理提高水价、调整产业结构，合理抑制需求和改善生态环境等措施的基础上进行水资源供需分析；若二次平衡仍有较大缺口，应进一步加大调整经济布局和产业结构及节水的力度，具有跨流域调水可能的，应增加外流域调水，进行三次供需平衡分析。

（3）选择经济、社会、环境、技术方面的指标，对不同组合方案进行分析、比较和综合评价。评价各种方案对合理抑制需求、有效增加供水和保护生态环境的作用与效果，以及相应的投入和代价。

（4）水资源供需分析要满足不同用户对水量和水质的要求。根据不同水源的水质状况，安排不同水质要求用户的供水。水质不能满足要求者，其水量不能列入供水方案中参加供需平衡分析。

（三）平衡计算方法

进行水资源供需平衡计算时采用以下公式：

$$可供水量-需水量-损失的水量＝余水（缺水量） \qquad (5-1)$$

（1）在进行水资源供需平衡计算时，首先，要进行水资源平衡计算区域的划分，一般采用分流域、分地区进行划分计算。在流域或省级行政区内以计算分区进行，在分区内时、城镇与乡村要单独划分，并对建制市城市进行单独计算。其次，要进行平衡计算时段的划分，计算时段可以采用月或旬。一般采用长系列月调节计算方法，能正确反映计算区域水资源供需的特点和规律。主要水利工程、控制节点、计算分区的月流量系列应根据水资源调查评价和供水量预测分析的结果进行分析计算。

（2）在供需平衡计算出现余水时，即可供水量大于需水量时，如果蓄水工程尚未蓄满，余水可以在蓄水工程中滞留，把余水作为调蓄水量参加下一时段的供需平衡；如果蓄水工程已经蓄满水，则余水可以作为下游计算分区的入境水量，参加下游分区的供需平衡计算；可以通过减少供水（增加需水）来实现平衡。

（3）在供需平衡计算出现缺水时，即可供水量小于需水量时，要根据需水方反馈信息要求的供水增加量与需水调整的可能性与合理性，进行综合分析及合理调整。在条件允许的前提下，可以通过减少用水方的用水量（主要通过提高用水效率来实现），或者通过从外流域调水实现供需水的平衡。

总的原则是不留供需缺口，在出现不平衡的情况下，可以按以上意见进行二次、三次水资源供需平衡以达到平衡的目的。

（四）解决供需平衡矛盾的主要措施

水资源供需平衡矛盾的解决应从供给与需求两个方面入手，即供需平衡分析的核心思想"开源节流"，增加供给量，减少需求量。

（1）建设节约型社会，促进水资源的可持续利用。节约型社会是一种全新的社会发展模式。建设节约型社会不仅是由我国的基本国情决定的，更是实现可持续发展战略的要求。节约型社会是解决我国地区性缺水问题的战略性对策，需在水资源可持续利用的前提下，因地制宜地建立起全国各地节水型的城市与工农业系统，尤其是用水大户的工农业生产系统。改进农业灌溉技术，推广农业节水技术，提高农业水资源利用效率，也是搞好农业节水的关键；在工业生产中，加快对现有经济和产业的结构调整，加快对现有生产工艺的改进，提高水资源的循环利用效率，完善企业节水管理，促进企业向高效利用节水型转变。此外，增加国民经济中水源工程建设与供水设施的投资比例，进一步控制洪水，预防干旱，提高水资源的利用效率，控制和治理水污染，发挥工程、管理内涵的作用。

建设节约型社会是调整治水，实现人与自然和谐可持续发展的重要措施。一要突出抓好节水法规的制定；二要启动节水型社会建设的试点工作，试点先行，逐步推进；三要以水权市场理论为指导，充分发挥市场配置水资源的基础作用，积极探索运用市场机制，建立用水户主动自愿节水意识及行为的建设。

（2）加强水资源的权属管理。水资源的权属包括水资源的所有权和使用权两方面。水资源的权属管理相应地包括：水资源的所有权管理和水资源的使用权管理。水资源在国民经济和社会生活中具有重要的地位，具有公共资源的特性，强化政府对水资源的调控和管理。长期以来，由于各种原因，低价使用水资源造成了水资源的大量浪费，使水资源处于一种无序状态。随着水资源需求量的迅猛增长，水资源供需矛盾尖锐，加强对水资源权属进行管理迫在眉睫，如现行的取水许可制度。

（3）采取经济手段调控水资源供需矛盾。水价是调节用水量的一个强有力的经济杠杆，是最有效的节水措施之一。水价格的变化关系到每个家庭，每个用水企业、每个单位的经费支出，是他们经济核算的指标。如果水价按市场经济的价格规律运作，按供水成本、市场的供需矛盾决定水价，水价必定会提高；水价提高，用水大户势必因用水成本升高，趋于对自身利益最优化的要求而进行节约用水，达到节水的目的。科学的水资源价值体系及合理的水价能够使各方面的利益得到协调，促进水资源配置处于最优化状态。

（4）加强南水北调与发展多途径开源。中国水资源时空分布极其不均，南方水多地少，北方水少地多。通过对水资源的调配，缩小地区上水分布差异，是长远性的战略，是缓解我国水资源时空分布不均衡的根本措施。开源的内容包括增加调蓄和提高水资源利用率，挖掘现有水利工程供水能力，调配及扩大新的水源等方面。控制洪水，增加水源调蓄水利工程兴建的主要任务是发电和防洪。因此，对已建的大中型水库增加其汛期与丰水年来水的调蓄量，进行科学合理的水库调度十分重要。如增加河道基流及地下水的合理利用；发展集雨、海水及微咸水利用等。

第四节　水资源规划的制定

一、规划方案制订的一般步骤

（一）基本要求

（1）依据水资源配置提出的推荐方案，统筹考虑水资源的开发、利用、治理、配置、节约和保护，研究提出水资源开发利用总体布局、实施方案与管理方式、总体布局要求、工程措施与非工程措施紧密结合。

（2）制定总体布局要根据不同地区自然特点和经济社会发展目标要求，努力提高用水效率，合理利用地表水与地下水资源；有效保护水资源，积极治理，利用废污水、微咸水和海水等其他水源；统筹考虑开源、节流、治污的工程措施。在充分发挥现有工程效益的基础上，兴建综合利用的骨干水利枢纽，增强和提高水资源开发利用程度与调控能力。

（3）水资源总体布局要与国土整治、防洪减灾、生态环境保护与建设相协调，与有关规划相互衔接。

（4）实施方案要统筹考虑投资规模、资金来源与发展机制等，做到协调可行。

（二）水资源规划决策的一般步骤

水资源规划是一个系统分析过程，也是一个宏观决策过程，同一般问题的决策程序一样，具有六个主要的内容，即问题的提出、目标选定、制定对策、方案比选、方案决策及其检验和规划实施。

1.问题的提出

水资源规划中，问题的提出实际上是对规划区域水资源问题的诊断。这就要求规划者弄清楚水资源工程的实际问题，问题的由来及背景，问题的性质，问题的条件，收集资料、数据的情况。

2.目标选定

正确提出问题后，就可以开始解决问题。目标选定就是要拟定一个解决问题的宏观策略，提出解决问题的方向。目标的选定通常是由决策者决定的，往往由规划者具体提出。在大多数情况下，决策者很难用清晰周密的语言描述他们的真正目标，而规划者又很难站在决策者的高度提出解决方案。即使决策者在开始分析阶段就能明确地提出目标，规划者也不能不加分析地加以应用，而要分析目标的层次结构，选择适当的目标。如何适当地选定目标，还需要规划者根据决策者的意愿，进行综合分析并结合实际经验，才能正确选定目标。

3.制定对策

制定对策就是针对问题的具体条件和规划的期望目标而制定解决问题、实现目标的对策。在水资源规划中，为使规划决策定量化，一般都从决策问题的系统设计开始建立针对决策问题的模型。模型一般分为物理模型和数学模型两大类，其中数学模型又可分为优化模型和模拟模型两种。不同的问题选定与其相适应的模型类型。

4.方案比选

在模型建立后，根据实测或人工生成的水文系列作为输入，在计算机上对各用水部门的供需过程进行对比，求出若干可行方案的相应效益，通过对主次目标的评价，筛选出若干可行方案，并提供给决策者评价。决策者则可根据自己的经验和意愿，对系统分析的成果进行对比分析，在总体权衡利弊得失后，进行决策。

5.方案决策及其检验

决策是对一种或几种值得采用的或可供进一步参考的方案进行选定。在通过初选方案后，还需对入选方案获得的结论做进一步检验，即方案在通过正确性检验后才能进入实施阶段。

6.规划实施

根据决策制订出的具体行动计划，亦即将最后选定的规划方案在系统内有计划地具体实施。如果在工程实施中遇到的新问题不多，可对方案略加调整后继续实施，直到完成整个计划。如果在方案实施过程中遇到的新问题较多，就要返回到前面相应步骤中，重新进行计算。以上仅是逻辑过程，并不是很严格，且在运算过程中需进行不断反馈。

二、规划方案的工作流程

水资源综合规划的工作流程如下：

（1）视研究范围的大小，先按研究范围的流域进行组织。

（2）流域机构按照各自的职责范围，组织本流域内各分区一起开展流域规划编制，在各分区反复协调的基础上，形成流域或区域规划初步成果。

（3）在流域或区域规划初步成果基础上进行研究范围总体汇总，在上下多次成果协调的基础上形成总体性的水资源综合规划。

（4）在总体规划的指导下，完成流域水资源综合规划。

（5）在流域或区域规划的指导下，完成区域水资源综合规划。

（6）规划成果的总协调。

总之，流域规划在整个规划过程中起到承上启下的关键性作用，规划工作的关键在于流域规划。

三、规划方案的实施及评价

（一）规划方案的实施

水资源规划的实施，即根据水资源规划方案决策及工程优化开发程序进行水资源工程的建设阶段或管理工程的实施阶段。工程建成后，按照所确定的优化调度方案，进行实时调度运行。

（二）规划实施效果评价

1.基本要求

（1）综合评估规划推荐方案实施后可达到的经济、社会、生态环境的预期效果及效益。

（2）对各类规划措施的投资规模和效果进行分析。

（3）识别对规划实施效果影响较大的主要因素，并提出相应的对策。

2.评价内容

规划实施效果评价按下列三个层次进行：

（1）第一层次评价规划实施后，建立的水资源安全供给保障系统与经济社会发展和生态环境保护的协调程度，主要包括：

①水资源开发利用与经济社会发展之间的协调程度；

②水资源节约、保护与生态保护及环境建设的协调程度；

③所产生的宏观社会效益、经济效益和生态环境效益。

（2）第二层次评价规划实施后水资源系统的总体效果主要包括：

①对提高供水和生态与环境安全的效果，以及水资源承载能力的效果；

②对水资源配置格局的改善程度，包括水资源供给数量、质量和时空分布的配置与经济社会发展适应和协调程度等；

③对缓解重点缺水地区、城市水资源紧缺状况和改善生态环境的效果；

④流域、区域及城市供用水系统的保障程度、抗风险能力及抗御特枯水及连续枯水年的能力和效果；

⑤工程措施和非工程措施的总体效益分析。

（3）第三层次评价各类规划实施方案的经济效益主要包括：

①评价节水措施实施后节水量和效益；

②评价水资源保护措施实施后所产生的社会效益、经济效益和生态环境效益；

③评价增加供水方案实施后由于供水能力和供水保证率的提高所产生的社会效益、经济效益和生态环境效益；

④评价非工程措施的实施效果，包括对提出的抑制不合理需求，有效增加供水和保护生态环境的各类管理制度、监督、监测及有关政策的实施效果进行检验；

⑤有条件的地区可对总体布局中起重大作用的骨干水利工程的实施效果进行评价；

⑥对综合规划的近期实施方案进行环境影响总体评价，对可能产生的负面影响提出补偿改善措施。

规划实施效果按水资源一级分区和省级行政区进行评价。评价采取定性与定量相结合的方法，以定量为主。

第六章　水文信息资料收集技术

第一节　水文站及水文站网

一、水文测站

在流域内一定地点（或断面）按统一标准对指定的水要素进行系统、规范的观测以获取所需水信息而设立的观测场所称为测站。

（一）按观测的项目分类

1.水文站

水文站为经常收集水文数据而在河、渠、湖、库上或流域内设立的各种水文观测场所的总称。

2.水质站

水质站为掌握水质动态，收集和积累水质基本资料而设置的水质信息测站。因为有监视、监管的内涵，所以取名监测站。

3.气象站

气象站是对气象诸要素进行观测的场所的总称。

上述测站还可进一步划分，如水文站按所观测的项目分水位、流量、泥沙、降水、蒸发、水温、冰凌、水质、地下水位等。只观测上述项目中的一项或少数几项的测站，按其主要观测项目分别称为水位站、流量站（也称水文站）、雨量站、蒸发站等。气象观测站可以按其主要观测项目分别称为雨量站、蒸发站、高空风观测站、风速观测站、露点观测站等。

（二）按观测的方式分类

（1）人工观测站。

（2）自动监测站。

（3）遥感遥测站。

（4）卫星监测站。

（三）按测站的性质和作用分类

若根据测站性质和作用划分，水文测站又可分为基本水文测站和专用水文测站两大类。其中，基本水文测站分为重要水文测站和一般水文测站。基本水文测站，是指为公益目的统一规划设立的，对江河、湖泊、渠道、水库和流域基本水文要素进行长期连续的系统的观测，是为国民经济各方面的需要服务的水文测站。专用水文测站，是为某种专门目的或用途由各部门自行设立的水文测站。这两类测站是相辅相成的，专用站在面上辅助基本站，而基本站在时间系列上辅助了专用站。

二、水文测站的设立

（一）水文测验河段选择

1.选择条件

（1）满足设站目的的要求。

（2）稀遇洪水和枯水季节，均能测得所要的信息。

（3）在保证工作安全和测验精度的前提下，尽可能有利于简化水信息要素的观测和观测数据的整理分析工作。如具体对水文测站来说，就是要求测站的水位与流量之间呈良好的稳定关系（单一关系），从而可由水位过程推求出流量过程，大大减轻流量测验及资料整编的工作量。为此，要求水文站具有良好的测站控制。

（4）交通方便，测站易于到达。

2.考虑因素

要根据设站的目的要求和河流特性综合考虑，灵活掌握，慎重选择。如水文测站选择一般从以下3个方面考虑。

（1）应尽量选择河道顺直、匀整、稳定的河段，其顺直长度应不小于洪水时主横河宽的3~5倍，以保证比降一致。河段最好是窄深的单式断面，并尽可能避开不稳定的沙洲和冲淤变化过大的断面。河段内应不易生长水草，不受变动回水影响。目的是尽量保证测验河段内的断面、糙率、比降保持稳定。

（2）应选在石梁、急滩、卡口、弯道的上游附近规整的河段上，避开乱石阻塞、斜流、分流影响处。石梁、急滩，一般在中、低水起控制作用，高水时失去控制；而卡口、急弯则在高水时起控制作用。在选择断面控制时，应综合考虑。

（3）避开受人为干扰的码头、渡口等处。对北方河流还应尽量避开易发生冰坝、冰塞的河段。选择测验河段还应尽可能靠近居民点。总之，在选择水文测站时，最理想的是选择在各级水位均具备较好控制的河段。

3.勘测调查

选择测验河段，应进行现场勘测调查。为了能充分了解河道情况和测量工作的方便，查勘工作最好在枯水期进行。勘测调查工作的主要内容有以下3个。

（1）勘测前的准备工作：明确设站的目的任务，查阅有关文件资料，尤其是有关地形图、水准点、洪水情况等，确定勘测内容与调查大纲，制订工作计划，然后到现场调查。为全面了解河道概况，对测验河段进行现场调查，调查内容应包括以下4点。

①河流控制情况的调查。了解测站控制情况，控制断面位置，顺直河段长度，漫滩宽度，分流串沟等情况。

②河流水情的调查。了解历年最高、最低水位情况，估算最大流量、最小流量；了解变动回水的起源和影响范围、时间，估算变动回水向上游传播

的距离；调查沙情、水草生长情况和冰凌情况。

③河床组成，河道的变迁及冲淤情况的调查。

④流域自然地理情况、水利工程、测站工作条件的调查。

（2）野外测量：在勘测中，应进行简易地形测量、大断面测量、流向测量、瞬时水面纵比降测量等工作。

（3）编写勘测报告：把调查的情况及测量出的成果分析整理，提出意见，为选择站址提供依据。

（二）水文测站控制

1.定义

水文测站控制是对测站的水位与流量关系起控制作用的断面或河段的水力因素总称。前者称为断面控制，后者称为河槽控制。

2.断面控制

在天然河道中，由于地质或人工的原因，造成河段中局部地形突起，如石梁、卡口等，使得水面曲线发生明显转折，形成临界流，出现临界水深，从而构成断面控制。

3.河槽控制

当水位流量关系要靠一段河槽所发生的阻力作用来控制，如该河段的底坡、断面形状、糙率等因素比较稳定，则水位流量关系也比较稳定。这就属于河槽控制。

（三）设立内容

（1）埋设水准点，并引测其高程。水准点分为基本水准点和校核水准点，均应设在基岩或稳定的永久性建筑物上，也可埋设于土中的石柱或混凝土桩上。前者是测定测站上各种高程的基本依据，后者是经常用来校核水尺零点的高程。

（2）测量河段地形。

（3）绘制地形图和水流平面图。

（4）依据地形图和水流平面图确定断面布设方向。

（5）布设测验断面、基线、高程基点、各种测量标志。

（6）设立各种观测设备（水位、流量等）。

（7）填写测站考证簿。

（四）断面布设

1.基本水尺断面

经常观测水文测站水位而设置的断面称为基本水尺断面。它一般设在测验河段的中央水位流量关系较好的断面上，大致垂直于流向。

2.流速仪测流断面

流速仪测流断面应与基本水尺断面重合，且与断面平均流向垂直。若不能重合时，亦不能相距过远。

3.浮标测流断面

浮标测流断面有上、中、下3个断面，一般中断面应与流速仪测流断面重合。上、下断面之间的间距不宜太短，其距离应为断面最大流速的50~80倍。

4.比降测流断面

比降断面设立比降水尺，用来观测河流的水面比降和分析河床的糙率。上、下比降断面间的河底和水面比降，不应有明显的转折，其间距应使得所测比降的误差能在±15%以内。

（五）基线布设

在测验河段进行水文测验时，为用测角交会法推求测验垂线在断面上的位置而在岸上布设的线段，称为基线。基线宜垂直于测流横断面；基线的起点应在测流断面线上。

从测定起点距的精度出发，基线的长度应使测角仪器瞄准测流断面上最远点的方向线与横断面线的夹角不小于30°（应使基线长度 L 不小于河宽 B 的0.6倍）；在受地形限制的个别情况下，基线长度最短也应使其夹角大于15°。

基线的长度及丈量误差，都直接影响断面测量精度，间接影响到流沙率、输沙率测验的精度。因此，基线除要求有一定长度外，基线长度的丈量误差不得大于1/1500。视河宽B而定，一般应为0.6B。在受地形限制的情况下，基线长度最短也应为0.3B。基线长度的丈量误差不得大于1/1000。

三、水文站网

（一）定义

测站在地理上的分布网称为站网。广义的站网是指测站及其管理机构所组成的信息采集与处理体系。

（二）目的

测站设立的数目与当时当地经济发展情况有关。如何以最少站数来控制广大地区水文、水质要素的变化，这与测站布设位置是否恰当有着密切关系。站网规划就是将测站按照一定的科学原则布设在流域的合适位置上。站网布设后可以把各测站有机地联系起来，使测站发挥出比孤立存在时更大的作用。将所设站网采集到的水文信息经过整理分析后，达到可以内插流域内任何地点水文或水质要素的特征值。

（三）站网的规划

研究测站在地区上分布的科学性、合理性、最优化等问题。例如，按站网规划的原则对水文站网中河道流量站进行布设：当流域面积超过3000~5000km时，应考虑能够利用设站地点的资料，把干流上没有测站地点的径流特性插补出来；预计将修建水利工程的地段，一般应布站观测；对于较小流域，虽然不可能全部设站观测，但应在水文特征分区的基础上，选择有代表性的河流进行观测；在中、小河流上布站时还应当考虑暴雨洪水分析，如对小河应按地质、土壤、植被、河网密集程度等下垫面因素分类布站，布站时还应注意雨量站与流量站的配合；对于平原水网区和建有水利工程的地区，应注意按水量平衡的原则布站。也可以根据实际需要，安排部分测站每年只在部分时期（如汛期或枯水期）进行观测。又如，水质监测站的布设应以监测目标、人类活动对水环境的影响程度和经济条件这3个因素作为考虑的基础。

（四）站网的分类

1.按测验项目分类

站网分为水位站网、流量站网、雨量站网、蒸发站网、泥沙站网、水质站网、地下水观测井网等实验站网。

2.按经办单位分类

站网分为国家站网、群众站网。

3.按测站性质分类

站网分为基本站网、专用站网。基本站网是综合国家经济各方面需要，由国家统一规划建立的。要求以最经济的测站数目，能达到内插任何地点的特征值为目的。基本站网中，站与站之间有密切的联系，一个站的站址变动会影响到邻近测站的布局。因此，一旦基本站网建立了，再变动站址就应慎重考虑。要提交变动论据，并需经流域、省或区相应部门领导机关审定。基本站的工作应根据颁布的各类测验技术规程进行观测、测验，获取数据必须统一整编刊印或以其他方式长期存储。

按水文基本站网的性质和任务，又分为大河控制站、区域代表站、小河站和实验站。

（1）大河控制站的主要任务，是为江河治理，防汛抗旱，制定大规模水资源开发规划及重大工程的兴建，系统地收集资料，是为探索特征值及其沿河长的变化规律需要而在大河上布设的测站，在整个站网布局中，居首要地位。大河控制站按线的原则布设。

（2）区域代表站的主要作用，是控制流量特征值的空间分布，为探索中等河流水文特征地区规律，解决任一水文分区内任一地点流量特征值，或流量过程资料的内插与计算问题而在有代表性的中等河流上布设的水文站。区域代表站，按照区域原则布设。

（3）小河站主要任务，是为研究暴雨洪水、产流、汇流、产沙、输沙的规律，而收集资料。在大中河流水文站之间的空白地区，往往也需要小河站来补充，满足地理内插和资料移用的需要。因此，小河站是整个水文站网中不可缺少的组成部分。小河站按分类原则布设。

（4）实验站，为对某种水文现象的变化过程或某些水体进行全面深入的实验研究而设立的一个或一组水文测站，如径流实验站、蒸发实验站、水库湖泊实验站、河床演变实验站、沼泽实验站、河口实验站、水土流失实验站、雨量站网密度实验站等。在国外，还有实验性流域和水文基准站。实验性流域是研究一个天然流域经过不同程度不同措施的人工治理后对水循环的影响；水文基准站是研究在自然情况下水循环各因素长期变化的趋势。

专用站网是为科学研究、工程建设、管理运用等特定目的而设立的，它的观测项目、要求及测站的撤销与转移，依设站目的而定，可由该部门自行规定。

基本站网与专用站网，它们的作用是相辅相成的。专用站在面上补充基本站，而基本站在时间系列上辅助专用站。群众站网主要是雨量站，它是对国家站网的补充，对及时指导当地生产建设、防汛抗旱起积极作用。站网（主要指基本站网）建成后并不是一成不变的，而是应当根据经济发展的需要和测站的实际作用不断加以补充和调整，以满足经济建设和科学研究对水文、水质资料的需要。因此，对布设的站网，需要不断地做下列工作。

站网分析指为了充分发挥站网整体功能，对现有站网资料进行的分析研究工作。站网检验指按一定的原则和方法对现有测站进行设站目的和任务在站网整体功能中的作用等的检查和验证。

站网优化指在一个地区或流域内使站网能以较少的站点控制基本水文要素在时间和空间上的变化，且投资少、效率高、整体功能强的分析工作。

站网调整指为使站网不断优化及随着情况的变化对测站进行增、撤、迁的工作。

（五）基本流量站网布设的原则

1.线的布设

沿大河干流每隔适当距离就布设一个测站，站间距离应满足沿河长内插径流特征值的精度要求及沿河长发布水文情报、预报的需要。流域面积不小于5000km²（南方为3000km²）的大河干流。上游至下游：上游稀，下游密；河流水量最大处或沿河长水量有显著变化的地方：如河流下游、在入汇口处等要设站。

2.区域的布设

根据气候、下垫面等自然地理因素进行水文分区，在分区内选择有代表性的流域布设测站。利用这些站的资料可以进行相似河流的水文计算，而不必在每条中小河流布站。流域面积为200~5000km³（南方为3000km²）的中等河流。

（1）流域面积对水文特征值影响很大，一般要按不同面积分级布站。

（2）区域原则主要是控制水文特征值在面上的变化，布站在面上要分布均匀。

（3）布站在高度上要分布均匀。

（4）考虑土壤、植被等对产流的影响，流域形状、坡度对河道汇流的影响。

3.分类原则

对流域面积小于200km²的河流，因这类河流数目很多，如采用区域布设代表站则数量过多。这类小河的流域特性差异较大，但小河流域的植被、土壤、地质等因素比较单一，占主导地位的某单项因素，可较灵敏地直接影响支流的形成和变化。且流域越小，单项因素的影响越显著。因此，按下垫面分类原则来布站，即按自然地理条件如湿润地区、沙漠、黄土高原等划分大区；按植被、土壤、地质、河床质组成等下垫面因素进行分类；同一类型按流域面积大小分级，并考虑流域坡度、形状等因素进行布站。

在布站的数量上，以能妥善确定产流汇流参数的要求为准。由此原则布设的小河流所搜集的资料，可以应用到相似的、无水文资料的小流域上。适用于流域面积小于200km²的小河流。

（六）基本水位站网的布设原则

在水文测验中，水位往往是用于推求流量的工具，绝大多数流量站都有水位观测。因此，流量站网的基本水尺，是水位站网的组成部分。在大河干流、水库湖泊上布设水位站网，主要用以控制水位的转折变化。满足内插精度要求、相邻站之间的水位落差不被观测误差所淹没为原则，确定布站数目的上限和下限。其设站位置，可按下述原则选择：

（1）满足防汛抗旱、分洪滞洪、引水排水、水利工程或交通运输工程的管理运用等需要。

（2）满足江河沿线任何地点推算水位的需要。

（3）尽量与流量站的基本水尺相结合。

（七）基本泥沙站网布设原则

在泥沙站网上进行测验，是为流域规划、水库闸坝设计、防洪与河道整治、灌溉放淤、城市供水、水利工程的管理运用、水土保持效益的估计、探索泥沙对污染物的解吸与迁移作用及有关的科学研究，提供基本资料。

泥沙站也分为大河控制站、区域代表站和小河站。

大河控制站以控制多年平均输沙量的沿程变化为主要目标，按直线原则确定布站数量，并选择相应的流量站观测泥沙。

区域代表站和小河站、以控制输沙模数的空间分布，按一定精度标准内插任一地点的输沙模数为主要目标，采用与流量站网布设相类似的区域原则，确定布站数量；并考虑河流代表性，面上分布均匀，不遗漏输沙模数的高值区和低值区，选择相应的流量站，观测泥沙。

（八）水环境监测站网的布设

水环境监测站网是按一定的目的与要求，由适量的各类水质站组成的水环境监测网络。水环境监测站网可分为地表水、地下水和大气降水3种基本类型。根据监测目的或服务对象的不同，各类水质站可组成不同类型的专业监测网或专用监测网。

水环境监测站网规划应遵循以下原则。

（1）以流域为单元进行统一规划。

（2）与水文站网、地下水水位观测井网、雨量观测站网相结合。

（3）各行政区站网规划应与流域站网规划相结合。

（4）站网应不断进行优化调整，力求做到多用途、多功能，具有较强的代表性。流域机构和各省（自治区、直辖市）水行政主管部门应根据水环境监测工作的需要，建立、健全本流域、本地区水环境监测站网。

四、水质监测站的设立

水质监测站是进行水环境监测采样和现场测定，定期收集和提供水质、水量等水环境资料的基本单元，可由一个或多个采样断面或采样点组成。

（一）设立原则

1.源头背景水质站

应设置在各水系上游，接近源头且未受人为活动影响的河段。

2.干、支流水质站

应设置在下列水域、区域。

（1）干流控制河段，包括主要一、二级支流汇入处、重要水源地和主要退水区。

（2）大中城市河段、主要城市河段和工矿企业集中区。

（3）已建或将建大型水利设施河段，大型灌区或引水工程渠首处。

（4）入海河口水域。

（5）不同水文地质或植被区、土壤盐碱化区、地方病发病区、地球化学异常区、总矿化度或总硬度变化率超过50%的地区。

3.湖泊（水库）水质站

应按下列原则设置。

（1）面积大于100km²的湖泊。

（2）梯级水库和库容大于1亿m³的水库。

（3）具有重要供水、水产养殖、旅游等功能或污染严重的湖泊（水库）。

4.界河（湖、库）水质站

重要国际河流、湖泊，流入、流出行政区界的主要河流、湖泊（水库）及水环境敏感水域，应布设界河（湖、库）水质站。

（二）分类

根据目的与作用，水质站可分为以下5种。

（1）基本站是为水资源开发、利用与保护提供水质、水量基本资料，并与水文站、雨量站、地下水水位观测井等统一规划设置的站。基本站应保持相对稳定，其监测项目与频次应满足水环境质量评价和水资源开发、利用与保护的基本要求。基本站长期掌握水系水质变化动态，搜集和积累水质基本信息。

（2）辅助站是配合基本站，进一步掌握污染状况的。

（3）专用站是为某种特定目的提供服务而设置的站，其采样断面（点）布设、监测项目与频次等视设站目的而定。

（4）背景站（又称本底站）是用于确定水系自然基本底值（未受人为直接污染影响的水体质量状况）。

（5）水污染流动监测站是将监测仪器、采样装置及用于数据处理的计算机等安装在适当的运载工具上的流动性监测设施，如水污染监测车（或船）。它具有灵活机动且监测项目比较齐全的优点。

按水体类型，水质站可分为地表水水质站、地下水水质站与大气降水水质站等。设置水质站前，应调查并收集本地区有关基本资料，如水质、水量、地质、地理、工业、城市规划布局，主要污染源与入河排污口及水利工程和水产等，用作设置具有代表性水质站的依据。

（三）存在的问题

我国的水质监测站仍有较大不足。主要表现在以下4个方面。

（1）水质自动监测站数量较少，缺乏自动测报能力。水质监测信息主要依附于实验室，无法获得对重点水功能区水质监测的实时数据。而美国，新设备、新技术已普遍应用于水质水量的自动监测，如水质自动监测设备（多参数）及采用GSM进行数据通信的水质自动测报系统等。国内虽有且已达到国际水平的水质自动监测系统，但数量较少。

（2）移动水质分析实验室配备数量太少，机动监测能力不足，掌握突发性水污染事故能力差。而国外在完善实验室监测的同时，水质移动监测设备已得到了较大的发展。

（3）部分水质监测中心的采样能力不足，监测频率低，水质监测实验室的监测设备老化，大型分析仪器配备不平衡，不适应水质监测管理的要求。

（4）水质监测站点多以掌握地表水水资源质量功能为主，缺乏对地下水、大气降水的监测。并且部分区域水质监测站点总数少于功能区数量，地域分布不均匀、布局不合理。水质信息没有统一联网，共享程度差。

随着水污染的日益严重，在国内建设水资源监测和信息采集系统时，应针对区域水资源具体特点，因地制宜，全面统一地对水文、水质进行监测，以实现流域或区域水资源的统一管理，提高水资源管理的效果。

第二节　降水与蒸发量的信息收集

一、概述

降水是指空气中的水汽冷凝并降落到地表的现象，主要包括两部分：一部分是大气中水汽直接在地面或地物表面及低空的凝结物，如霜、露、雾和雾凇，又称为水平降水；另一部分是从空中降落到地面上的水汽凝结物，如雨、雪、雹和雨凇等，又称为垂直降水。但是单纯的霜、露、雾和雾凇等，不做降水量处理。降水量仅指的是垂直降水，水平降水不作为降水量处理，发生降水不一定有降水量，只有有效降水才有降水量。一天之内降水量10mm以下为小雨，10～25mm为中雨，25mm以上为大雨，50mm以上降水量为暴雨，100mm以上为大暴雨，200mm以上为特大暴雨。

为更好地服务于防汛抗旱、水资源管理等，开展降水观测，获得降水最原始的资料，对于工农业生产、水利开发、江河防洪和工程管理等具有重要作用。

二、雨量站布设及降水量观测场地

（一）站地布设

降水量观测是水文要素观测的重要组成部分。降水量观测站点的布设是根据各流域的气候、水文特征和自然地理条件所划分成的不同水文分区，在水文分区内布设降水量观测站点。该站点的布设应能控制月、年降水量和暴雨特征值在大范围内的分布规律及暴雨的时空变化，以满足水资源评估调度及涉水工程规划、洪水和旱情监测预报，降水径流关系的确定等使用要求。

（1）降水量观测站网不能按行政区划进行布设。

（2）雨量站网的布设密度按《水文站网规划技术导则》（SL 34—2013）执行。

（3）雨量站应长期稳定。

（4）降水量观测资料应进行整编后作为水文年鉴的重要组成内容长期存档。

（5）降水量观测场地的查勘工作应由有经验的技术人员进行。

（6）查勘前应了解设站目的，收集设站地区自然地理环境、交通和通信等资料，并结合地形图确定查勘范围，做好查勘设站的各项准备工作。

观测场地环境的要求如下：降水量观测误差受风的影响最大。因此，观测场地应避开强风区，其周围应空旷、平坦、不受突变地形、树木和建筑物及烟尘的影响。观测场地不能完全避开建筑物、树木等障碍物的影响时，雨量计离开障碍物边缘的距离不应小于障碍物顶部与仪器高差的2倍。在山区，观测场不宜设在陡坡上、峡谷内和风口处，应选择相对平坦的场地，使承雨器口至山顶的仰角不大于30°。难以找到符合上述要求的观测场时，可设置杆式雨量器。杆式雨量器应设置在当地雨期常年盛行风向的障碍物的侧风区，杆位离开障碍物边缘的距离不应小于障碍物高度的1.5倍。在多风的高山、出山口、近海岸地区的雨量站，不宜设置杆式雨量器。当原有观测场地如受各种建筑影响已经不符合要求时，应重新选择。在城镇、人口稠密等地区设置的专用雨量站，观测场选择可适当放宽。

此外，还需进行观测场地查勘。查勘范围为2~3km²。主要内容包括：地貌特征，障碍物分布，河流、湖泊、上游高程的分布，地形高差及其下游高程，森林、农作物分布，气候特征、降水和气温的年内变化及其地区分布，雪和结冰融冰的大致日期，常年风向、风力及狂风暴雨、冰雹等情况，当地河流、村庄名称和交通、邮电通信条件等。

（二）降水量观测场地

除试验和比测需要外，观测场最多设置两套不同观测设备。仅设一台雨量计时，观测场地面积为4m×4m；同时设置雨量器和自记雨量计时面积为

4m×6m；如试验和比测需要，雨量计上加防风圈测雪及设置测雪板，或设置地面雨量计的雨量站。

（1）观测场地应平整，地面种草或作物其高度不宜超过20cm。

（2）防护场内铺设观测人行小路栅栏条的疏密以不阻滞空气流通又能削弱通过观测场的风力为准。

（3）多雪地区还应考虑在近地面不致形成雪堆，有条件的地区可利用灌木防护栅栏或灌木的高度一般为1.2～1.5m，并应常年保持一定的高度，杆式雨量器计可在其周围半径为1.0m的范围内设置栅栏防护。

（4）观测场内的仪器安置要使仪器相互不受影响，观测场内的小路及门的设置方向要便于进行观测工作。

（三）场地保护

在观测场四周按前面规定的障碍物距仪器最小限制距离内，属于保护范围，不应兴建建筑物，不应栽种树木和高秆植物。应保持观测场内平整清洁，经常清除杂物杂草。对有可能积水的场地，应在场地周围开挖窄浅排水沟，以防观测场内积水。保持栅栏完整、牢固，定期上漆，及时更换被损的栅栏。

三、仪器及观测

降水量观测仪器按传感器原理分类，常用的雨量计可分为雨量器、虹吸式雨量计、翻斗式雨量计（单翻斗和双翻斗）等传统雨量计，目前还有采用新技术的光学雨量计和雷达雨量计。

降水量用雨量计或雨量器测定，以mm为单位。每日8时观测一次，有降水之日应在20时巡视仪器运行情况，暴雨时适当增加巡测次数，以便及时发现和排除故障，防止漏记降雨过程。

（一）雨量器

雨量器一般指人工测量的人工雨量计，常见的雨量器外壳是金属圆筒，分上下两节，上节是一个口径为20cm的盛水漏斗，为防止雨水溅湿，保持容器口面积和形状，筒口用坚硬铜质做成内直外斜的刀刃状；下节筒内放一个储水瓶用来收集雨水。测量时，将雨水倒入特制的雨量杯内读出降水量毫米数。降雪季节将储水瓶取出，换上不带漏斗的筒口，雪花可直接收集在雨量筒内，待雪融化后再读数。

1.雨量器

雨量器由承水器、漏斗、储水筒（外筒）、储水瓶组成，承水口内径为200mm，并配有与其口径成比例的专用量杯，分辨率为0.1mm。安装时，器口距地面距离一般为70cm。

2.人工雨量器观测

日雨量观测中，主要分为24段（1h一次）、8段（3h一次）、4段（6h一次）及1段（24h一次）等。日雨量的统计有20时至次日20时和8时至次日8时两种方法。目前，我国日雨量一般以8时至次日8时为主，代表前一天的雨量。

（二）虹吸式雨量计

虹吸式雨量计能连续记录液体降水量和降水时数，从降水记录上还可以了解降水强度。可用来测定降水强度和降水起止时间，适用于气象台（站）、水文站、农业、林业等有关单位。

1.虹吸式雨量计

（1）由承雨器、小漏斗、虹吸管、自记笔、浮子、储水瓶和外壳等部分组成。其工作原理为在承雨器下有一浮子室，室内装一浮子与上面的自记笔尖相连。雨水流入筒内，浮子随之上升，同时带动浮子杆上的自记笔上抬，在转动钟筒的自记纸上绘出一条随时间变化的降水量上升曲线。当浮子室内的水位达到虹吸管的顶部时，虹吸管便将浮子室内的雨水在短时间内迅速排出而完成一次虹吸。虹吸一次，雨量为10mm。如果降水现象继续，则又重复上述过程。最后可以看出一次降水过程的强度变化、起止时间，并算出降水量。

（2）虹吸式雨量计的安装，先将浮子室安好，使进水管刚好在承雨器漏斗的下端，再用螺钉将浮子室固定在座板上，将装好自记纸的钟筒套入钟轴，最后把虹吸管插入浮子室的测管内，用连接螺帽固定。虹吸式雨量计在调试使用前应对其零点和虹吸点进行检查。首先调整零点，往盛水器里倒水，直到虹吸管排水为止，观察自记笔是否停在自记值零线上。往承雨器加注10mm清水，注意自记笔尖移动是否灵活。继续将水注入承雨器，检查虹吸管位置是否正常。以上几点都很重要，若安装维护不当会使降水资料产生误差，影响降水记录的准确性、代表性、比较性。

（3）安装注意事项。

①安装时力求细致、轻巧、娴熟，用力均匀，避免碰撞、振荡。

②承雨器下端口与浮子室进水管口位置调整适宜，勿使水流斜冲进水管口，以防强降水时形成漩涡，卷入气泡被压进浮子室，引起提前虹吸。

③浮子室底部、顶盖水平，顶部直柱与浮子直杆平行，浮子直杆、浮子室顶盖中间小孔、导向支架栋梁孔在一条直线上。调试后固定好笔杆根部螺钉，确保长时间运行不松动。

④严格按规范要求上纸，一定要将压纸夹压紧，自记纸受潮易鼓起，严重时，挡开笔杆，笔尖脱离自记纸，迹线中断。自记钟底部保持水平，钟筒应垂直。

⑤浮子室侧管与虹吸管衔接紧密，不可漏水漏气。

（4）常见故障原因及解决方法。

①笔尖脱离钟筒。原因是笔尖对纸的压力过低。应先拨开笔挡，调整笔杆根部的螺丝或改变笔杆架子的倾斜度，然后拨回笔挡，看笔尖是否能够正常回位。如果仍不能正常回位，一般是由笔杆根部与轴承的连接部分太脏或锈蚀现象造成的。应先清洗后涂抹机油，使其润滑直至笔尖回位。

②虹吸提前、落后或虹吸不尽。虹吸管或笔尖变位，应先调整虹吸管的零位，再固定好连接螺帽。虹吸管不合格，在上次虹吸后，水体在虹吸管弯曲处分向两边，使出水口端存水，进水口端被水淹没，管内形成半真空状态，如遇大雨极易提前虹吸，这种情况应立即更换虹吸管。虹吸管尾部较

短，可能使虹吸变慢，造成虹吸不尽，由于虹吸的快慢取决于吸管的粗细和长度，所以可采用套上一小段胶管的方法，增大虹吸作用时水柱的压力差，达到虹吸畅通的目的。虹吸管直径较小，可采用一根细铜丝深入虹吸管内引水，使游离在虹吸管内的水珠或水沿铜丝漏出，同时也可以用上面加套胶管的方法处理；虹吸管的弯曲处曲率偏小，直径过大，水柱上升到弯曲处顺着管壁下流，主要是由于虹吸管的质量有问题，最好将虹吸管换掉。

浮子室有漏气现象，应堵塞浮子室漏隙处。浮子室顶盖排气孔被堵，应定期检查顶盖上的排气孔是否堵住。机械部分摩擦过大，水的浮力不能将浮子托起，或虹吸管内壁污垢过多或有昆虫结巢，可采取相应的除锈、去污、保持虹吸管弯曲处顺畅等措施加以消除。

③笔尖上升到一定高度后不虹吸。在人工加水或雨大时能够正常虹吸，但降水小时则在10mm线处画平线而不虹吸，这种故障现象的特点是上升到虹吸高度处的雨水缓慢地沿虹吸管内壁溢出，使虹吸管不虹吸，一直画平线。造成这一现象的主要原因及解决方法如下：

虹吸管与浮子室侧管有较大的空隙，浮子室的水从空隙处漏出，可检查虹吸管与侧管接口处的橡皮圈是否变质，如已变质，应更换；虹吸管与连接螺帽处漏气，判别方法是在虹吸时，虹吸管内有气泡出现，可用万能胶涂于缝隙处，待其干后即能正常使用。

浮子直杆与支架直柱接触部分的摩擦较大，直杆被卡住不能下降，可卸下机械部分加以清洗，直杆、直柱变曲时要及时校直，在接触处涂上少许的润滑油；虹吸管内壁有油污，判别方法是内壁沾水后水滴迅速向四周扩散，可用细铁丝一端绕有脱脂棉，一头穿过并轻拉，使脱脂棉经过虹吸管内壁，管内异物得以清除。如果管内壁沾水后附水均匀，证明已无油污。

门盖不严，风吹向虹吸管口，产生从管口向上的压力，可在每次观测后将雨量计门盖关严。

④实测降水量与自记纸读数差值较大。除与实测降水量读数有误有关以外，还可能存在以下情况：一是浮子室漏水，使浮子室内水量减少，可更换浮子室；二是小漏斗以下细管处有异物堵塞，当遇大雨时，降水不能全部进

入浮子室而从小漏斗溢出，可取下浮子室，对堵塞处进行疏通，并对浮子室进行清洗；三是浮子进水，当浮子室内水升高时，浮子却不能相应地上升，从而造成记录不准确，这种情况应更换浮子。

⑤无降水时出现迹线上升。造成这种现象的原因主要是：一是雾、露、霜造成迹线上升，在天气现象消失后，迹线不会下降，出现这种情况，如果迹线上升达到或超过0.05mm，则必须在自记纸背注明。二是上纸不规范，例如，雨量纸下端没靠紧钟筒下沿，自记纸没有紧贴钟筒而有隆起现象。迹线只在自记纸没有靠近钟沿或隆起的地方上升，走过该段后，迹线又下降为正常，因此上纸一定要规范，在使用过程中发现自记纸受潮隆起应取下重上。三是钟筒下的齿轮衔接部分的故障，使得钟筒不水平，迹线每天都在固定时刻上升或下降，可更换钟筒或底座齿轮。

⑥笔尖在上升过程中有停滞现象。在加水或降水时，笔尖上升过程中有停滞现象。其原因及解决方法如下：一是笔尖与自记纸间的摩擦力过大，应先查看是否为笔尖压力过大造成，如果是压力过大，则需调整笔尖压力；如果为笔尖尖锐造成，则更换笔尖或取下笔尖，在细石上把笔尖磨滑后再装上。二是浮子筒直杆与各孔洞间的摩擦过大，这种情况下可在直杆与孔洞间打润滑油，使其运动灵活。

⑦记录迹线下降。除自然蒸发和上纸不规范外，还有如下情况，一是浮子中途进水，重量加重，这种情况必须立即更换浮子；二是浮子室放水螺丝处漏水，浮子室水量减少，此时，需拧紧放水螺丝，如果是橡皮垫圈老化或破裂，应立即更换；三是虹吸管与固定螺帽处漏水，这种情况只在浮子室内的水位上升到某个位置后，迹线才会出现下降现象，此时可更换橡皮垫圈。

⑧断线或呈梯形迹线。此故障大多是仪器接触不良所致，如笔尖压力不匀、机械部分摩擦过大、钟筒不垂直，以及浮子室内部太脏等。

2.虹吸式雨量计观测

（1）观测程序。

①观测前的准备。在记录纸正面填写观测日期和月份，背面印上降水量观测记录统计表。洗净量雨杯和备用储水器。

②每日8时观测员提前到自记雨量计处，当时钟的时针运转至8时正点时，记录笔尖所在位置，在记录纸零线上画一短垂线，或轻轻上下移动自记笔尖画作为检查自记钟快慢的时间记号。

③用笔挡将自记笔拨离纸面，换装记录纸。给笔尖加墨水，上紧自记钟发条，转动钟筒，拨回笔挡时，在记录笔开始记录时间处画时间记号。有降雨之日，应在巡视仪器时，在20时记录笔尖所在的位置画时间记号。

④换纸时无雨或降小雨，应在换纸前，注入一定量清水，使其发生人工虹吸，检查注入量与记录量之差是否在±0.05mm以内，虹吸历时是否小于14s，虹吸作用是否正常，检查或调整合格后才能换纸。

⑤自然虹吸水量观测。每日8时观测时，若有自然虹吸水量，应更换储水器，然后在室内用量雨杯测量储水器内降水量，并将该日降水量观测记录记在统计表中。暴雨时，估计降雨量有可能溢出储水器时，应及时用备用储水器更换测记。

（2）注意事项。

①换装钟筒上的记录纸，其底边必须与钟筒下缘对齐，纸面平整，纸头纸尾的纵横坐标衔接。

②连续无雨或日降雨量小于5mm时，一般不换纸，可在8时观测时，向承雨器注入清水，使笔尖升高至5mm处开始记录，但每张记录纸连续使用天数一般不超过5日，并应在各日记录线的末端注明日期，降水量记录发生自然虹吸之日，应换纸。

③8时换纸时，若遇大雨，可等到雨小或雨停时换纸。若记录笔尖已到达记录纸末端，雨强还是很大，则应拨开笔挡，转动钟筒，转动笔尖越过压纸条，将笔尖对准时间坐标线继续记录，等雨强小时才换纸。

（三）翻斗式雨量计

翻斗式雨量计是由感应器及信号记录器组成的遥测雨量仪器，可用于水文、气象部门测量自然界降水量，同时将降水量转换为以开关形式表示的数字信息量输出，以满足信息传输、处理、记录和显示等的需要。翻斗式雨量计自动化程度高，获取降水量的及时性强，降雨量资料易于保存和传输，因此应用广泛。此外，翻斗式雨量计适合于数字化方法，对自动天气站特别方便。

1.主要构造

翻斗式雨量计主要由承雨口、滤网、一体化支架、引水漏斗、一体化上翻斗组件、翻斗、翻斗支承、倾角调节装置、水平调节装置、恒磁钢、干簧管、信号输出端子、排水漏斗、底座、不锈钢筒身、底座支承脚等组成。

2.工作原理

雨水由最上端的承水口进入承水器，落入接水漏斗，经漏斗口流入翻斗，当积水量达到一定高度（如0.1mm）时，翻斗失去平衡翻倒，翻斗倾于一侧把雨水全部泼掉，另一翻斗则处于进水状态。每次翻转将发出一个脉冲信号，记录器控制自记笔将雨量记录下来，由记录设备记下这些信号并换算为降水量，如此往复即可将降雨过程测量下来。

3.注意事项

（1）定时用专用清洗笔清理接雨口，防止杂物堵住。

（2）仪器放置在室内，或在野外工作确信无雨天气时，为防止尘土落入接雨器，可用筒盖将器口遮蔽。

（3）翻斗部件支承轴的轴向工作游隙应经常检查，太大或太小都将影响翻斗部件的正常工作。两个圆柱头固定螺钉应注意固紧，以免仪器工作失常。

4.误差分析

翻斗式雨量计产生误差的主要原因有两个：一是计量翻斗倾角偏大所致；二是计量翻斗和上翻斗的转动频率所致。这两种皆是因为雨水在测量过程中，有部分外流失不在计数范围内，而导致出现测量误差的原因。另外，雨滴落下打在承雨口而溅起的水滴和降雨时的蒸发等也是产生误差的因素。

在翻斗式雨量计进行雨量测量时，唯一变化的是计量翻斗的量程，但当我们对其调试完成后其量程便是固定的，在计量翻斗进行一次计数的过程中，在翻转过程中，漏斗中如果还有余留雨水，此部分雨水视为无效，不在计数之内，这就导致最终的测量结果偏小。那么，解决这个问题就必须使计量翻斗的翻转角即倾角达到最小或者在计量翻斗翻转过程中，保证漏斗中没有余留的雨水，即保证上翻斗与计量翻斗的四个蓄水斗量程一致。但计量翻斗的倾角是不可避免的，所以只能利用后者来减小误差，而此过程需在调试时解决，必须使上翻斗翻转一次所通过的雨水仅且使计量翻斗刚好翻转，这个阶段调试完毕后，则可使计量翻斗在翻转过程中不会流失雨水。

在某个调试点，调试完毕并保证上翻斗和计量翻斗上下一致后，在不同雨强情况下的测量过程中，依然会出现计量翻斗翻转时漏斗中存有少量雨水的现象，这将导致测量结果偏小的现象。翻斗式雨量计中漏斗起缓冲作用，即保证通过节流管的雨水流速稳定，所以通过节流管雨水的流速在一定程度上是固定不变的，而上翻斗翻转的频率跟雨强的大小成正比，所以，当上翻斗翻转频率高于计量翻斗翻转的频率时，即节流管雨水的流速致使计量翻斗所达到的频率跟不上前者的频率，就会出现雨水流失现象。由此可知，必须保证计量翻斗的翻转频率不低于上翻斗的翻转频率，才能得到更加有效的测量结果。所以，在低雨强情况下调试的仪器，在高雨强中就会出现测量结果比被试测量点小很多的现象，甚至使仪器鉴定为不合格；在高雨强情况下调试的仪器，因为已经规避了上翻斗翻转频率高于计量翻斗的翻转频率，因为人工调试不够精确，虽然测量结果也会有误差，但能够保证在误差范围之内，而且其结果会随着雨强的降低而偏大，原因在于上翻斗翻转频率的减小，能够充分保证漏斗中不出现存水现象。

5.改进方法

出现误差的原因是计量翻斗的翻转频率小于上翻斗的翻转频率，导致一部分雨水流失不在计算范围内。对此我们可以从两个方面来改进避免。一是在调试阶段的时候，以高雨强为调试点并保证上下翻转频率一致，这样即使测量结果上下有波动，也不会超出误差允许范围；二是改进翻斗式雨量计的设计，增加一个挡流器，使其和计量漏斗同轴同转，以达到在计量漏斗翻转时挡住节流管，阻止雨水流失。这样既可提高仪器的精确度，也可以在一定程度上减小人工调试带来的误差，但是加工难度和成本会有所提高。

6.特点和应用

翻斗雨量计是雨量自动测量的首选仪器。它具有如下优点。

（1）结构简单，易于使用。工作原理简单直观，很容易理解掌握，方便使用，也便于推广。

（2）性能稳定，满足规范要求。我国的遥测雨量计要求是根据翻斗雨量计的性能来确定的，其技术性能能满足雨量观测规范和水情自动测报系统对遥测雨量计的要求。

（3）信号输出简单，适合自动化、数字化处理。它输出的是触点开关状态，很容易被各种自动化设备接收处理。

（4）价格低廉，易于维护。翻斗雨量计可以应用于绝大多数场合。因结构上的原因，这类传感器的可动部件翻斗必须和雨水接触，整个仪器更是暴露在风雨之中，夹带尘土的雨水，或是沙尘影响，将会影响翻斗雨量计的正常工作，或是降低其雨量测量的准确性。

（四）遥测雨量站

遥测雨量站也叫自动雨量站，由数据采集仪、雨量传感器、上位机软件、通信单元及供电系统等部分构成的综合观测仪器。可用于测量并记录雨量、水位等信息，具有抗干扰能力强、全户外设计、测量精度高、存储容量大、全自动无人值守、运行稳定等特点，适用于气象、水利、水文、农业、环保、建筑等行业。遥测雨量站雨量传感器一般使用翻斗雨量传感器。

1.工作原理

自动雨量站由翻斗式雨量传感器，雨量微电脑采集器和GPRS无线数传模块构成，雨量微电脑采集器具有雨量显示、自动记录、实时时钟、历史数据记录、超限报警和数据通信等功能。翻斗式雨量传感器得到的雨量电信号传输到雨量微电脑采集器，雨量微电脑采集器将采集到的雨量值通过RS232串口传输给GPRS无线数传模块，再传送给数据中心计算机。

2.ZJ.YDJ–01型水联网智能遥测终端机

可应用于水雨情测报、水资源监控、山洪灾害预警等多个领域。该产品融合了物联网技术、智能传感技术、M2M技术及数字成像技术等多种先进科技。采用嵌入式微处理器通过移动无线网络，实现传感器与远程监控中心之间的双向数据传输设备。

为保证数据信息的可靠性，终端机可实现中心数据同步传输，并采用了大容量SD卡作为本地存储，可保存50年以上的数据信息和一个星期以上的图像信息。设备采用低功耗设计方案，可用太阳能电池板和蓄电池进行供电，方便在偏远山区安装使用。

管理功能：具有数据分级管理、监测点管理等功能。

采集功能：采集监测点水位、降雨量等水文数据。

通信功能：各级监测中心可分别与被授权管理的监测点进行通信。

告警功能：水位、降雨量等数据超过告警上限时，监测点主动向上级告警。

查询功能：监测系统软件可以查询各种历史记录。

存储功能：前端监测设备具备大容量数据存储功能；监测中心数据库可以记录所有历史数据。

分析功能：水位、降雨量等数据可以生成曲线及报表，供趋势分析。

扩展功能：支持通过OPC接口与其他系统对接。

四、水面蒸发量数据收集

（一）E601B型蒸发器观测蒸发量

1.构造

E601B型蒸发器由蒸发桶、水圈、溢流桶和测针等组成。

（1）由白色玻璃钢制作，是一个器口面积为3000cm^2，有圆锥底的圆柱形桶，器口正圆，口缘为直外斜的刀刃形。器口向下6.5cm器壁上设置测针座，座上装有水面指示针，用以指示蒸发桶中水面高度。在桶壁上开有溢流孔，孔的外侧装有溢流嘴，用胶管与溢流桶相连通，以承接因降水量较大时从蒸发桶内溢出的水量。

（2）水圈是安装在蒸发桶外围的环套，材料也是玻璃钢。用以减少太阳辐射及溅水对蒸发的影响。它由四个相同的弧形水槽组成。内外壁高度分别为13.7cm和15.0cm。每个水槽的壁上开有排水孔。为防止水槽变形，在内外壁之间的上缘没有撑挡。水圈内的水面应与蒸发桶内的水面接近。

（3）溢流桶是承接因降水较大时而由蒸发桶溢出的水量的圆柱形盛水器，可用镀锌铁皮或其他不吸水的材料组成。桶的横截面面积以300cm²为宜，溢流桶应放置在带盖的套箱内。

（4）测针。测针是专用于测量蒸发器内水面高度的部件，应用螺旋测微器的原理制成。读数精确到0.1mm。测针插杆的杆径与蒸发器上测针座孔孔径相吻合。测量时使针尖上下移动，对准水面。测针针尖外围还设有静水器，上下调节静水器位置，使底部没入水中。

2.安装

安装时，力求少挖动原土。蒸发桶放入坑内，必须使器口离地30cm，并保持水平。桶外壁与坑壁间的空隙，应用原土填回捣实。水圈与蒸发桶必须密合。水圈与地面之间，应取与坑中土壤相接近的土料填筑土圈，其高度应低于蒸发桶口缘约7.5cm。在土圈外围，还应有放塌设施，可用预制弧形混凝土块拼成，或水泥砌成外围。

3.观测和记录

每日20时进行观测。观测时先调整测针针尖与水面恰好相接，然后从游标尺上读出水面高度。读数方法：通过游尺零线所对标尺的刻度，即可读出整数；再从游尺刻度线上找出一根与标尺上某一刻度线相吻合的刻度线，游尺上这根刻度线的数字，就是小数读数。

观测后检查蒸发桶内的水面高度，如水面过低或过高，应加水或汲水，使水面高度合适。每次水面调整后，应测量水面高度值，记入观测簿次日蒸发量的"原量"栏，作为次日观测器内水面高度的起算点。如因降水，蒸发器内有水流入溢流桶时，应测出其量（使用量尺或3000cm²口面积的专用量杯；如使用其他量杯或台秤，则需换算成相当于3000cm²口面积的量值），并从蒸发量中减去此值。

为使计算蒸发量准确和方便起见，在多雨地区的气象站或多雨季节应增设一个蒸发专用的雨量器。该雨量器只在蒸发量观测的同时进行观测。

有强降水时，通常采取如下措施对E601B型蒸发器进行观测：降大到暴雨前，先从蒸发器中取出一定水量，以免降水时溢流桶溢出，计算日蒸发量时将这部分水量扣除掉；预计可能降大到暴雨时，将蒸发桶和专用雨量筒同时盖住（这时蒸发量按零计算），待雨停或者转小后，把蒸发桶和专用雨量筒盖同时打开，继续进行观测。

冬季结冰期很短或偶尔结冰的地区，结冰时可停止观测，各该日蒸发量栏记"B"；待某日结冰融化后，测出停测以来的蒸发总量，记在该日增发量栏内。但不得跨月、跨年。当月末或年末蒸发器内结有冰盖时，应沿着器壁将冰盖敲离，使之呈自由漂浮状后，仍按非结冰期的要求，测定自由水面高度。

（二）小型蒸发器观测蒸发量

1.构造

小型蒸发器为口径20cm，高约10cm的金属圆盆，口缘镶有内直外斜的刀刃形铜圈，器旁有一倒水小嘴。为防止鸟兽饮水，器口附有一个上端向外张开呈喇叭状的金属丝网圈。

2.安装

在观测场内的安装地点竖一圆柱，柱顶安一圈架，将蒸发器安装其中。蒸发器口缘保持水平，距地面高度为70cm。冬季积雪较深的地区安装同雨量器。

3.观测和记录

每天20时进行观测，测量前一天20时注入的20mm清水经24h蒸发剩余的水量，记入观测簿余量栏。然后倒掉余量，重新量取20mm（干燥地区和干燥季节须量取30mm）清水注入蒸发器内，并记入次日原量栏。

五、蒸发量的计算方法

（一）水量平衡法

水量平衡法是基于水量平衡原理的基本思想提出的，即先明确均衡体及各水均衡要素，然后测定或估算各计算时段内除蒸散发外的其他水均衡要素，最后求出水均衡余项蒸散发，该方法也称为水均衡法。

（二）蒸渗仪法

蒸渗仪是一种装有土壤和植被的容器，同时测定蒸发和蒸腾。其原理是将蒸渗仪埋设于自然土壤中，并对其土壤水分进行调控来有效地模拟实际的蒸发过程，再通过对蒸渗仪的称重，就可得到蒸发量。这种方法在农田蒸散研究中心是最为有效和经济的实测方法。

（三）涡度相关法

涡度相关法是一种用特制的涡动通量仪直接测算下垫面显热和潜热的湍流脉动值，而求得蒸发量的方法。

（四）红外遥感法

红外遥感法就是利用多相时、多光谱及倾斜角度的遥感资料综合反映出下垫面的几何结构和湿热状况，特别是表面红外温度与其他资料结合起来能够客观地反映出近地层湍流通量大小和下垫面干湿差异，使得遥感方法比常规微气象方法精度高，尤其在区域蒸发计算方面具有明显的优越性。遥感中可见光、近红外光和热红外波段的数据反映了植被覆盖与地表温度的时空分布特征，可用于能量平衡中净辐射、土壤热通量、感热通量组分的计算。

第三节　水位观测资料整理

一、水位概述

水位是指河流或其他水体的自由水面相对于某一基面的高程，其单位以米（m）表示。水位是反映水体、水流变化的重要标志，是水文测验中最基本的观测要素，是水文测站常规的观测项目。水位观测资料可以直接应用于堤防、水库、电站、堰间、浇灌、排涝、航道、桥梁等工程的规划、设计、施工等过程中。水位是防汛抗旱斗争中的主要依据，水位资料是水库、堤防等防汛的重要资料，是防汛抢险的主要依据，是掌握水文情况和进行水文预报的依据。同时水位也是推算其他水文要素并掌握其变化过程的间接资料。在水文测验中，常用水位直接或间接地推算其他水文要素，如由水位通过水位流量关系，推求流量；通过流量推算输沙率；由水位计算水面比降等，从而确定其他水文要素的变化特征。

二、基面的概念

一般都以一个基本水准面为起始面，可用于计算水位和高程，这个基本水准面又称为基面。由于基本水准面的选择不同，其高程也不同，在测量工作中一般均以大地水准面作为高程基准面。大地水准面是平均海水面及其在全球延伸的水准面，在理论上讲，它是一个连续闭合曲面。但在实际中无法获得这样一个全球统一的大地水准面，各国只能以某一海滨地点的特征海水水位为准。这样的基准面也称绝对基面，另外，水文测验中除使用绝对基本面外，还设有假定基面、测站基面、冻结基面等。

三、水位观测

（一）用水尺观读水位

水位基本定时观测时间为北京标准时间8时，在西部地区，冬季8时观测有困难或枯水期8时代表性不好的测站，根据具体情况，经实测资料分析，主管领导机关批准，可改在其他代表性好的时间定时观测。

水位的观读精度一般记至1cm，当上下比降断面水位差小于0.2m时，比降水位应该记至0.5cm。水位每日观测次数以能测得完整的水位变化过程、满足日平均水位计算、极值水位挑选、流量报求和水情测报的要求为原则。

水位平稳时，一日内可只在8时观测一次；稳定的封冻期没有冰塞现象且水位平稳时，可每2~5日观测一次，月初、月末两天必须观测。

水位有缓慢变化时，每日8时、20时观测两次，枯水期20时观测确有困难的站，可提前至其他时间观测。水位变化较大或出现较缓慢的峰谷时，每日2时、8时、14时、20时观测4次。

洪水期或水位变化急剧时期，可每1~6h观测1次。当水位暴涨暴落时，应根据需要增为每半小时或若干分钟观测1次，应测得各次峰、谷和完整的水位变化过程。结冰、流冰和发生冰凌堆积、冰塞的时期，应增加测次，应测得完整的水位变化过程。

由于水位涨落，水位将要由一支水尺淹没到另一支相邻水尺时，应同时读取两支水尺上的读数，一并记入记载簿内，并立即算出水位值进行比较。其差值若在允许范围内时，应取二者的平均值作为该时观测的水位。否则，应及时校测水尺，并查明不符原因。

（二）自记水位计观测水位

1.水位计的检查和使用

在安装自记水位计之前或换记录纸时，应检查水位轮感应水位的灵敏性和走时机构的工作是否正常。电源要充足，记录笔、墨水应适度。换纸后，应上紧自记钟，将自记笔尖调整到当时的准确时间和水位坐标上。观察

1~5min，待一切正常后方可离开，当出现故障时应及时排除。

自记水位计应按记录周期定时换纸，并注明换纸时间与校核水位。当换纸恰逢水位急剧变化或高、低潮时，可适当延迟换纸时间。

对自记水位计应定时进行校测和检查：使用日记式自记水位计时，每日8时定时校测一次；资料用于潮汐预报的潮水位站，应每日8时、20时校测两次；当一日内水位变化较大时，应根据水位变化情况增加校测次数。使用长周期自记水位计时，对周记和双周记式自记水位计应每7日校测一次；对其他长期自记水位计，应在使用初期根据需要加强校测，待运行稳定后，可根据情况适当减少校测次数。

校测水位时，应在自记纸的时间坐标上画一短线。需要测记附属项目的站，应在观测校核水尺水位的同时观测附属项目。

2.水位计的比测

自记水位计应与校核水尺进行一段时间的比测，比测合格后，方可正式使用。比测时，可将水位变幅分为几段，每段比测次数应在30次以上，测次应在涨落水段均匀分布，并应包括水位平稳，变化急剧等情况下的比测值。长期自记水位计应取得一个月以上连续完整的比测记录。比测结果应符合下列规定：置信水平95%的综合不确定度不超过3cm，系统误差不超过1%。计时系统误差应符合自记钟的精度要求。

第四节　水文资料的收集

一、水文年鉴

水文资料的来源，主要是由国家水文站网按全国统一规定对观测的数据进行处理后的资料，即由主管单位分流域、干支流及上、下游，每年刊布一次的水文年鉴。水文年鉴是把数量庞大、各水文测站的水文观测原始记录，分析、整理，编制成简明的图表，汇集刊印成册，供给用户使用，是水文数据储存和传送的一种方式。水文年鉴刊有测站分布图、水文站说明表和位置图，以及各站的水位、流量、泥沙、水温、冰凌、水化学、地下水、降水量、蒸发量等资料，陆续实行的计算机存储、检索，以供水文预报方案的制订、水文水利计算、水资源评价、科学研究和有关国民经济部门应用。水文年鉴中不刊布专用站和实验站的观测数据及处理分析成果，需要时可向有关部门收集。当上述水文年鉴所载资料不能满足要求时，可向其他单位收集。例如，有关水质方面更详细的资料，可向环境监测部门收集；有关水文气象方面的资料，可向气象台站收集。

刊印的水文年鉴已积累了较长的水文资料系列，它已经成为国民经济建设各有关部门用于规划、设计和管理的重要基础资料，是一部浩瀚的水文数据宝库。随着计算机在水文资料整编、存储方面的广泛应用和水文数据库的快速发展，水文年鉴和水文数据库相辅相成、逐步完善，水文部门服务社会的方式进入了一个新时代。

二、水文手册和水文图集

水文手册是供中小型水利、水电工程中的水文计算用的一种工具书，内容一般包括降水、径流、蒸发、暴雨、洪水、泥沙、水质等水文要素的计算公式和相应的水文参数查算图表，并有简要的应用说明和有关的水文特征数据。中小河流的水文特性，主要取决于当地的气候、地形、地质、土壤和植被等自然条件，其中气候起主要作用。因此，根据水文测站的观测数据，结合流域自然条件，建立各种水文要素的计算公式，给出相应的气候、水文地理参数图表，便可供无实测数据的中小河流的水利、水电工程设计计算参考。中国的水文手册由原水利电力部、水利水电科学研究院水文研究所提出统一的编制提纲和编制方法，由各省、自治区、直辖市水文水资源勘测、规划及设计部门，根据历年水文、气象资料综合分析，分省、自治区、直辖市编印出版。随着水文、气象数据的积累，计算方法的完善，水文手册间隔一定的年限加以修订。由于所包含的内容不同，有的手册称为径流计算手册，有的称暴雨洪水查算图表。

水文图集是根据水文观测数据和科研成果数据综合研制汇编而成的，也是一种工具书，一般包括降水、蒸发、地表径流、地下水、水质、暴雨、泥沙和冰情等水文要素图，也包括河流、水系和水文测站分布图等。水文要素图系统地反映出水文特征的地区变化规律，是编制水利、农业、城市建设、工矿和交通等各类规划的重要参考资料，也可供水文、气象和地理等科学研究和教学应用。

三、水文数据库

在应用电子计算机以前，水文数据以记录手稿或刊印年鉴的形式保存和交流。随着数据种类的增加和数量的积累，这种形式不能满足数据管理和使用的需要。最初，美国开始应用电子计算机处理水文观测数据。随着计算机技术的发展，这项技术也在不断变化和提高。然后世界上一些国家先后建立起水文数据库和其他有关的数据库（如数据范围更广泛的水资源数据库和环境数据库等）。使用的设备与软件，数据的种类与数量及检索使用的方式等都在不断发展。按照国家水文数据库建库标准化、规范化，水文数据准确性、连续性的要求，在现代信息技术支持下，依托水文计算机网络，20多年来，逐步建立和开发全国分布式水文数据库及其各类相应的信息服务子系统，改变了我国水文资料在存储、传送、检索、分析方面的落后局面，极大地缩短了数据检索的时间，更好地满足了全国各方面对水文数据的需求。

采用计算机存储与检索水文数据，涉及数据管理的全过程。要求观测仪器具有便于计算机处理的记录方式，记录内容可直接在观测现场输入计算机，或通过无线电和通信线路远程进入计算机。利用水文数据库可以实现水文资料整编、校验、存储、处理的自动化，形成以Internet网络传输、查询、浏览为主的全国水文信息服务系统。水文数据库的逐步建设和开发应用，必将促进水文工作的全面发展，产生巨大的社会效益与经济效益。

第五节 水文地质测试

一、地下水流向、流速的测定

（一）地下水流向的测定

地下水的流向可用三点法测定，沿等边三角形（或近似的等边三角形）的顶点布置钻孔，以其水位高程编绘等水位线图，垂直等水位线并向水位降低的方向为地下水流向。三点间孔距一般取50～150m。

地下水流向也可用人工放射性同位素单井法来测定。它的原理是用放射性示踪溶液标记井孔水柱，让井中的水流入含水层，然后用一个定向探测器测定钻孔各方向含水层中示踪溶剂的分布，在一个井中确定地下水流向。这种测定可在用同位素单井法测定流速的井孔内完成。

（二）地下水流速的测定

利用指示剂或示踪溶剂现场测定流速，要求被测量的钻孔能代表所要查明的含水层，钻孔附近的地下水流为稳定流，呈层流运动。根据已有等水位线图或三点孔资料，确定地下水流动方向后，在上、下游设置投剂孔和观测孔来实测地下水流速。为了防止指示剂（示踪溶剂）绕过观测孔，可在其两侧0.5～1.0m各布置一辅助观测孔。投剂孔与观测孔的间距决定于岩石（土）的透水性。

二、抽水试验

（一）抽水试验的目的

岩土工程勘察中抽水试验的目的通常为查明建筑场地的地层渗透性和富水性，测定有关水文地质参数，为建筑设计提供水文地质资料，用单孔（或有1个观测孔）稳定流抽水试验。因为现场条件限制，也常在探井、钻孔或民井中用水桶或抽水筒进行简易抽水试验。

（二）抽水试验的方法

1.抽水孔

钻孔适宜半径$r \geqslant 0.01M$（M为含水层厚度），或者利用适宜半径的工程地质钻孔。抽水孔深度的确定与试验目的有关。若以试验段长度与含水层厚度两者关系而言，有完整孔与非完整孔两种情况。为获得较为准确、合理的渗透系数k，以进行小流量、小降深的抽水试验为宜。

2.观测孔

观测孔的布置决定于地下水的流向、坡度和含水层的均一性。一般布置在与地下水流向垂直的方向上，观测孔与抽水孔的距离以1~2倍含水层厚度为宜。孔深一般要求进入抽水孔试验段厚度之半。

3.技术要求

（1）水位下降（降深）：正式抽水试验一组进行3个降深，每次降深的差值宜大于1m。

（2）稳定延续时间和稳定标准：稳定延续时间是指某一降深下，相应的流量和动水位趋于稳定后的延续时间。岩土工程勘察中稳定延续时间一般为8~24h。稳定标准为在稳定时间段内，涌水量波动值不超过正常流量的5%，主孔水位波动值不超过水位降低值的1%，观测孔水位波动值不超过2~3cm。若抽水孔，观测孔动水位与区域水位变化幅度趋于一致，则为稳定。

（3）稳定水位观测：试验前对自然水位要进行观测。一般地区1h测定1

次，3次所测水位值相同，或4h内水位差不超过2cm者，即为稳定水位。

（4）水温和气温的观测：一般每2～4h同时观测水温和气温1次。

（5）恢复水位观测：一般地区在抽水试验结束后或中途因故停抽时，均应进行恢复水位观测，通常以1min、3min、5min、10min、15min、30min……按顺序观测，直至完全恢复。观测精度要求同稳定水位的观测。水位渐趋恢复后，观测时间间隔可适当延长。

（6）动水位和涌水量的观测：动水位和涌水量同时观测，主孔和观测孔同时观测。开泵后每5～10min观测1次，然后视稳定趋势改为15min或30min观测1次。

（三）注意事项

（1）为测定水文地质参数（渗透系数、给水度等）的抽水试验，应在单一含水层中进行，并应采取措施避免其他含水层的干扰。试验地点和层位应有代表性，地质条件应与计算分析方法一致。

（2）单孔抽水试验时，宜在主孔过滤器外设置水位观测管，不设置观测管时，应估计过滤器阻力的影响。

（3）承压水完整井抽水试验时，主孔降深不宜超过含水层顶板，超过顶板时，计算渗透系数应采用相应的公式。

（4）潜水完整井抽水试验时，主孔降深不宜过大，不得超过含水层厚度的1/3。

（5）降落漏斗水平投影应近似圆形，对椭圆形漏斗宜同时在长轴方向和短轴方向上布置观测孔；对傍河抽水试验和有不透水边界的抽水试验，应选择适宜的计算公式。

（6）正规抽水试验宜3次降深，最大降深宜接近设计动水位。

（7）非完整井的抽水试验应采用相应的计算公式。

（四）抽水试验的仪器设备

抽水试验的设备仪器是根据抽水试验的目的、方法和精度来选择的，同时还要考虑所要研究的地下水流和含水层特征。岩土工程勘察中稳定流抽水试验或简易抽水试验设备仪器如下。

（1）抽水设备：水桶、抽水筒、水泵（离心泵、射流泵、潜水泵、深井泵）、空压机（电动式空压机、柴油动力式空压机）。

（2）过滤器：砾石过滤器、缠丝（包网）过滤器、骨架过滤器。从材质上区分有混凝土过滤器、尼龙塑料类过滤器、铸铁过滤器、钢及不锈钢过滤器。

（3）水位计：测钟、电测水位计（浮漂式、灯显式、音响式、仪表式等），浮子式自动水位仪、测量水头用的套管架接水头测量仪、压力表（计）水头测量仪。

（4）流量计：三角堰、梯形堰、矩形堰、量筒、流量箱、缩径管流量计、孔板流量计。

（5）水温计：温度表、带温度表的测钟、热敏电阻测温仪、水温仪。

三、压水试验

（一）压水试验的目的和方法

1.压水试验的目的

岩土工程勘察中的压水试验主要是为了查明天然岩（土）层的裂隙性和渗透性，为评价岩体的渗透特性和设计防渗措施提供基本资料。

2.压水试验的方法

根据试验方法的不同，压水试验可以按不同的方式进行划分，主要有4种：按试验段划分为分段压水试验、综合压水试验和全孔压水试验；按压力点划分为一点压水试验、三点压水试验和多点压水试验；按试验压力划分为低压压水试验和高压压水试验；按加压的动力源划分为水柱压水法、自流式压水法和机械压水法试验。

（二）压水试验的仪器设备

压水试验的仪器设备包括测量压力的压力表、压力传感器、流量计和水位计等，量测设备应符合下列要求：

（1）压力表应反应灵敏，卸压后指针回零，量测范围应控制在极限压力值的1/3～3/4。

（2）压力传感器的压力范围应大于试验压力。

（3）流量计应能在1.5MPa压力下正常工作，量测范围应与水泵的出力相匹配，并能测定正向和反向流量。

（4）宜使用能测量压力和流量的自动记录仪进行压水试验。

（5）水位计应灵敏可靠，不受孔壁附着水或孔内滴水的影响，水位计的导线应经常检测。

（6）试验用的仪表应专门保管，并定期进行检查、标定。

（三）现场钻孔压水试验

1.试验程序

现场试验工作应包括洗孔、设置栓塞隔离试验段，水位测量、仪表安装、压力和流量观测等步骤。试验开始时，应对各种设备、仪表的性能和工作状态进行检查，发现问题应立即处理。

2.洗孔

（1）洗孔应采用压水法，洗孔时钻具应下到孔底，流量应达到水泵的最大出水量。

（2）洗孔应洗至孔口回水清洁，肉眼观察无岩粉时方可结束。当孔口无回水时，洗孔时间不得少于15min。

3.试验段隔离

（1）下栓塞前应对压水试验工作管进行检查，不得有破裂、弯曲，堵塞等现象。接头处应采取严格的止水措施。

（2）采用气压式或水压式栓塞时，充气（水）压力应比最大试验段压力大0.2～0.3MPa，在试验过程中充气（水）压力应保持不变。

（3）栓塞应安设在岩石较完整的部位，定位应准确。

（4）当栓塞隔离无效时，应分析原因，采取移动栓塞，更换栓塞或灌制混凝土塞位等措施。移动栓塞时只能向上移，其范围不应超过上一次试验的塞位。

4.水位观测

（1）下栓塞前应首先观测1次孔内水位，试验段隔离后，再观测工作管内水位。

（2）工作管内水位观测应每隔5min进行1次。当水位下降速度连续2次均小于5cm/min时，观测工作即可结束。

（3）在工作管内水位观测过程中如发现承压水时，应观测承压水位。当承压水位高出管口时，应进行压力和涌水量观测。

5.压力和流量观测

（1）在向试验段送水前，应打开排气阀，待排气阀连续出水后，再将其关闭。

（2）流量观测前应调整调节阀，使试验段压力达到预定值并保持稳定。

（3）流量观测工作应每隔1～2min进行1次。当流量无持续增大趋势，且5次流量读数中最大值与最小值之差小于最终值的10%，或最大值与最小值之差小于1L/min时，本阶段试验即可结束。

（4）将试验段压力调整到新的预定值，重复上述试验过程，直到完成该试验段的试验。

（5）在降压阶段，如出现水由岩体向孔内回流现象，应记录回流情况。待回流停止，流量达到规定的标准后方可结束本阶段试验。

（6）在试验过程中，应对附近受影响的泉水、井水、钻孔水位进行观测。

（7）在压水试验结束前，应检查原始记录是否齐全、正确，发现问题必须及时纠正。

四、注水试验

钻孔注水（渗水）试验是野外测定岩（土）层渗透性的一种比较简单的方法，其原理与抽水试验相似，仅以注水代替抽水。钻孔注水试验通常用于地下水位埋藏较深，不便于进行抽水试验的地区；在干的透水岩（土）层，常使用注水试验获得渗透性资料。

钻孔注水试验包括常水头法渗透试验和变水头法渗透试验，常水头法适用于砂、砾石、卵石等强透水地层；变水头法适用于粉砂、粉土、黏性土等弱透水地层。变水头法又可分为升水头法和降水头法。

钻孔常水头注水试验是在钻孔内进行的，在试验过程中水头保持不变。根据试验的边界条件，分为孔底进水和孔壁与孔底同时进水两种。

（1）造孔与试验段隔离：用钻机造孔，按预定深度下套管，如遇地下水位时，应采取清水钻进，孔底沉淀物厚度不得大于5cm，同时要防止试验土层被扰动。钻至预定深度后，采用栓塞或套管塞进行试段隔离，确保套管下部与孔壁之间不漏水，以保证试验的准确性。对孔底进水的试段，用套管塞进行隔离，对孔壁、孔底同时进水的试段，除采用栓塞隔离试验段外，还要根据试验土层种类，决定是否下入护壁花管，以防孔壁坍塌。

（2）流量观测及结束标准：试验段隔离以后，用带流量计的注水管或量筒向套管内注入清水，使管中水位高出地下水位一定高度（或至管口）并保持固定，测定试验水头值。保持试验水头不变，观测注入流量。开始按1min、2min、2min、5min、5min，以后均按5min间隔记录1次流量，并绘制流量—时间曲线。直到最终的测读流量与最后2h内的平均流量之差不大于10%时，即可结束试验。

钻孔降水头与钻孔常水头注水试验的主要区别是在试验过程中，试验水头逐渐下降，最后趋近于零。根据套管内试验水头下降速度与时间的关系，计算试验土层的渗透系数。它主要适用于渗透系数比较小的黏性土层。

钻孔降水头注水试验设备、钻孔要求与钻孔常水头方法相同。流量观测及结束标准：试段隔离后，向套管内注入清水，使管中水位高出地下水位一定高度（或至套管顶部）后，停止供水，开始记录管内水头高度随时间的变化，直至水位基本稳定。间隔时间按地层渗透性确定，一般按1min、2min、2min、5min、5min记录，以后均按5min间隔记录1次，并绘制流量与时间关系曲线。最后根据水头下降速度，一般可按30~60min间隔进行，对较强透水层，观测时间可适当缩短。在现场采用半对数坐标纸绘制水头下降比与时间的关系曲线，当水头与时间关系呈直线时，说明试验正确，即可结束试验。

第七章　水资源与水环境评价

　　水资源量的调查与评价是水资源研究的基本内容之一，也是水资源规划、水资源开发利用和保护、水资源管理等有关研究的基础工作。水资源量调查与评价的目的在于查清水资源的数量及其时空变化规律，为国民经济建设的宏观决策提供科学依据。水资源量调查与评价的主要内容包括：地表水资源量的调查与评价；地下水资源量的调查与评价；水资源总量的计算和水量平衡分析。

第一节　水资源调查与评价概述

一、水资源调查与评价的发展概况

　　联合国于1977年在阿根廷马德普拉塔（Mar Del Plata）召开的世界水会议的第一项决议中指出：没有对水资源的综合评价，就谈不上对水资源的合理规划与管理。并号召各国要进行一次专门的国家水平的水资源评价活动。这次会议通过了《马德普拉塔行动纲领》，并提出对于为工业、农业、城市生活和水能利用的目的供水而进行的水资源的开发与管理活动，如果不事先对可供水的量和质进行估计，就不可能合理进行。换句话说，水资源评价是保证水资源可持续开发和管理的前提，是进行与水有关的活动的基础。因此，任何国家都应把对国家范围内水资源的评价看作国家的责任，并应关心这种评价的深度是否能适应国家的要求。为此，在联合国水会议的决议中，除要求各国政府积极支持开展一次国家级的水资源评价活动，还要求同时进行评价的技术培训和建立相应机构以利于工作的进行。为此，世界气象组织和联合国教科文组织在联合国管理协调委员会秘书局水资源组的支持下，组织开展了这项工作。这一行动使全球水资源评价活动大大前进了一步。

早期，人们对水资源评价的意义和内容没有现在这样的认识，但为了工作的需要，常以流域为单元进行水量统计工作。如美国早在1840年就对俄亥俄河和密西西比河进行过河川径流量的统计，并在19世纪末和20世纪初编写了《纽约州水资源》《科罗拉多州水资源》《联邦东部地下水》等专著；苏联在1930年起编制的《国家水资源编目》等，还有后来的《苏联水册》等，都是对主要河川径流水量的统计，有的也包括了径流化学成分的资料整理和其他各类水文资料的统计数据。可以将上述这些看作初期的水资源评价活动，其目的是为水资源开发规划设计准备了各类水文资料，包括观测资料系列、统计特征值，也包括各类水文图表及区域水文的研究等。

自20世纪60年代以来，由于水资源问题的突出和大量水资源工程的出现，加强对水资源开发利用的管理和保护被提上日程。1965年，美国国会通过了水资源规划法案，并成立了水资源理事会，开始进行全美国水资源评价工作，并于1968年完成了评价报告。这是美国进行的第一次国家级水资源评价报告。报告对美国水资源的现状和展望进行了研究分析，比较了水资源的供需情况，并研究了水资源的关键性问题，讨论了缺水地区的情况和问题，对美国主要的水资源进行了分区，并提出了到2020年全美国需水展望，即进行了约半个世纪的需水预测。在第一次水资源评价工作完成后，经过10年，即在1978年又开始进行全美国的第二次水资源评价活动。但这一次进行的内容与第一次有较大的差异，即不再把对于天然水资源情况的评价作为重点，而是把重点放在分析可供水量和用水需求上。在这次评价活动中，美国把用水分为河道内用水（如航运和水力发电用水）和河道外用水（如对工业、农业、城市的供水），重新分析了各类用水现状，并对未来进行了展望。在评价中对一些有关水资源的关键性问题进行了专门研究，包括一些地区地表水供水不足、地下水超采、水质污染、洪水灾害、侵蚀、清淤和清淤物的堆置、排水和湿洼地、海湾和河口沿岸水质变坏等问题，都提出了可能的解决途径。

苏联在1960年以后，也开始进行国家水册的第二次修订。这次修订按三部分进行：第一部分是水文知识卷，包括整编过的水文站网全部定点观测资料和野外勘察调查资料；第二部分是主要水文特征值卷，包括全部观测期内各站各类水文资料的统计特征值，如均值、Cv等，这些资料有河水位、湖水位、流量、冰情和热量变化、输沙及含沙量，以及水化学资料等；第三部分为苏联地表水资源卷，此卷是以手册形式编制，内容包括水文图集、不同地理区水文要素情势，以及为水资源工程所需的有关水文要素计算方法的图表和说明等。由于各方面对水资源信息的需要不断增长，苏联开始建立国家水册的新体系，即国家水册的统一自动化信息系统，并建立了地表水、地下水和水资源开发三个子系统，以及三个相互关联的子系统，包括水文原始观测资料的收集、管理和初步整编的子系统，水文观测资料的存储、整编、检索、样本抽取和按照不同要求进行资料整理的子系统，以及向各类用户提供相应水文资料和情报信息的子系统。这些水文信息自动化系统的建立，大大提高了水文为生产建设服务的效率。

中国从20世纪50年代开始进行各大河流域规划时，对有关大河全流域河川径流量进行过系统统计。中国科学院地理研究所曾在20世纪50年代提出过我国东部入海大江大河的年径流量统计。但能提供比较全面系统的全国水文资料及提出统计图表的是由水利水电科学研究院编制并于1963年出版的《全国水文图集》，其中对降水、河川径流、蒸发、水质、侵蚀泥沙等水文要素的天然情况等进行了分析，编制了各种等值线图、分区图表等。这项工作可以看作中国第一次全国性水资源基础评价的雏形，其特点是只涉及水文要素的天然基本情势，未涉及水的利用和污染问题。在这项工作的带动下，不少省、自治区和直辖市也都编制了本地区的水文图集，推动了这项工作的开展。1980年前后，在农业区划工作的带动下，全国又开展了水资源调查评价和水资源利用的调查分析和评价工作。限于当时的条件，与水有关的各部门，如水利电力部、地质矿产部、交通部水运部门等分别独立地进行了评价工作，没有协调一致的成果。水利电力部门曾分两个阶段进行调查分析和议价工作。第一阶段内基本确定了水资源评价的内容和方法，并吸收国外经验，把以统计水文资料为主的基础评价与水的利用和供需展望结合进行，提出了全国水资源调查评价初步成果。初步评价阶段因配合农业初步规划的要求，时间较紧，因此在资料的收集和加工方面来不及细致进行，只能提出轮廓性成果。在第二阶段，由于时间比较充分，全面收集并加工了现有的水文资料，基础工作比较扎实。在这一阶段，由于以水文资料统计为主的基础评价工作和以研究水资源利用和供需问题为主的评价内容由不同单位进行，因此，提出了《中国水资源评价》和《中国水资源利用》两个报告。同时，地质矿产部提出了《中国地下水资源评价》报告，交通部提出了《中国水运资源评价》报告。严格来说，虽然这一阶段各有关部门都提出了全国性的评价成果，但终究各部门提出的成果仍然属于部门级的成果，而不是国家级的成果。因此，1985年，国务院批准建立了全国水资源协调小组，并由各有关部门领导参加，决定提出各部委认可的全国水资源成果，于1987年以协调小组办公室名义，在各部门成果的基础上，提出了《中国水资源概况和展望》报告，内容包括中国水资源的概况及特点，水质和泥沙概况，水能、水运、水产资源概况，水资源利用概况及存在的问题，水资源开发利用展望及供需分析，对城乡供水、农田水利、内河航运、水能利用、水产养殖、防洪、水土保持和水源污染等几个方面分别进行了阐述。报告中还提出了在水资源开发与管理方面的政策性建议。

从有关各国在水资源评价工作的进展过程可以看出，水资源评价的内容随时代的前进而不断增加。从早期只统计天然情况下水资源量及其时空分布特征开始，继而增加为水资源工程规划设计所需要的水文特征值计算方法及参数分析，然后又增加为水资源工程管理及水源保护的内容，特别是对水资源供需情况的分析和展望，以及在此基础上的水资源开发前景展望，逐渐成为主要的内容。因水资源开发而进行的环境影响评价，正在成为人们关注的新焦点。

二、水资源评价的内容和技术要求

按照中华人民共和国行业标准《水资源评价导则》，水资源评价内容包括水资源数量评价、水资源质量评价和水资源开发利用评价及综合评价。本节主要介绍水资源数量评价和水资源质量评价。

水资源评价工作要求客观、科学、系统、实用，并遵循以下技术原则：

（1）地表水与地下水统一评价；

（2）水量、水质并重；

（3）水资源可持续利用与社会经济发展和生态环境保护相协调；

（4）全面评价与重点区域评价相结合。

三、水资源评价要求

（1）水资源评价是水资源规划的一项基础工作。首先应该调查、搜集、整理、分析并利用已有资料，在必要时再辅以观测和试验工作。水资源评价使用的各项基础资料应具有可靠性、合理性和一致性。

（2）水资源评价应分区进行。各单项评价工作在统一分区的基础上，可根据该项评价的特点与具体要求，再划分计算区或评价单元。首先，水资源评价应按江河水系的地域分布进行流域分区。全国性水资源评价要求进行一级流域分区和二级流域分区；区域性水资源评价可在三级流域分区的基础上，进一步进行四级流域分区。另外，水资源评价还应按行政区划进行行政分区。全国性水资源评价的行政分区要求按省（自治区、直辖市）和地区（市、自治州、盟）两级划分；区域性水资源评价的行政分区可按省（自治区、直辖市）、地区（市、自治州、盟）和县（自治县、旗、区）三级划分。

（3）全国及区域水资源评价应采用日历年，专项工作中的水资源评价可根据需要采用水文年。计算时段应根据评价的目的和要求选取。

（4）应根据社会经济发展需要及环境变化情况，每隔一定时期对前一次水资源评价成果进行全面补充修订或再评价。

四、国内外水资源评价的研究现状

地下水是重要的淡水资源，在我国水资源整体分布不一致的地域因素条件下，地下水由于其埋藏属性相对分布均匀，这为其成为我国尤其是北方各省大部分地区的主要供水水源造就了条件；加之地下水相较地表水水质不易受到人类活动的直接影响，绝大多数地下水水质良好，使得其作为水源时质量有所保证；且地下水年内和年际变动量一般不大，调蓄能力较强，一系列因素决定了地下水资源的重要性。然而，在一段时间内，地下水的诸多优点也招致人类无所顾忌地开采，使得本文所述的地下水资源的优势不再明显，这时人类才发现若要继续使用并永久使用地下水资源，就必须合理开发利用资源。只有清楚水资源评价的研究进展及评价方法，明确当前水资源的状况，才能为以后的开采提供指导。

地下水资源评价是指从质量、数量及开发利用条件三方面对地下水进行评价，地下水资源评价的中心内容是数量评价，而质量评价则是水资源数量评价的前提。

（一）国外地下水资源评价研究

鉴于我国对自然科学的多数领域的研究晚于西方国家，对地下水资源评价研究在西方国家也大大早于我国，然而局限于较低的生产力水平，加之地下水研究具有相当高的繁杂性，在1856年之前，人类对地下水始终停留在定性研究上。

1856年，达西（法国）通过砂柱渗水实验发现了达西定律，标志着地下水的研究进入定量研究阶段。1883年，裴布依（法国）提出了裴布依假设，在此基础上推导出了地下水单向流及平面径向稳定井流公式（裴布依公式），虽然仅能用于简单问题，但在水文地质学的研究历程中却是划时代的创举。从20世纪20年代开始，地下水在美国被大量开采作为水源，美国当局开始意识到地下水资源的重要性。20世纪30年代中期，泰斯（美国）推导出承压水中地下水运动的非稳定井流公式（泰斯公式），是地下水运动理论研究新的里程碑。到20世纪50年代，雅各布（C·E.Jacob）和汉图什（MS.Hantush）等提出了存在越流补给条件下的非稳定井流公式，到此，地下水运动的理论研究基本上形成了相对完整的体系。随之又出现了考虑潜水含水层滞后疏干效应的博尔顿（N.SJBoulton）公式、考虑潜水三位流和潜水含水层弹性释水的纽曼（Neuman）公式及非完整井的非稳定流公式，这使得非稳定井流公式得以更加广泛的应用。

20世纪50年代，已经出现了数值模型求解数值解的思想，只是由于计算量过于庞大，其发展受到限制。20世纪60年代，电子科技急速发展，计算机逐渐被用于大规模数据计算，华尔顿首次对水文地质进行了数值模拟。1970—1980年，数值模拟方法的优势被更多的从业人员所发现，越来越多的地下水资源评价项目都采用数值模拟来完成，该法一度成为解决繁杂问题的常用方法。

美国于1968年展开首次全国范围内的水资源评价，之后世界其他国家也陆续模仿美国开展。1988年，UNESCO与WMO联合制定了《水资源评价活动——国家评价手册》，对水资源评价进行明确的定义。随后，1990年的《新德里宣言》、1992年的《都柏林宣言》和1997年第1届水论坛等在全世界范围内强化了人们合理用水、保护水资源的意识。2000年，联合国发布《世界水发展报告》，水资源评价的必要性和实践保护水资源的现实意义逐步得到强化。

（二）国内地下水资源评价研究

如前所述，中国水资源研究在开始时间上较西方发达国家严重脱节，直至20世纪中叶才逐渐起步。然而，中国严重的总水资源量不足和地域分布不均不容我们不奋起直追，因此水资源评价研究方面的进展也十分迅速，各方面基本工作也都尽力完成。我国于1950—1960年，几乎完全统计了全国各地较大型河流的河川径流量；1960—1970年，又统一整编了当时存在的各水文站的基础性资料；进入80年代后，整个国家范围内的水资源评价的全面展开，使全国对水资源现状有了基本的概念和轮廓。在这段水资源评价理论基础发展时期，许多行业内的先进人士提出了许多有见地的理论和实践方法，如贺伟程便明确概括了水资源评价过程的一系列完整的步骤，并明确地下水与地表水、大气降水、包气带水转化关系和评价方法，为后人深入研究奠定了基础。1999年，在《水资源评价导则》指引下形成较完整体系。2001年，"全国水资源综合规划"使人们对如何进行水资源评价有更深的认识。其间，各研究学者相继开展了水资源评价，如畅明琦采用三水转化模型对山西辛泉水资源评价，梁秀娟等开展了吉林省西部地区的水资源评价，并有重点地进行当地的三水（地表水、地下水、土壤水）转化研究。在当代不断践行可持续发展的进程中，人类对水资源评价的细节要求越来越高，故而传统的水资源评价方法由于精细度的欠缺便显得不合当下时宜，伴随而生的是一些新型的评价模型体系，如21世纪初提出基于新安江模型、地表—地下资源评价联合模型的二元动态水循环评价模式等新模型、新方法的提出与应用。因此水资源评价已经由粗陋简单的测量后修正的简单静态形式逐渐演变为"实测—分离—耦合—建模—评价"的多维动态评价的形式。

（三）地下水资源评价方法

1.解析法

解析法，简言之是以地下水运动的基本动力学公式为基础，以偏微分方程的解析解为形式，最终得到允许开采量的结果。虽然解析法的体系已趋于成熟，公式较全面，然而由于公式是简化模型而得，其使用的前提往往苛刻，大多数的实际情况与其前提相去甚远，本应严密、精确的解析解变得与实际情况相差较大，准确解变为近似解。

2.水均衡法

水均衡法的根据是基本的物理定律——质量守恒与能量守恒，具体做法是调查所研究地区在所选取的均衡时段内的各项补给项和排泄项，以及实际的地下水储量变化量，通过水资源均衡方程验证均衡可靠性。确定均衡误差在允许范围内时，即可利用相关项得出允许开采量。水均衡法的关键在于要合理确定水文地质参数以获得准确的均衡项，方法优点是依据可靠、不需要繁杂的微分方程、开展起来迅捷方便，可以在较大范围内使用。水均衡法不仅通过数据显示各均衡项的具体值及其对当地水资源的影响，而且以计算验证均衡可靠性的方式进行自我修正，同时所得结果可作为水资源评价结果，虽然也有准确度上的缺陷，但在当前社会发展阶段该法仍不失为评价地下水允许开采量的佳途。随着问题复杂程度不断升级，不少研究学者对水均衡法进行了改进和补充。Brown L.J 将地下水同位素法融入水均衡方法，使得地下水可持续开采资源量评价的精度大大地提高了。Sophocleous及Frans在原有水均衡方法基础上有所创新，运用Theis（1940）公式中的动态研究方法，由此形成了动态平衡原理，使得水均衡方法克服其一部分缺陷，充分发挥其优势。

水均衡法用于水资源评价适用的情形较多，但由于其不精确的缺陷，范围越小，水循环条件越繁复，各均衡项不确定性越大，则该方法计算的误差越大；且该方法所算得的允许开采量只能作为参考值，不能作为最终规划使用的准确结果。

另外，随着研究者广泛使用水均衡法用于各种不同水文地质条件地区的水资源评价，大家发现了水均衡法受补给量影响的一个缺陷，即如果补给量较之其他均衡项小很多时，补给量极易受到蒸发量微妙变化的杠杆作用而发生极大变化，其可靠性便变得极低。因此，水均衡法又多了一条在气候方面的限制条件。

3.数值模拟方法

数值模拟方法是运用计算机技术将研究区进行剖分，对剖分单元内进行均衡计算。常用的数值模拟法有边界元法、有限差分法、有限元法、有限体积法等模拟方法。数值模拟方法计算理论与方法比较严谨，可以适应数据耦合、模拟连续性、时空剖分方法等多个方面的变化。

现阶段,较普遍使用的地下水模拟模型有: MODFLOW、FEMWATER、GMS、BREATH 和 SWIM 等。地下水模拟系统（Groundwater Modeling System），简称

GMS，是一个功能齐全的、方便可视化的、汇集各模拟模块的图形界面软件。GMS 软件不仅可以模拟地下水流场，用以计算水资源补给和排泄量，而且可以模拟污染物溶质在地下水中的运移过程，用以解决地下水污染预测问题。除 GMS，其他较常用的模拟软件有 MODFLOW、Mod。IME 和 Visual Modflow，但与 GMS 相比，这些软件或在功能项上有所欠缺，或在具体模拟过程中不尽完善。

数值模拟方法的优点在于与实际境况差别小，所得结论可以可视化呈现，数据可以直接呈现等；然而，研究区差异参数概化处理导致的误差是数值模拟的主要缺陷，使得所做出的结果出现模型与实际差别较大，模拟过程分散而效率低下，以及模拟过程与基础性调查严重不契合等现象。

详细分析水资源评价的研究进展，不难发现中国水资源研究在开始时间上较西方发达国家严重脱节，直至20世纪中叶才逐渐起步，最后经过几代人的努力提出了类似于"实测—分离—耦合—建模—评价"的多维动态评价方法。这里仔细分析了解析法、水均衡法、数值模拟方法等地下水评价方法的优缺点。水均衡法和数值模拟方法虽然各存在一定的缺陷，但两者仍是目前地下水资源评价最广泛应用的方法。

第二节　水资源调查与水质调查

一、水资源调查

水资源调查也称为水资源基础评价，是水资源评价活动中的基础性工作，包括对评价范围内的水文、水文气象、水文地质等基本资料的统计、分析、系统整理、图表化等工作。

水资源基础评价活动只能在一定条件下进行。这些条件主要指：所评价的区域内是否有足够的水文和气象站网，是否都积累有一定长度的观测资料系列，对各类水文资料的整编或分析技术能力及水平是否够用，对区域内地形、地质、地貌、土壤、植被及土地利用的情况是否已调查过并具有可用的水平，有关的已有成果（如各类地图、专用图、等值线图和图表、整编资料或资料库等）是否已经具备。关于工作条件的情况，包括进行水资源评价活动的组织形式、人员保证、技术水平和设备经费保证等。

　　进行水资源基础评价需要首先制定评价工作大纲，包括明确评价目的、评价范围、需进行的项目、各类资料的收集标准和评价方法、预期成果等。基础评价大纲中还应对其进行评价的组织措施（包括进行的方式、人员技术培训、对评价工作中主要环节的研究及试点，以及为保证评价工作顺利进行的有关人力、物力的安排及支援，还有工作进程等）有所交代。

　　评价范围视每次的评价目的而定。一般为进行国家级水平的全国水资源评价的范围就是一个国家的国土范围。联合国水会议号召各国进行的就是国家级水平的水资源评价。在进行全国水资源评价时，各类评价指标均只在国界范围以内定值。根据某一特定目的，水资源评价也可在某一特定区域内进行，即可不限于行政区划或流域界，例如，对我国华北地区或西南地区进行评价。通过国际间的协作，也可超越国界的范围，在某一跨国区域，包括各大洲以至全球进行水资源评价。按行政区划进行水资源评价的方法，包括按国界或按国以下的行政单位，如省、州等，既便于按行政系统组织技术力量进行工作，又可提供一个行政管辖范围内的水资源基本情况，供行政领导机关做宏观决策时的参考和依据，因而工作可得到有力支持。

　　在水资源基础评价中，评价项目主要针对水文循环的各有关要素，如降水、河川径流、土壤水、地下水、蒸发等。通常以年为单位收集上述要素的逐年资料，然后进行统计，以取得水文循环各要素特征的相关数据，如多年平均年（或季、月）值、相应变差系数 C_v 值等，并做出各有关特征值等值线图或分区图等。河川径流量是水资源量的主要组成部分，但由于流域中用水情况的存在，在处理河川径流资料时须对已有的观测资料系列中各年用水情况进行调查，并根据测流断面以上流域内用水量（指河道外用水）进行逐年资料的还原，以恢复不受用水干扰的"天然"径流系列，然后再进行有关统计参数的估计。在用水还原计算方法中，往往缺少历年特别是距今较久年份的实际用水记录，而不得不采用各类用水指标来估算用水量，这样做有时与实际情况差别较大，必须进行充分核对。

为使水资源评价的精度一致，在对水文循环各要素的资料系列进行统计时，最好在有条件时各站都采用统一观测期内的同步资料系列。例如，在我国20世纪80年代初期进行的全国水资源评价中，无论对降水还是年径流，均采用1956—1979年共24年的资料系列，虽然其中不乏有许多站的资料系列长于24年，对其本站来说，使用较长一点的资料系列可取得更好的精度和代表性，但这样做会使参数因各站资料系列长度不同而对面上的一般规律反映不准确。因此为使求得的精度一致，各站统一采用同期资料系列，虽然会舍弃一些资料，也会舍弃一些资料长度不足的测站，但求得的面分布规律更客观，代表性更好。

在河川径流量的统计中，对于境外来的入境水量，有两种不同的统计方法：一种是不计由境外流入的水量，即对某一评价范围内的水资源，只计其在这个范围内的产水量，而由境外流入的水量则扣除；另一种方法是把由境外流入境内的水量也算入境内的水资源量，因为这些水已经进入了可以使用的范围内。

为便于反映更大区域（如大洲）的水资源量情况，只计算境内水量较好，否则在进行大区统计时就会产生重复计算问题。还有一种情况，对于有贯穿于本评价范围内的大河，既有入境，也有出境，如欧洲的莱茵河、多瑙河等；在我国，有的省有黄河或长江的大河贯穿其中，这时就应计算入境水量，也要扣除出境水量。

根据地下水观测资料所知，埋藏于地表面以下的地下水有两种：一种埋藏较深，由不透水层和地表面隔开，和大气降水的水力联系较弱，或者很弱，在年水文循环周期中几乎得不到新的补充，除非在人工开采的情况下，也极少有通过地面蒸发损失的可能。通常将这类地下水称为深层地下水。这类地下水有的可深藏于地下几十米、几百米甚至几千米之下，虽然总储量不小，但因不能受每年降水的天然更新补充，不参与或很少参与年水文循环，一旦取用则只有消耗而极少补充，因而在进行水资源评价活动中常不计入这种深层地下水资源。另一种地下水在地面以下埋藏较浅，由地下含水层到地面而无隔水层阻断，地下水既可通过潜水蒸发消失于大气中，大气降水又可直接渗入并补给地下水。这部分地下水直接参与水文循环，一旦取用还可以重新获得更新补充，习惯上称这部分地下水为浅层地下水，是参加全球水平衡计算和作为水资源评价的要素之一。浅层地下水资料的取得主要是通过地下水位观测井测量地下水位的时程和空间变化。这种观测多用于平原地区和山间盆地，而山丘区的浅层地下水则绝大部分在非降雨期内以河川径流的形式补给河流，因而与河川径流量计算重复。但只凭地下水观测井的观测资料来估算地下水，因受观测点的限制，不能得出浅层地下水的全貌，通常还需要通过在大面积范围内对降水入渗和水平衡的分析，为此需要在一些有代表性的点上进行地下水动态观测和抽水试验等，对有关水文地质参数，如给水度、降水入渗补给系数、潜水蒸发系数、地表水体渗漏补给系数及有关水力学参数等进行分析，以求得浅层地下水年入渗补给量，从而估计地下水年资源量。

对于蒸发项，通常直接测量资料多为各蒸发站水面蒸发观测资料。水面蒸发量又称蒸发能力，主要通过蒸发皿直接观测，但所得资料需经折算，才能得到当地的自然蒸发能力。这种由蒸发皿测得的水面蒸发资料，随蒸发皿的口径、水深和安置方式不同而有变化。不同型号和口径的蒸发皿观测到的水面蒸发资料换算成大水体水面蒸发量的折算系数并不一致。

在全球水平衡中需要的蒸发项并不仅仅是蒸发能力，对于广大陆面来说，需要知道通过陆地表面蒸发掉而进入大气的水分，即陆面蒸发，或称陆面蒸散发。陆面蒸发是一项综合性的指标，不仅与地表各种形态的表层物（包括岩石、土壤、裸土、各类植被、道路、城市铺砌及陆面水体）都有关，而且和通过这些表层物可能供给的水分的多少有关，且多无法取得直接的观测资料。对一些单项地貌条件，可通过各种形式的经验公式求得，这类公式多考虑了风速、温度、湿度等因素，但不同公式的计算结果可能差别很大。在一般分析中常采用水平衡办法，即蒸发为降水深减去同一点上径流深的方式估计。

在进行水平衡分析时，降水、径流和水面蒸发一般尽量采用同期观测资料系列，或至少降水和径流采用同期系列进行分析，以使所求得的陆面蒸发时空变化规律较科学合理。

在对各类资料进行分析计算前，应当对这些资料的获取情况进行了解，包括资料的观测方法及精度、在资料观测期内资料数据是否受到自然或人为的干扰、站点的分布是否合理等。对发现的问题要尽量予以澄清，包括必要的实地调查及进行合理性检查等。对于因受流域内水工程影响而致河川径流天然情势受到干扰的情况，应进行必要的修正后再用于统计。

除水文气象资料，为进行水资源评价活动还需要收集评价范围内的自然地理资料，包括地形、地质、地貌及土壤、土地利用和地表覆盖资料。收集自然地理资料的目的在于这些资料可用于解释水文循环诸要素时空变化的原因，以及用于对无资料地区的水文循环要素进行内插，对由于用水及流域情况发生变化的情况下水资源特征可能出现的变化进行预估，以及用于对水资源开发的代价进行估计等。自然地理资料中除土地利用及土地铺砌资料，其余都可视为不随时间变化的因素。对于地形资料一般应搜集地形图，水资源评价通常用1：250000或1：100000比例尺的地形图，若研究范围是流域面积小于1000km²的河流，也可能需要用1：100000或更大比例尺的地形图。地形图和地貌的资料主要用于确定径流系数和入渗系数。这些资料中应包括河网资料及主要河流断面资料。地质资料包括地下水含水层的孔隙率、渗透与传导能力及地质化学资料等。土壤特性资料包括土壤类型、覆盖层厚度、矿物组成、颗粒级配、入渗和渗透特性、孔隙率、滞水特性、黏滞性和侵蚀特性等。

土地利用和地表覆盖特性多反映在当地水文气象条件中，但土地利用和地表覆盖（铺砌）常随时间而变化，且这种变化有渐变和突变两种形式。渐变是随社会的发展和人口的增加而出现的变化，突变则常因天灾（如森林大火、火山爆发）或因人的因素（如大规模砍伐森林、开荒运动、新城市建设、工矿开发等）所引起，出现这种变化时必须对有关水文情势进行修正。因此，对土地利用和地表覆盖资料应当定期进行复查，以取得最近的第一手资料。

在有条件时，对上述水文、气象、自然地理资料等最好经过初步整理后，通过计算机建立必要的资料库，以备进行本次评价使用，且便于当今后资料继续增加或资料条件有所改进（如站点密度增加）时减少工作量。

二、水质调查

水质调查是为了解水体水质及其影响因素，对水体进行的现场勘察、采样分析和资料收集工作。水质调查分为一般性水质调查和专业性水质调查。

一般性水质调查着重收集现有资料，以了解水体水质历史及现状为主，通常调查面较广，深度较浅，是目前常见的水质调查方式，属于水资源保护前期工作，可为制订水质监测计划、评价水质现状、进行水体污染防治科学研究及管理等提供基本资料。专业性水质调查常是为某种特定目的而进行的，一般历时较长，以便获得系统的数据资料，了解水体水质变化规律及影响因素。专业性水质调查常由专业人员进行，必要时可在现场设置固定观测点，对水体的水质、底质和水生生物进行连续观测分析。

水质调查多采取现场勘察与资料收集相结合的方式。在进行调查时，可携带必要的仪器和器具，如水质速测仪和采样器等，一些水质参数，如pH、水温、浊度、电导等，可在现场测定；一些水生生物，可在现场采集、观察，必要时也可采集水、底质和生物样品等，带回实验室进行分析鉴定。

1.自然环境基本特征的调查

水与其他自然要素相互作用，相互影响，共同构成了一个有机的综合体。水质状况如何，也受到其他各自然地理要素的作用和影响。因此，研究水质有必要对其自然环境状况进行深入的了解。自然环境基本特征调查的内容包括地质、地貌、气候、水文、土壤、植被等自然地理各要素和综合自然地理特征。

2.环境背景值的调查

环境背景值是指未受到人为污染的水、岩石、土壤和生物样品中污染物质的自然含量，亦称天然本底值。环境背景值调查研究的目的在于查清自然状况下污染物的含量、分布、迁移、转化规律，制定区域环境标准。由此可见，环境背景值的调查是水质分析评价工作中的一项基础工作。

环境背景值调查是一项难度较大的工作，原因是现代环境中很难找到未受人类影响的区域，而且各环境要素在时空上是非均质的，加之环境背景值一般很低，含量在$10^{-5} \sim 10^{-11}$g/L，属于痕量、超痕量分析之列，对分析仪器的要求很高。因此，在整个环境背景值的调查研究过程中必须高度注意质量保证措施。质量保证的主要内容包括方法的统一性、采样点布设的合理性、采集样品的代表性、样品分析数据的可靠性、数据处理的科学性和背景图编绘的精确性与客观性。

3.污染源调查

水体污染源的类型很多，从不同的角度可对其进行不同的分类。根据污染物质的来源和性质不同，可以把水体污染源分为自然污染源和人为污染源，其中后者又可细分为工业污染源、农业污染源、生活污染源和交通运输污染源四类；按污染源的形态可将其分为点状污染源、线状污染源和面状污染源。

水体污染源调查的内容很广，不同类型的污染源具有不同的特点，调查的内容也不尽相同。另外，调查的目的不同，调查的深度和广度也不一样。

工业污染源调查以调查区域内所有工矿企业单位和事业单位中的生产试验场所为对象，调查区域可按行政分区、自然分区、经济分区、行业分类来确定。工业污染源的调查内容主要有企业环境状况、企业基本情况、生产工艺及其排污情况、能源、水源和原材料情况、辅助材料情况、污染治理情况、污染危害状况、生产发展情况等。农业污染源调查的内容主要是化肥和农药的使用情况及污染危害状况。生活污染源调查的内容主要有城市居民人口、城市居民用水排水情况、城市垃圾情况等。

水体污染源的调查有普查和详查两种方法。普查主要采用社会调查或各单位自查，填报统一表格的方式进行普查，目的在于确定重点调查对象和概算本区域（或水系）内污染物排放总量。详查即重点污染源的调查，是在普查的基础上选择对区域内水体污染有较大影响的单位进行深入、详细而全面的调查。通过详查找出重点污染源的空间分布特征，污染物的排放地点、方式、强度、规律，污染物的性质及其对水质的影响。

第三节　水资源的分区

由于影响河流径流有许多因素，如气象因素、流域下垫面因素等，具有地域性分布变化的规律，致使水资源相应地呈现地域性分布的特点。也就是说，在相似的地理环境条件下，水资源的时空变化具有相似性；反之，在不同的地理环境条件下，水资源的时空变化往往差别很大。因此，在进行水资源评价时，水资源分区显得十分重要。

一、水资源的分区原则

（1）区域地理环境条件的相似性与差异性。河流水文现象所具有的地域性分布规律，是建立在地理环境条件相似性与差异性之上的，是多种因素相互影响下长期发展演变的结果，因而具有相对的稳定性与继承性。例如，长江三角洲地区与黄土高原地区相比较，两者之间自然地理条件差异很大，社会经济条件亦明显不同，但各自区域内部的气候、水文、植被及社会经济条件，具有相似性。这种区域地理环境条件的相似性与差异性为各自然区划、经济区划提供了前提条件，也成为水资源分区必须遵循的重要原则。

（2）流域完整性。水资源分析计算需要大量的江河、湖泊水文观测资料，而水文现象的观测及资料的分析整编，通常是以流域为单元进行的。此外，各种水利工程设施的规划、设计与施工（包括水资源开发利用工程），也往往是以流域为单位组织实施的，因此水资源分区应尽可能保持流域的完整性。

（3）考虑行政与经济区划界线。水资源分区除了考虑自然因素，还必须考虑各部门对水资源综合开发利用与水资源保护的要求。各级职能机构，包括水利机构、国民经济计划管理单位、工矿企业用水单位等，均按行政区划或经济区划等级来系统设置。即使是水文气象监测单位的设置及资料的整编，除按流域分设，同时也按行政区划考虑。而水资源的供需平衡更与国民经济发展计划密切联系，不能脱离行政区划。因此，在实际工作中，除了要遵循流域完整性原则，还必须考虑行政区划与经济区划的界线。

（4）与其他区划尽可能协调。水资源评价涉及多个领域及部门，与其他自然区划、水利区划、流域规划、供水计划等紧密相关，许多分析数据需要其他区划提供，水资源的供需平衡分析更要与流域规划、国民经济发展计划、各部门用水需要相联系。因此，水资源分区如能与其他分区协调一致，既可为水资源分析评价工作提供方便条件，又可提高水资源评价的实用价值，使评价结果便于应用。

二、水资源的分区方法

进行水资源评价，首先需要进行水资源分区。根据各地的具体自然条件，按照上述原则对评价范围进行一级或几级分区。常用的分区方法有以下几种：

（1）根据各地气候条件和地质条件分区。可以根据各地的气候条件和地质条件对评价区进行分区，如将评价区分为湿润多沙区、湿润非多沙区、干旱多沙区和干旱非多沙区，或仅根据气候条件分为湿润区、半湿润区、半干旱区和干旱区等。

（2）根据天然流域分区。由于河流径流量是水资源的主要部分，因此通常以各大河流天然流域作为一级分区，然后参考气候和地质条件再进行次一级的分区。

（3）根据行政区划分区。可以按照行政区划进行行政分区，如全国性水资源评价可按省（自治区、直辖市）和地区（市、自治州、盟）两级划分，区域性水资源评价可按省（自治区、直辖市）、地区（市、自治州、盟）和县（市、自治县、旗、区）三级划分。

第四节 地表水资源评价内容、要求及方法

按照中华人民共和国行业标准《水资源评价导则》的要求，地表水资源数量评价应包括下列内容：

（1）单站径流资料统计分析。

（2）主要河流（一般指流域面积大于5000km²的大河）的年径流量计算。

（3）分区地表水资源数量计算。

（4）地表水资源时空分布特征分析。

（5）入海、出境、入境水量计算。

（6）地表水资源可利用量估算。

（7）人类活动对河川径流的影响分析。

单站径流资料的统计分析应符合下列要求：

（1）凡资料质量较好、观测系列较长的水文站均可作为选用站，包括国家基本站、专用站和委托观测站，各河流控制性观测站为必须选用站。

（2）受水利工程、用水消耗、分洪决口影响而改变径流情势的观测站，应进行还原计算，将实测径流系列修正为天然径流系列。

（3）统计大河控制站、区域代表站历年逐月的天然径流量，分别计算长系列和同步系列年径流量的统计参数；统计其他选用站的同步期天然年径流量系列，并计算其统计参数。

主要河流年径流量计算：选择河流出山口控制站的长系列径流量资料，

分别计算长系列和同步系列的平均值及不同频率的年径流量。

分区地表水资源量计算应符合下列要求：

（1）针对各分区的不同情况，采用不同方法计算分区年径流量系列。

当区内河流有水文站控制时，根据控制站天然年径流量系列，按面积比修正为该地区年径流系列；在没有测站控制的地区，可利用水文模型或自然地理特征相似地区的降雨径流关系，由降水系列推求径流系列；还可通过绘制年径流深等值线图，从图上量算分区年径流量系列，经合理性分析后采用。

（2）计算各分区和全评价区同步系列的统计参数和不同频率的年径流量。

（3）应在求得年径流系列的基础上进行分区地表水资源量的计算。

入海、出境、入境水量的计算应选取河流入海口或评价区边界附近的水文站，根据实测径流资料，采用不同方法换算为入海断面或出、入境断面的逐年水量，并分析其年际变化趋势。

地表水资源时空分布特征分析应符合下列要求：

（1）选择集水面积为300～5000km^2的水文站（在测站稀少地区可适当放宽要求），根据还原后的天然年径流系列，绘制同步期平均年径流深等值线图，以此反映地表水资源的地区分布特征。

（2）按不同类型自然地理区选取受人类活动影响较小的代表站，分析天然径流量的年内分配情况。

（3）选择具有长系列年径流资料的大河控制站和区域代表站，分析天然径流的多年变化。

地表水资源可利用量估算应符合下列要求：

（1）地表水资源可利用量是指在经济合理、技术可能及满足河道内用水并顾及下游用水的前提下，通过蓄、引、提等地表水工程措施可能控制利用的河道外一次性最大水量（不包括回归水的重复利用）。

（2）某一分区的地表水资源可利用量不应大于当地河川径流量与入境水量之和再扣除相邻地区分水协议规定的出境水量。

人类活动对河川径流量的影响分析应符合下列要求：

（1）查清水文站以上控制区内水土保持、水资源开发利用及农作物耕作方式等各项人类活动状况。

（2）综合分析人类活动对当地河川径流量及其时空分配的影响程度，对当地实测河川径流量及其时空分配做出修正。

第五节　地下水资源评价内容、要求及方法

地下水资源数量评价内容包括：补给量、排泄量、可开采量的计算和时空分布特征分析，以及人类活动对地下水资源的影响分析。

在进行地下水资源数量评价之前，应获取评价区以下资料：

（1）地形地貌、地质构造及水文地质条件；

（2）降水量、蒸发量、河川径流量；

（3）灌溉引水量、灌溉定额、灌溉面积、开采井数、单井出水量、地下水实际开采量、地下水动态、地下水水质；

（4）包气带及含水层的岩性、层位、厚度及水文地质参数，对岩溶地下水分布区还应搞清楚岩溶分布范围、岩溶发育程度。

地下水资源数量评价应符合下列要求：

（1）根据对水文气象条件、地下水埋深、含水层和隔水层的岩性、灌溉定额等资料的综合分析，确定地下水资源数量评价中所必需的水文地质参数，主要包括：给水度、降水入渗补给系数、潜水蒸发系数、河道渗漏补给系数、渠系渗漏补给系数、渠灌入渗补给系数、井灌回归系数、渗透系数、导水系数、越流补给系数。

（2）地下水资源数量评价的计算系列尽可能与地表水资源数量评价的计算系列同步，应进行多年平均地下水资源数量评价。

211

（3）地下水资源数量按水文地质单元进行计算，并要求分别计算、评价流域分区和行政分区地下水资源量。

平原区地下水资源数量评价应分别进行补给量、排泄量和可开采量的计算。

（1）地下水补给量包括降水入渗补给量、河道渗漏补给量、水库（湖泊、塘坝）渗漏补给量、渠系渗漏补给量、侧向补给量、渠灌入渗补给量、越流补给量、人工回灌补给量及井灌回归补给量。沙漠区还应包括凝结水补给量。各项补给量之和为总补给量，总补给量扣除井灌回归补给量为地下水资源量。

（2）地下水排泄量包括潜水蒸发量、河道排泄量、侧向流出量、越流排泄量、地下水实际开采量，各项排泄量之和为总排泄量。

（3）计算的总补给量与总排泄量应满足水量平衡原理。

（4）地下水可开采量是指在经济合理、技术可行且不发生因开采地下水而造成水位持续下降、水质恶化、海水入侵、地面沉降等水环境问题和不对生态环境造成不良影响的情况下，允许从含水层中取出的最大水量，地下水可开采量应小于相应地区地下水总补给量。

平原区深层承压地下水的补给、径流、排泄条件一般很差，不具有持续开发利用的意义。需要开发利用深层地下水的地区，应查明开采含水层的岩性、厚度、层位、单位出水量等水文地质特征，确定出限定水头下降值条件下的允许开采量。

山丘区地下水资源数量评价可只进行排泄量计算。山丘区地下水排泄量包括河川基流量、山前泉水出流量、山前侧向流出量、河床潜流量、潜水蒸发量和地下水实际开采净消耗量，各项排泄量之和为总排泄量，即为地下水资源量。

第六节 水环境质量评价

为表示某一水体水质污染情况，常利用水质监测结果对各种水体质量进行科学的评定，即水质评价。水质污染是随着工业发展和世界人口增长同时出现的。自20世纪50年代以来，世界上一些河流水质日趋恶化，水生物生存和发展受到影响，用水安全得不到保证，水资源供需矛盾加剧，水质问题越来越受到人们的重视，水质评价工作也随之发展起来。20世纪初，德国开始利用水生生物评价水质，随后，英国提出以化学指标对水质进行分类。20世纪60年代以后，各国相继提出了各类水质综合评价指数的数学模型。我国自1973年以来，在一些大中城市、流域及海域陆续开展了环境质量评价工作；1974年，提出了综合污染指数；1975年，提出了水质质量系数；1977年以来，又不断完善了水体质量评价指数系统，并就质量评价与污染治理的关系进行了深入研究。但这不能表示出水质总的污染情况。如何能综合各种污染物质有代表性地从整体上评价水质受污染的程度，即如何从各种水质参数简单量的概念出发，通过综合分析来求得从整体上说明水质是否受到污染、污染的程度和广度等定量指标，则还在探索之中。

一、水质评价的分类

水质评价分类：水质评价按时间分，有回顾评价、预断评价；按水体用途分，有生活饮用水质评价、渔业水质评价、工业水质评价、农田灌溉水质评价、风景和游览水质评价；按水体类别分，有江河水质评价、湖泊（水库）水质评价、海洋水质评价、地下水水质评价；按评价参数分，有单要素评价和综合评价；对同一水体又可分别对水、水生生物和底质进行评价。

二、水质评价步骤

水质评价步骤一般包括提出问题、污染源调查及评价、收集资料与水质监测、参数选择和取值、选择评价标准、确定评价内容和方法、编制评价图表和报告书等。

1.提出问题

提出问题包括明确评价对象、评价目的、评价范围和评价精度等。

2.污染源调查及评价

查明污染物排放地点、形式、数量、种类和排放规律，并在此基础上，结合污染物毒性，确定影响水体质量的主要污染物和主要污染源，做出相应的评价。

3.收集资料与水质监测

水质评价要收集和监测足以代表研究水域水体质量的各种数据。将数据整理验证后，用适当方法进行统计计算，以获得各种必要的参数统计特征值。监测数据的准确性和精确度及统计方法的合理性，是决定评价结果可靠程度的重要因素。

4.参数选择和取值

造成水体污染的物质很多，一般可根据评价的目的和要求，选择对生物、人类及社会经济危害大的污染物作为主要评价参数。常选用的参数有水温、pH、化学耗氧量、生化需氧量、悬浮物、氨、氮、酚、氰、汞、砷、铬、铜、镉、铅、氟化物、硫化物、有机氯、有机磷、油类、大肠杆菌等。参数一般取算术平均值或几何平均值。水质参数受水文条件和污染源条件影响，具有随机性，故从统计学角度看，参数按概率取值较为合理。

5.选择评价标准

水质评价标准是进行水质评价的主要依据，应根据水体用途和评价目的，选择相应的评价标准。对于一般地面水的评价，可选用地面水环境质量标准；海洋评价可选用海洋水质标准；专业用途水体评价，可分别选用生活饮用水卫生标准、渔业水质标准、农田灌溉水质标准、工业用水水质标准及有关流域或地区制定的各类地方水质标准等。对于底质，目前还缺乏统一评价标准，通常可参照清洁区土壤自然含量调查资料或地球化学背景值来拟定。

6.确定评价内容及方法

评价内容一般包括感观性、氧平衡、化学指标、生物学指标等。评价方法的种类繁多，常用的有生物学评价法、以化学指标为主的水质指数评价法、模糊数学评价法等。

7.编制评价图表及报告书

评价图表可以直观地反映水体质量的好坏。图表的内容可根据评价目的确定，一般包括评价范围图，水系图，污染源分布图，监测断面（或监测点）位置图，污染物含量等值线图，水质、底质、水生物质量评价图，水体质量综合评价图等。图表的绘制一般采用符号法、定位图法、类型图法、等值线法、网格法等。评价报告书编制内容包括评价对象、范围、目的和要求、评价程序、环境概况、污染源调查及评价、水体质量评价、评价结论及建议等。

三、水质评价方法

水质综合评价的方法大致可分为直观描述法和模型评价法两大类。直观描述法是根据各种水环境要素的监测因子的实测值与评价标准比较的结果，用检出率、超标率、平均值超标倍数和最大超标倍数等指标，直接描述污染程度，以说明水质现状。这种方法虽然过于简单且具有一定的局限性，但在不能选用合适的评价模型和分级依据从而造成评价工作困难时，仍不失为一种较适用的基本评价方法。自20世纪60年代中期以来，数学模型被用于水质综合评价。该方法是用各种污染物质的相对污染值进行数学的归纳与统计，得出一个较简单的数值，用它来代表水体的污染程度，并以此作为水体污染分级和分类的依据。

（一）污染指数法

将监测值换算成各种形式的污染指数，将其与评价标准值对应的指数值进行比较，这种评价方法称为污染指数法。污染指数有单因子污染指数和综合污染指数两类。前者又称为某污染物的分指数，用于进行单项污染物的评介；后者用于水质综合评价。实质上二者是水质评价的两个步骤。在水质评价中先进行水质的单因子评价，在此基础上再进行水质综合评价。

（二）基于模糊集理论的水质评价模型

水环境质量是多因素影响的反映，水环境系统中污染物质之间存在复杂关系，各种污染物质对水环境质量影响不一，水质分级标准难以统一，对水体质量的综合评价存在模糊性。而模糊综合评价法是在评价中引入模糊性概念，运用模糊数学来处理水质评价问题，对水质评价中的一些模糊性问题进行定量化处理，以反映水资源质量状况的不确定性。

（三）基于灰色系统理论的水质评价模型

部分信息已知、部分信息未知的系统称为灰色系统（Grey System）。灰色系统理论是研究解决灰色系统建模、预测、决策和控制的理论，是20世纪80年代初期由我国学者邓聚龙提出的。自然界中的多数系统除了随机性和模糊性，还存在着一种更广泛、内容更深刻的特性——灰色性。灰色系统理论认为：灰色性广泛存在于各种系统中，系统的随机性和模糊性只是灰色性的两个不同方面的不确定性，因而灰色系统理论能广泛应用于各个领域。基于灰色系统理论的水质评价模型又包括灰色局势决策法、灰色关联法、灰色聚类法等。

（四）基于物元分析法的水质评价模型

物元分析（Matter Element Analysis）是研究解决矛盾问题的规律和方法，是系统科学、思维科学、数学交叉的边缘学科，是贯穿自然科学和社会科学而应用较广的横断学科。它可以将复杂问题抽象为形象化的模型，并应用这些模型研究基本理论，提出相应的应用方法。利用物元分析方法，可以建立事物多指标性能参数的质量评定模型，并能以定量的数值表示评定结果，从而能够较完整地反映事物质量的综合水平，并易于用计算机进行编程处理。物元分析法用于水质评价可分为五个部分：由样本的各指标值与评价标准获取距值；由距值计算关联度值；确定各指标的权重大小；通过乘法确定样本对某级别的关联度值；进行判别。沈珍瑶等研究了关联函数、隶属函数和白化函数在物理意义上的差异，结果表明：物元分析法在一定程度上达到了精细刻画级别区间内差异性问题；物元分析法对属于相同级别水质的监测点，还可以通过关联度值看出它们之间的细微差别。

（五）基于层次分析法的水质评价

层次分析决策（Analytic Hierarchy Process，AHP）是美国匹兹堡大学教授沙提（T.L.Saaty）在20世纪70年代提出的。层次分析法是一种决策思维方式。这种方法把复杂问题分解为各个组成因素，将这些因素按支配关系分组形成有序的递阶层次结构，通过两两比较方式确定层次中诸因素的相对重要性，然后综合人们的判断以决定诸因素相对重要性总的顺序。因此，层次分析法充分体现了人们决策思维过程的分解、判断和综合等基本特征。

层次分析法能够统一处理决策中的定性与定量的因素。它把简单的表现形式与深刻的理论内容紧密结合在一起，具有系统性强、使用范围广、简洁性显著等特点。它在水质评价中的一般步骤为：明确问题，建立层次结构模型；构造各层的判断矩阵；层次单排序及一致性检验；层次总排序及一致性检验。但层次分析法的不足之处在于：其一致性检验的客观标准，特征值计算是不是排序的最好方法，判断是否考虑模糊性等问题，都还没有获得满意的解决。同时，所得到的结果过多地依据决策者的偏好和主观判断。

（六）基于人工神经网络的水质评价

人工神经网络（Artificial Neural Network，ANN）是近些年来迅速发展起来的人工智能科学的一个分支，这几年的广泛应用再度显示了它活跃的生命力。人工神经网络是由大量的神经元连接而成的复杂网络系统。作为神经网络的基本处理单元，神经元一般由输入、处理、输出三个部分构成。

人工神经网络模拟人类思维方式，对事物的判断、分类不需要预先建立某种模式，只需根据事物的本质特性，采用直观的推理判断。因此，用人工神经网络进行水质综合评价，不会受某种模式的约束，使评价结果具有客观性。误差反向传播人工神经网络模型（Back-Propagation ANN）是应用得最多的人工神经网络模型之一。B-P人工神经网络由四个过程组成：（1）输入模式由输入层经中间层向输出层的"模式顺传播"过程；（2）网络的希望输出与网络实际输出之差的误差信号由输出层经隐含层向输入层逐步修正连接权的"误差逆传播"过程；（3）由"模式顺传播"与"误差逆传播"反复进行的网络"记忆训练"过程；（4）网络趋向收敛，即网络的全局误差趋向极小值的"学习收敛"过程。

B-P人工神经网络用于水质评价的优点在于：可以根据需要灵活选择学习参数和样本数进行建模；人工神经网络方法具有高度非线性函数映射功能，使得水质评价结果的精度大大提高。其不足之处在于：由于B-P算法是非线性化的，因而不可避免地易形成局部极值，而得不到全局最优；B-P算法的学习效率低，收敛速度慢，并且收敛速度与初始权值的选择有关；B-P算法训练时加入新样本有遗忘旧样本的趋势；B-P算法的学习参数取值尚无通用准则。

（七）基于遗传算法的水质评价

遗传算法（Genetic Algorithm，GA）是一种以达尔文自然进化论和孟德尔遗传变异理论为基础的求解优化问题的仿生类算法。其基本思想是通过选择、交叉和变异等遗传算子的共同作用使种群不断进化，最终收敛到优化解。其主要步骤包括：编码、初始化、选择、遗传操作、评价、终止判定。

遗传算法的优点是：它对模型是否线性、连续、可微等不做限制，也不受优化变量数目和约束条件的束缚，直接在优化准则函数引导下进行全局自适应寻优。但由于GA发展的时间并不长，理论还不成熟，利用传统GA在求解中也存在问题，尤其像水质非线性规划等复杂的多变量优化问题，效率并不高。

（八）基于集对分析法的水质评价

集对分析法（Set Pair Analysis）是我国学者赵克勤先生于1989年在包头市召开的全国系统理论会上提出的一种处理不确定性问题的系统分析方法。其核心思想是把确定、不确定视作一个确定不确定系统，在这个确定不确定系统中，确定性与不确定性在一定条件下互相转化、互相影响、互相制约，并可用一个能充分体现其思想的确定、不确定式子$\mu = a + bi + cj$来统一地描述各种不确定性，从而把对不确定性的辩证认识转换成一个具体的数学工具。其中μ表示联系数，对于一个具体问题即为联系度；a表示两个集合的同一程度，称为同一度；b表示两个集合的差异程度，称为差异度；c表示两个集合的对立程度，称为对立度。i为差异度标识符号或相应系数，取值为（-1，1），即i在-1～1间变化，体现了确定性与不确定性之间的相互转化，随着$i \to 0$，不确定性明显增加，i取-1或者1时都是确定的；j为对立度标识符号或相应系数，取值恒为-1。

集对分析法的特点主要有：（1）全面性。集对分析在具体问题背景下，既分析两个集合（或系统）的同一性，又分析两个集合（或系统）的对立性和差异性。（2）定性定量相结合。集对分析不仅要对具体分析得到的特性做两个集合是否共同具有，还是互相对立或者差异的分析、判断、分类，还要采用一定的数学运算对同、异、反程度做定量刻画。（3）分析方法的一种综合集成。集对分析所进行的同、异、反分析和刻画是建立在具体分析之上的一种再分析，因此，从方法论角度看，集对分析是一种综合集成的分析方法。（4）将确定性分析和不确定性分析有机地结合。在集对分析中，两个集合的同一性分析和同一度刻画是相对的，对立性分析和对立度刻画也是相对的，但是两个集合的差异性分析和差异度刻画是相对不确定的，可进一步做同一对立分析，集对分析把确定性分析结果和不确定性分析结果统一在一个同、异、反联系度表达式中，便于人们对实际系统做辩证、定量和完整的分析研究。（5）应用广泛。集对分析既可直接用于对系统做宏观分析，也可用于对系统做微观分析，既适宜对简单系统分析，也适宜对复杂系统分析。

（九）基于投影寻踪算法的水质评价

投影寻踪（Projection Pursuit）是用来处理和分析高维数据的一种探索性数据分析的有效方法，其基本思想是：利用计算机技术，把高维数据通过某种组合，投影到低维（1~3维）子空间上，并通过极小化某个投影指标，寻找出能反映高维数据结果或特征的投影，在低维空间上对数据结构进行分析，以达到研究和分析高维数据的目的。其主要步骤包括：构造投影数据；构造投影指标函数；优化投影指标函数；指标权重的获取；样本分类；评价待测样本。基于投影寻踪技术，建立水质评价模型，模型能根据数据本身寻求各影响指标的客观权重，同时又能根据决策者偏好进行评价。模型采用了大样本数据，解决了以往模型因样本量过小而影响模型精度的问题。

由于投影寻踪是一种数据分析的新思维模式，因此，只需将这种新思维与传统数据分析方法如回归分析、聚类分析、判别分析、时序分析和主分量分析等相结合，就会产生很多新的分析方法。

第八章　水土流失及其防治原理

第一节　水土流失与土壤侵蚀

一、土壤侵蚀概念

土壤侵蚀量是指土壤及其母质在侵蚀营力（降雨和水流、风力、冻融、重力等）作用下，从地表处被击溅、剥蚀或崩落产生了位移的物质量，其单位以t或m³计。土壤侵蚀量与土壤流失量仍存在一定差别。在特定时段内，通过小流域任一观测断面的泥沙输移总量，称为流域产沙量。

随着人们对环境与发展认识的深化，土壤侵蚀紧密与生态环境变化相联系，土壤侵蚀定义更应广泛一些，即土壤侵蚀是土壤及其母质，和其他地面组成物质在水力、风力、冻融及重力等外营力作用下的破坏、剥蚀、搬运和沉积过程。

二、水土流失与土壤侵蚀的关系

水土流失一词在中国早已被广泛使用，自从土壤侵蚀一词传入国内以后，从广义上理解常被用作水土流失的同一语。从土壤侵蚀和水土流失的定义中可以看出，两者虽然存在着共同点，即都包括了在外营力作用下土壤、母质及浅层基岩的剥蚀、运搬和沉积的全过程，但是也有明显差别，即水土流失中包括了水的损失，而土壤侵蚀中则没有。

虽然水土流失与土壤侵蚀在定义上存在着明显差别，但应该看到因水土流失一词源于我国，故在科研、教学和生产上使用较为普遍。而土壤侵蚀一词为传入我国的外来词，其含义显然狭于水土流失的内容。随着水土保持学科逐渐发展和成熟，在教学和科研方面人们对两者的差异给予了越来越多的重视，而在生产上人们常把水土流失和土壤侵蚀作为同一语来使用。

三、土壤侵蚀类型

土壤侵蚀主要是在水力、风力、温度作用力和重力等外营力作用下发生的。土壤侵蚀的对象不仅限于土壤，还包括土壤层下部的母质或浅层基岩。实际上土壤侵蚀的发生除受到外营力影响之外，同时还受到人为不合理活动等的影响。

根据土壤侵蚀研究和其防治的侧重点不同，土壤侵蚀类型的划分方法也不同。最常用的方法主要有以下3种，即按导致土壤侵蚀的外营力种类、按土壤侵蚀发生的时间和按土壤侵蚀发生的速率划分土壤侵蚀类型。

（一）按导致土壤侵蚀的外营力种类划分

按导致土壤侵蚀的外营力种类进行土壤侵蚀类型的划分，是土壤侵蚀研究和土壤侵蚀防治等工作中最常用的一种方法。一种土壤侵蚀形式的发生往往主要是由一种或两种外营力导致的，因此，这种分类方法就是依据引起土壤侵蚀的外营力种类划分出不同的土壤侵蚀类型。

在我国引起土壤侵蚀的外营力种类主要有水力、风力、重力、水力和重力的综合作用力、温度（由冻融作用而产生的作用力）作用力、冰川作用力、化学作用力等。土壤侵蚀类型就有水力侵蚀类型、风力侵蚀类型、重力侵蚀类型、冻融侵蚀类型、冰川侵蚀类型、混合侵蚀类型和化学侵蚀类型等。

另外，还有一类土壤侵蚀类型称为生物侵蚀，它是指动、植物在生命过程中引起的土壤肥力降低和土壤颗粒迁移的一系列现象。一般植物在防蚀固土方面有着特殊的作用，但人为活动不当会发生植物侵蚀，如部分针叶纯林可恶化林地土壤的通透性及其结构等物理性状，过度开垦种植导致土壤肥力下降等。

（二）按土壤侵蚀发生的时间划分

以人类在地球上出现的时间为分界点，将土壤侵蚀划分为两大类：一类是人类出现在地球上以前所发生的侵蚀，称为古代侵蚀；另一类是人类出现在地球上之后所发生的侵蚀，称为现代侵蚀。人类在地球上出现的时间从距今200万年之前的第四纪开始时算起。

古代侵蚀是指人类出现在地球以前的漫长时期内，由于外营力作用，地球表面不断产生的剥蚀、搬运和沉积等一系列侵蚀现象。这些侵蚀有时较为激烈，足以对地表土地产生破坏，有些则较为轻微，不足以对土地造成危害，但是其发生、发展及其所造成的灾害与人类的活动无任何关系和影响。

现代侵蚀是指人类在地球上出现以后，由于地球内营力和外营力的影响，并伴随着人们不合理的生产活动所发生的土壤侵蚀现象。这种侵蚀有时十分剧烈，可给生产建设和人民生活带来严重恶果，此时的土壤侵蚀称为现代侵蚀。

一部分现代侵蚀是由于人类不合理活动导致的，另一部分则与人类活动无关，主要是在地球内营力和外营力作用下发生的，将这一部分与人类活动无关的现代侵蚀称为地质侵蚀。因此，地质侵蚀就是在地质营力作用下，地层表面物质产生位移和沉积等一系列破坏土地资源的侵蚀过程。

（三）按土壤侵蚀发生的速率划分

依据土壤侵蚀发生的速率大小和是否对土地资源造成破坏，将土壤侵蚀划分为加速侵蚀和正常侵蚀。

加速侵蚀是指使土壤侵蚀速率超过正常侵蚀（或称自然侵蚀）速率，导致土地资源的损失和破坏的那部分土壤被侵蚀。由于人们的不合理活动，如滥伐森林、陡坡开垦、过度放牧和过度樵采等，再加之自然因素的影响，所发生的土壤侵蚀称为现代人为加速侵蚀。

正常侵蚀指的是所发生的土壤侵蚀速率小于或等于土壤形成速率的那部分土壤侵蚀。在不受人类活动影响下的自然环境中，这种侵蚀不易被人们所察觉，实际上也不至于对土地资源造成危害。

从陆地形成以后土壤侵蚀就不间断地进行着。但自从人类出现后，人类为了生存，不仅学会了适应自然，更重要的是开始改造自然。有史以来，人类大规模的生产活动逐渐形成，改变和促进了自然侵蚀过程，这种加速侵蚀发展的侵蚀，其速度快、破坏性大、影响深远。

第二节　水力侵蚀

水力侵蚀简称水蚀，是指在降雨雨滴击溅、地表径流和下渗水分作用下，土壤、土壤母质及其他地面组成物质被破坏、剥蚀、搬运和沉积的全部过程。水力侵蚀是目前世界上分布最广、危害最为严重的一种侵蚀类型。常见的水力侵蚀形式主要有雨滴击溅侵蚀、面蚀、沟蚀、山洪侵蚀、库岸和海岸波浪侵蚀等。

一、雨滴击溅侵蚀

在雨滴击溅作用下，导致土壤颗粒产生位移和结构破坏，溅起和增强地表薄层径流紊动等现象称为雨滴溅蚀作用，简称溅蚀。

（一）溅蚀过程及溅蚀量

1.溅蚀过程

雨滴落到裸露的地面，降雨雨滴动能作用于地表土壤而做功，使土体颗粒破碎、分散、飞溅，引起土体结构的破坏。雨滴溅蚀主要表现在以下几个方面：

（1）破坏土壤结构，分散土体或土粒，造成土壤表层孔隙减少或者堵塞，形成"板结"引起土壤渗透性下降，利于地表径流形成和流动；

（2）直接打击地表，导致土粒飞溅并沿坡面向下迁移；

（3）雨滴打击增强了地表薄层径流的紊动强度，导致降雨侵蚀和地表径流输沙能力增大。

上述3方面在溅蚀过程中紧密相连互有影响，就其过程而言大致分为4个阶段。干土溅散阶段：降雨初期由于地表土壤水分含量较低，雨滴首先溅起的是干燥土粒。湿土溅散阶段：随降雨历时延长，表层土壤颗粒逐渐被水分所饱和，此时溅起的是水分含量较高的湿土颗粒。泥浆溅散阶段：土壤团粒受雨滴击溅而破碎，随着降雨的继续，地表呈现泥浆状态阻塞了土壤孔隙，影响了水分下渗，促使地表径流产生。地表板结：由于雨滴击溅作用破坏了土壤表层结构，降雨后地表土层将由此而产生板结现象。

雨滴落在有一薄层水的土上时，分离土粒要比落在干土层上容易。一般来说，雨滴溅蚀随着表面积水深度增加而增强，但仅仅增强到积水深度等于雨滴的直径为止，一旦积水过深，溅蚀的强度就变弱了。

薄层径流受雨滴打击所引起的侵蚀和挟沙能力要比原来大12倍以上，这是由于雨滴打击增强了水流的紊动，使分离土粒悬浮于水中，从而增加了水体能量，形成了更加严重的侵蚀和更高的挟沙能力。

这种影响随地表径流深增加而增大，但当径流深超过一定值后（约 >3cm），由于水层具有消能作用，即使 1mm/min 的高强度降雨，也不能增加径流的侵蚀力和混浊程度。

2.溅蚀量

击溅侵蚀引起土粒下移的数量称为溅蚀量。在侵蚀力不变的情况下，溅蚀量决定于影响土壤可蚀性的诸因子（包括内摩擦力、黏着力等）。对同一性质的土壤及相同管理水平而言，则决定于坡面倾斜情况和雨滴打击方向。在平地上，垂直下降的雨滴溅蚀土粒向四周均匀散布，形成土粒交换，不会有溅蚀后果，但在坡地上或雨滴斜向打击下，土粒会向坡下或风向相反的方向移动。

溅蚀在风的作用下会改变打击角度并推动雨滴增加打击能量，当作用于不同坡向、坡度上时，会形成复杂的溅蚀。若某地降雨期间风向不断变化，则可能暴雨后对土壤溅蚀的影响趋于平衡；但对整个降雨期间保持固定风向的一场降雨而言，会对土壤溅蚀产生很大影响。

（二）影响溅蚀的因素

1.气候因素

雨型不同，雨滴大小分布亦不同。如黄土地区降雨分为两种形式：一种是由局部地形和气候影响产生的来势猛、历时短（1h左右）的小面积降雨，称短阵雨型，其雨滴直径较大；另一种主要是锋面影响的大面积普通降雨雨型，其雨滴直径相对较小。就一定雨强来说，局部地区短阵雨型比大面积的普通降雨雨型更易引起土壤侵蚀。

降雨强度与雨滴的各种特征参数关系密切，因而，降雨强度也是影响溅蚀作用的因素之一。溅蚀作用受风力强烈影响，风的推动作用会增加雨滴的打击能量，并改变雨滴打击角度。风还把击溅起的土粒吹到更远的地方。在整个降雨期间保持固定方向的大风，对土壤侵蚀的影响更大。

2.地形因素

土粒受雨滴打击后，其移动方向取决于坡向和坡度。在斜坡上，土粒在击溅作用下向下坡移动的量大于向上坡移动的量。一般情况下坡度越大，溅蚀导致的移动土粒向下坡移动得越多，移动距离也越远。埃里森对溅蚀作用测量后发现，在10%的地面坡度上，75%的土壤溅蚀量移向下坡，在同样条件下的沙土上，60%的溅蚀量移向下坡。

3.土壤因素

土壤种类不同，其黏粒、有机质含量及其他对土壤起黏结和胶结作用的物质也不同，土壤团粒黏结的增加能降低或减少雨滴击溅下的土粒分散破坏。随着团粒中黏土含量的增加，团粒强度增大，雨滴溅蚀量减少。富含黏粒的土壤一般易于胶结，并且其团粒较粉质或沙质土的团粒大。

4.植被因素

植被是地面的保护者，植被和其枯枝落叶层在防治溅蚀过程中具有重要的作用，枯枝落叶完全覆盖的土壤表面能承受雨点降落时的冲击力，可从根本上消除击溅侵蚀作用。植被冠幅可在较大范围内减小雨滴的击溅侵蚀，像谷类和大豆这样密集生长的农作物能截留降雨，防止雨滴直接打击在土壤上。地被物不但能拦截降雨，防止雨滴击溅分离土粒，同时也防止了不利于水分下渗的土壤板结，使水分渗透增加而减少径流。

二、面蚀

面蚀广泛存在于自然界坡度大于0°的斜面上，其主要侵蚀特征是分散的地表径流从地表带走表层的松散土粒或土块。面蚀主要发生在没有植被覆盖或植被稀少的坡地上。

（一）坡面径流的形成

坡面径流的形成是降水与下垫面因素相互作用的结果。降水是产生径流的前提条件，降水量、降水强度、降水历时、降水面积等对径流的形成产生较大的影响。由降水而导致径流的形成可以分为蓄渗阶段和坡面漫流阶段。

1.蓄渗阶段

降水开始以后，降落到受雨区的雨水一部分被植物截留，植物截留量一般较少，对径流影响甚微。另一部分被土壤吸收，然后再通过下渗进入土壤和岩石的孔隙中，形成地下水。因此，降雨初期不能立即产生径流。随着降雨继续进行到降雨量大于上述消耗时，雨水便在一些分散的洼地停蓄起来，这种现象称为填洼。

2.坡面漫流阶段

随着植物截流和填洼过程的结束，水分主要入渗土壤，而土壤入渗率随时间延续而逐渐减弱，当降水强度超过土壤的入渗率时，地表即开始形成地表径流。地表径流的多少可用地表径流系数来表示，径流系数的大小除与降雨量、降雨强度关系密切外，还与土壤的入渗能力、植被、地形等许多自然因素有关。因此，径流系数不仅是径流量大小的指标，也是反映水土保持工作成效的重要标志。

分散的地表径流亦可称为坡面径流，它的形成分为两个阶段：一是坡面漫流阶段；二是全面漫流阶段。径流开始时，并不是普及整个坡面，而是由许多股不大的彼此时合时分的水流所组成，径流处于分散状态，流速也较缓慢，该阶段为坡面漫流阶段；当降雨强度增加，漫流占有的范围较大，表层水流逐渐扩展到全部受雨面时，就进入全面漫流阶段。

（二）坡面侵蚀过程及表现形式

最初的地表径流冲力并不大，但当径流顺坡而下，水量逐渐增加，坡面糙率随之减小，流速增大，径流的冲力增大，即坡地流水作用分带性产生的机制，终将导致地表径流的冲力大于土壤的抗蚀能力时，土壤表面在地表径流的作用下产生面蚀。坡面水流形成初期，水层很薄，速度较慢，因此，能量不大，冲刷力微弱，只能较均匀地带走土壤表层中细小的呈悬浮状态的物质和一些松散物质，即形成层状面蚀。但当地表径流沿坡面漫流时，径流汇集的面积不断增大，同时又继续接纳沿途降雨，因而流量和流速不断增加。到一定距离后，坡面水流的冲刷能力便大大增加，产生强烈的坡面冲刷，引起地面凹陷，随之径流相对集中，侵蚀力变强，在地表上会逐渐形成细小而密集的沟，称细沟状面蚀。最初出现的是斑状侵蚀或不连续的侵蚀点，以后互相串通成为连续细沟，这种细沟沟形很小，且位置和形状不固定，耕作后即可平复。

另外，在地面组成物质粗骨质含量较高的山区、丘陵区的农地上，在分散地表径流作用下，土壤表层的细粒、黏粒及腐殖质被带走，沙砾等粗骨质残留地表，耕作后粗骨质翻入深层，如此反复，土壤中的细粒越来越少，石砾越来越多，土地生产力下降，耕作困难，最后导致弃耕，此过程称为沙砾化面蚀。在非农业用地的坡面上，植物生长不好或没有植物生长的局部有面蚀或面蚀较严重，植物生长较好的局部无面蚀或面蚀较轻微，这样，面蚀严重的地方就呈鳞片状分布，此种面蚀形式称为鳞片状面蚀。

（三）影响面蚀因素

坡面侵蚀受自然因素和人为因素的综合影响。自然因素中主要有降雨、径流、地形、地面物质组成、植被等；人为因素包括人类活动对侵蚀的促进作用和抑制作用。

1.气候因素

（1）降雨强度。面蚀与降雨量之间的关系不是很显著，而与降雨强度之间的关系却十分密切。这是由于当降雨量大而强度小时，雨滴直径及末速度都较小，因此，它只有较小的动能，所以对土壤的破坏作用就较轻；强度较小的降雨大部分或全部被渗透、植物截留、蒸发所消耗，不能或者只能形成很少径流；当降雨强度小到与土壤的稳渗速率相等时，地面就不会产生径流，因此，径流冲刷破坏土壤的力就不存在。

当降雨强度很大时，雨滴的直径和末速度都很大，因而它的动能也很大，对土壤的击溅作用也表现得十分强烈。由于降雨强度大，土壤的渗透蒸发和植物的吸收、截持量远远小于同一时间内的降雨量，因而形成大量的地表径流。只要降雨强度大到一定程度，即使降雨量不大，也有可能出现短历时暴雨而产生大量径流，其冲刷的能量也很大，所以侵蚀也就严重。大量研究证明，土壤侵蚀多数发生在少数几场暴雨之中。

（2）前期降雨。前期降雨使土壤水分饱和，再继续降雨就很容易产生径流而造成土壤流失。在各种因素相同的情况下，前期降水的影响主要表现为降雨量的影响。

2.地形因素

地形因素之所以是影响土壤侵蚀的重要因素，就在于不同的坡度、坡长、坡形及坡面糙率对坡面径流的汇集和能量转化的影响。当坡度、坡形有利于径流汇集时，则能产生较多的径流；而当坡面糙率大则在能量转化过程中消耗一部分能量，径流的冲刷力就要相应地减小。因此，地形是影响降到海平面以上降雨在汇集流动过程中能量转化最主要的因素。地形影响降雨能量转化的主要因子有坡度、坡长、坡形、坡向。

（1）坡度。坡面侵蚀的主要动力来自降雨及由此而产生的径流，径流能量的大小则取决于水流流速及径流量大小，而流速主要取决于地表坡度及糙率。另外，在相同坡长的情况下，坡度大时水流用较短的时间就能流出。因此，当土壤的入渗速度相同时，由于入渗时间短，其入渗量较小，增大了径流量。所以，坡度是地形因素中影响径流冲刷力及击溅输移的主要因素之一。

（2）坡长。坡长指的是从地表径流的起点到坡度降低到足以发生沉积的位置或径流进入一个规定沟（渠）的入口处的距离。

坡长之所以能够影响到土壤的侵蚀，主要是当坡度一定时，坡长越长，其接受降雨的面积越大，因而径流量越大，其将有较大的重力位能，因此当其转化为动能时能量也大，其冲刷力也就增大。

天水、绥德水土保持科学试验站的资料表明：①在特大暴雨及大暴雨（雨强大于0.5mm/min）时，坡长与径流和冲刷呈正相关；②当降雨平均强度较小或大强度降雨持续时间很短时，坡长与径流呈反相关，与冲刷呈正相关；③当降雨量很小（3～15mm），强度也很小时，坡长与径流、冲刷均呈反相关，形成所谓的"径流退化现象"。

除此以外，坡形的影响也较明显。

3.土壤因素

土壤是侵蚀的对象又是影响径流的因素，土壤的各种性质都会对面蚀产生影响。通常利用土壤的抗蚀性和抗冲性作为衡量土壤抵抗径流侵蚀的能力，用渗透速率表示对径流的影响。

土壤的抗蚀性是指土壤抵抗径流对其分散和悬浮的能力。土壤越黏重，胶结物越多，抗蚀性越强。腐殖质能把土粒胶结成稳定团聚体和团粒结构，因而含腐殖质多的土壤，其抗蚀性也强。土壤的抗冲性是指土壤抵抗径流对其机械破坏和推动下移的能力。土壤的抗冲性可以用土块在水中的崩解速度来判断，崩解速度越快，抗冲能力越差；有良好植被的土壤，在植物根系的缠绕下，难于崩解，抗冲能力较强。

影响土壤上述性质的因素有土壤质地、土壤结构及其水稳性、土壤孔隙、剖面构造、土层厚度、土壤湿度及土地利用方式等。

土壤质地通过土壤渗透性和结构性来影响侵蚀。一般来看，质地较粗，大孔隙含量多，透水性越强，对缺乏土壤结构和成土作用较弱的土壤更是如此。渗透速率与径流量成反相关，有降低侵蚀的作用。

土壤结构性越好，总孔隙率越大，其透水性和持水量就越大，土壤侵蚀就越轻。土壤结构的好坏既反映了成土过程的差异，又反映了目前土壤的熟化程度。我国黄土高原的幼年黄土性土壤和黑垆土，土壤结构差异明显。前者密度大，总孔隙及毛管孔隙少，渗透性差；后者结构良好，密度小，根孔及动物穴多，非毛管孔隙多，渗透性好。不同的渗透性导致地表径流量不同，侵蚀也不同。

土壤中保持一定的水分有利于土粒间的团聚作用。一般情况下，土体越干燥，渗水越快，土体越易分散；土壤较湿润，渗透速度小，土粒分散相对慢。试验表明，黄土只要含水量达20%以下，土块就可以在水中保持较长时间不散离。

土壤抗蚀性指标多以土壤水稳性团粒和有机质含量的多少来判别，土壤抗冲性以单位径流深所产生的侵蚀数量或其倒数做指标。

4.植被因素

生长的植物，枝叶覆盖地面，防止雨滴击溅；枯枝落叶及其形成的物质，改变地表径流的条件和性质，促进下渗水分增加，并以其根系直接固持土体。这些植被具有的作用与风、水所具有的夷平作用相制约，抵抗平衡的结果，就形成了相对稳定的坡地。植被的功能主要表现为：

（1）森林、草地中有一厚层枯枝落叶，具有很强的涵蓄水分的能力。随着凋落物量的增加，其平均蓄水量和平均蓄水率都在增加，一般可达 20 ~ 60kg/m^2；

（2）由于凋落物的阻挡、蓄持及改变土壤的作用，提高了林下土壤的渗透能力；

（3）由于植被的枯枝落叶增大了地表糙度，使得地表径流的流速因此而减缓，据测定其径流流速仅为裸地上的1/40 ~ 1/30。

上述几种作用，使得有较好植被分布的区域径流量减小，且延长了径流历时，起到了减小径流量、延缓径流过程进而减小径流能量的作用。

植被对土壤形成有巨大的促进作用。因为植被残败体可以直接进入土壤，提高了土壤有机质的含量，而土壤抗蚀性提高也正是有机质含量增加的结果。植被提高土壤抗冲性是通过众多支毛根固结网络、保护阻挡、吸附牵拉3种方式来实现的，表现为冲刷模数的相对降低。据测定，20龄刺槐林地表层冲刷量仅为农地的1/5，草地的1/3。

5.人为因素

历史上，人们受社会和科学技术的发展水平所制约，相当长的时间内对自然规律缺乏正确认识，不能合理地利用土地，甚至是掠夺式地利用土地资源，引起水土流失，降低和破坏了土壤肥力，耗竭和破坏了土地生产力，导致难以挽回的生态灾难。

当破坏力大于土体的抵抗力时，必然发生土壤侵蚀，这是不以人们的意志为转移的客观规律。但是，土壤侵蚀的发生和发展及控制土壤侵蚀的有关各因素的改变都会影响破坏力与土体抵抗力的消长。因此，在现阶段人类尚不能控制降雨的情况下，只有在了解影响土壤侵蚀的自然因素之间的相互制约的关系的前提下，通过改变有利于消除破坏力的因素、有利于增强土体抗蚀能力的因素来达到保持水土、促使水土流失向相反方向转化、使自然面貌向人类意愿方向发展的目的。这就是水土保持工作中人的作用。

三、沟蚀

沟蚀是地表径流集中冲蚀土壤和母质并切入地面形成沟壑的一种侵蚀形态。一旦面蚀未被控制，由面蚀所产生的细沟，或因地表径流的进一步汇流集中，或因地形条件有利于细沟进一步发展，这些细沟向长、深、宽继续发展，终于不能被一般土壤耕作所平复，于是由面蚀发展成为沟蚀。由沟蚀形成的沟壑称为侵蚀沟。

沟蚀是由面蚀发展而来的，但沟蚀显著不同于面蚀。因为一旦形成侵蚀沟，土壤即遭到彻底破坏，而且由于侵蚀沟的不断扩展，耕地面积也就随之不断缩小，曾经是连片的土地被切割得支离破碎，但是侵蚀沟只在一定宽度的带状土地上发生和发展，其涉及的土地面积远较面蚀为小。

（一）侵蚀沟的发育

侵蚀沟作为一个自然形成物，有它的发生发展和衰退的规律。

侵蚀沟由小变大、由浅变深、由窄变宽、由发展到衰退的过程，表现为侵蚀沟向长、深、宽的发展和停业的过程。侵蚀猛烈发展的阶段正是沟头前进、沟底下切和沟岸扩张的时期，它们是与沟蚀发展紧密不可分割的3个方面，只是在沟蚀发展的不同阶段，其表现程度不同而已。

1.侵蚀沟纵断面形成

侵蚀沟开始形成的阶段，向长发展最为迅速，这是由于股流沿坡面平行方向的分力大于土壤抵抗力的结果。由于在沟顶处坡度有时局部变陡，水流冲力加大，结果在沟顶处形成水蚀穴，水蚀穴继续加深扩大，沟顶逐渐形成跌水状。跌水一经形成，沟顶破坏和前进的速度愈加显著，此时沟顶的冲刷作用，一方面表现为股流对沟顶土体的直接冲刷破坏，另一方面表现为水流经过跌水下落而形成漩涡后有力地冲淘沟顶基部，从而引起沟顶土体的坍塌，促使沟顶溯源侵蚀的加速进行。

一旦沟顶跌水形成之后，沟底的纵剖面线与当地的坡面坡度相一致的状态就明显地表现出来。由于此时进入沟底的水流充沛，沟底与侵蚀基准面的高差较大，纵坡较陡，因而侵蚀沟内水流的冲力表现在下切沟底的作用亦较明显，但沟底下切较沟头前进为慢。

总之，侵蚀沟纵剖面的形成过程正是沟顶前进、沟底下切的反复过程。在整个侵蚀作用和侵蚀沟纵剖面形成的过程中，侵蚀沟最活跃的地段始终在沟顶以下一定距离范围内。

2.侵蚀沟的发育阶段

依据侵蚀沟外形的某些指标判断侵蚀沟的发育程度和强度，侵蚀沟的发育可以分为4个阶段。

（1）水蚀沟阶段。侵蚀沟的第一阶段属于冲刷阶段，形成的水蚀穴和小沟通过一般耕作不能平复，此阶段向长发展最快，向宽发展最慢。其深度一般不超过0.5m，尚未形成明显的沟头和跌水，沟底的纵剖面线和当地坡面坡度的斜坡纵断面线相似，侵蚀沟的横断面多呈三角形，当沟底由坚硬母质组成时，这一阶段可保持较长的时间，但当沟底母质疏松时，很快就进入第二阶段。

（2）侵蚀沟顶的切割阶段。由于沟头继续前进，侵蚀沟出现分支现象，集水区的地表径流从主沟顶和几个支沟顶流入侵蚀沟内，因此，每一个沟顶集中的地表径流就减少了，侵蚀沟向长发展的速度减缓。另外，由于沟顶陡坡，侵蚀作用加剧，其结果在沟顶下部形成明显跌水，通常以沟顶跌水明显与否作为第一、第二阶段划分的主要依据。在平面上主沟顶呈圆形，支沟顶处于第一阶段。侵蚀沟的断面呈U形，但上部和下部的横断面有较大的差异，沟底与水路合一。它的纵剖面与原来的地面线不相一致，沟底纵坡甚陡且不光滑。第二阶段是侵蚀沟发展最为激烈的阶段，也是防治最困难的时期。

（3）平衡剖面阶段。发展到这一阶段由于受侵蚀基底的影响，沟底纵坡虽然较大，但沟底下切作用已经甚微，而两岸向宽发展却成为主要形式。其外形具有最严重的侵蚀形态，在平面上支沟呈树枝状的侵蚀沟网，在纵断面上沟顶跌水不太明显，形成平滑的凹曲线，沟的上游水路没有明显的界线，沟的中游沟底和水路具有明显的界线，沟口开始有泥沙沉积，形成冲积扇。发展到此阶段的侵蚀沟常被利用为交通道路。

（4）停止阶段。在这一阶段，沟顶接近分水岭，沟底纵坡接近于临界侵蚀曲线，沟岸大致接近于土体的自然倾角。因此，沟顶已停止溯源侵蚀，沟底不再下切，沟岸停止扩张。在沟底冲积土上开始生长草类或灌木，这一阶段的侵蚀沟转变为荒溪。

（二）影响侵蚀沟发育的自然因素

侵蚀沟的发育主要受地形及水流形态的影响，而汇水面积的大小影响到径流量，坡度、坡长影响到径流流速及侵蚀沟的发育空间。

1.汇水面积

浅沟已有固定的汇水面积，其大小受多种自然因素影响。一般地说，坡度平缓地区的浅沟汇水面积大于坡度较陡地区。汇水面积是保证浅沟形成发育的首要条件，有了足够大的汇水面积，才能够形成足以进行浅沟侵蚀的水流，否则是很难发育成浅沟的。

2.坡度与坡长

汇水面积大小与浅沟发育程度的关系，综合地反映了各种因素对浅沟侵蚀的影响。但是，有的坡面已经超过了发育浅沟的最小面积，却没有浅沟分布，原因是地貌条件也是影响浅沟发育的重要因素，尤以坡度、坡长最为突出。通过对陕西北部绥德何家沟流域的坡度、坡向和浅沟分布分析，发现该区浅沟分布坡地的坡度组成介于5°～45°之间，以20°～30坡地上浅沟最多，占该流域浅沟总数的74.5%，其变化规律是5°～30°坡地上浅沟数量随坡度增大而增加，30°～45°坡地上则随坡度增大而减少。

第三节　风力侵蚀

风吹扬地表砂砾，形成风沙流，风和风沙流对地表物质的吹蚀与磨蚀作用称为风力侵蚀作用，也即风蚀作用。其中风将地面的松散沉积物或基岩上的风化产物吹走，使地面遭到破坏称为吹蚀作用。风沙流以其所含砂砾作为工具对地表物质进行冲击、磨损的作用称为磨蚀。如果地面或迎风岩壁上出现裂隙或凹坑，风沙流还可钻入其中进行旋磨，其结果是大大加快了地面破坏速度。

风沙流运行过程中，由于风力减缓或地面障碍等原因，使风沙流中砂砾发生沉降堆积时称为风积作用。经风力搬运、堆积的物质称为风积物。

风力侵蚀作用在干旱半干旱地区最强烈，那里日照强，气温日较差、年较差大，物理风化盛行；降水少且变率大，蒸发强烈，地表径流贫乏，流水作用微弱；植物覆盖率低，疏松的沙质地表裸露；在强劲、频繁、持续的大风作用下，风力侵蚀作用极其剧烈，由此形成了广泛分布的风蚀地貌和风积地貌形态。防止、控制风力侵蚀也成为这些地区荒漠化防治的主要任务。

一、风沙运动

（一）砂砾的运动

1.砂砾起动的机制

半个多世纪以来，中外科学家对静止砂砾受力起动机制进行了深入的研究，并形成了多种假说，如冲击碰撞说、压差升力说及湍流的扩散作用说等，但都没有圆满地解决这一问题。吴正和凌裕泉在风洞中用高速摄影的方法对砂砾运动过程进行了研究。他们认为，在风力作用下，当平均风速约等于某一临界值时，个别突出的砂砾在湍流流速和压力脉动作用下，开始振动或前后摆动，但并不离开原来位置，当风速增大超过临界值后振动也随之加强，迎面阻力（拖曳力）和上升力相应增大，并足以克服重力的作用。气流的旋转力矩促使某些最不稳定的砂砾首先沿沙面滚动或滑动。由于砂砾几何形状和所处空间位置的多样性，以及受力状况的多变性，在滚动过程中，一部分砂砾碰到地面凸起砂砾的冲击时，就会获得巨大冲量。受到突然冲击力作用的砂砾就会在碰撞瞬间由水平运动急剧地转变为垂直运动，骤然向上（有时几乎是垂直的）起跳进入气流运动，砂砾在气流作用下，由静止状态达到跃起状态。

2.临界风速与起沙风

风沙流中的砂砾是从运动气流中获取运动能量的，只有当风力条件能够吹动砂砾时，砂砾才能脱离地表进入气流形成风沙流。假定地表风力逐渐增大，达到某一临界值后，地表砂砾脱离静止状态开始运动，这时的风速称为临界风速或起动风速。一切大于起动风速的风都称为起沙风。

起动风速与砂砾粒径、地表性质、砂砾含水率等多种因素有关。国内外专家研究证实，在一般情况下起动风速和砂砾粒径的平方根成正比。我国新疆莎车的观测资料也证实了这一点。但当砂砾粒径小于0.08mm时，粒径减小反而会使起动风速增大，这可能与细粒物质之间的内聚力增大有一定的关系。

地表性质和砂砾含水率对起动风速的影响，表现为粗糙地表由于摩擦阻力大必然要增大起动风速。砂砾在湿润情况下会增加颗粒之间的黏滞性，砂砾的团聚作用由此增强，因而起动风速值也相应增大。在沙区常见到阵雨后又出现阵风的情况，这时会看到即使风力很大（>9m/s），砂砾的移动也是出现在砂砾被风吹干之后。

鉴于起动风速受众多因素的影响，因此在实际工作中多采用风速仪进行野外实测方法来确定某一地区砂砾的起动风速。我国沙漠的砂砾粒径多为0.1~0.25mm的细沙，野外大量观测结果显示，对于一般干燥裸露的沙质地表来说，当离地表2m高处风速达到4m/s左右或者相当于气象台站风标风速≥5m/s时，砂砾开始起动形成风沙流。

3.砂砾运动形式

据观测研究，风沙流中砂砾依风力大小、颗粒粒径、质量不同而以悬移、跃移、蠕移3种形式向前运动。

当砂砾起动后以较长时间悬浮于空气中而不降落，并以与风速相同的速度向前运动时称为悬移。悬移运动的砂砾称为悬移质。悬移质粒径一般为小于0.1mm甚至小于0.05mm的粉沙和黏土颗粒。由于其体积小、质量轻，在空气中的自由沉速很小，一旦被风扬起就不易沉落，因而可长距离搬运。如中国黄土不但可从西北地区悬移到江南，甚至可悬浮到日本。悬浮沙量在风蚀总量中所占比例很小，一般不足5%，甚至1%以下。

砂砾在风力作用下脱离地表进入气流后，从气流中取得能量而加速前进，又在自身的重力作用下以很小的锐角落向地面。由于空气的密度比砂砾的密度要小得多，砂砾在运动过程中受到的阻力较小，降落到沙面时有相当大的动能，因此，不但下落的砂砾有可能反弹起来，继续跳跃前进，而且由于它的冲击作用，还能使其降落点周围的一部分砂砾受到撞击而飞溅起来，造成砂砾的连续跳跃式运动。砂砾的这种运动方式称为跃移，跃移运动的沙土颗粒称为跃移质。

跃移运动是风沙运动的主要形式，在风沙流中跃移沙量可达到运动沙量总质量的1/2甚至3/4。粒径为0.1～0.15mm的砂砾最易以跃移方式移动。在沙质地表上跃移质的跳跃高度一般不超过30cm，而且有一半以上的跃移质是在近地表5cm高度内活动。跳跃砂砾下落时的角度一般保持在10°～16°，因此它的飞行距离与跃起高度成正比。在戈壁或砾质地面上，砂砾的跃起高度可达到1m以上，砂砾的飞行距离更远。但是，戈壁风沙流一般是不会达到饱和的，除非风速下降或地面状况发生大的变化。

砂砾在地表滑动或滚动称为蠕移，蠕移运动的砂砾称为蠕移质。在某一单位时间内蠕移质的运动可以是间断的。蠕移质的量可以占到总沙量的20%～25%。

呈蠕移运动的砂砾基本都是粒径在0.5～2.0mm之间的粗沙。造成这些粗沙运动的力可以是风的迎面压力，也可以是跃移砂砾的冲击力。观测表明，以高速运动的砂砾在跃移中通过对沙面的冲击可以推动6倍于它的直径或200倍于它的质量的粗砂砾。随着风速的增大，部分蠕移质跃起，成为跃移质，从而产生更大的冲击力。可见在风沙运动中，跃移运动是风力侵蚀的根源。这不仅表现在跃移质在运动砂砾中所占的比例最大，更主要的是跃移砂砾的冲击造成了更多悬移质和蠕移质的运动。正是因为有了跃移质的冲击，才使成倍的砂砾进入风沙流中运动。

（二）风沙流及其结构特征

风沙流是气流及其搬运的固体颗粒（砂砾）的混合流。它的形成依赖于空气与沙质地表两种不同密度物理介质的相互作用，而它的特征对于风蚀风积作用的研究及防沙措施的制定有重要意义。

1.风沙流结构

风沙流中砂砾随高度的分布称为风沙流结构。根据野外观测，气流搬运的沙量绝大部分（90%以上）是在沙面以上30cm的高度内通过的，尤其是集中在0～10cm的高度（约占80%），也就是说风沙运动是一种近地面的砂砾搬运现象。

2.风沙流结构特征值

近地表气流层砂砾分布性质，即风沙流的结构决定着砂砾吹蚀与堆积过程的发展。

（1）通过风洞对风沙流结构特征与砂砾吹蚀和堆积关系的实验研究发现，在不同风速下，0～10cm气流层中砂砾的分布特点为：

①地面以上0～1cm的第一层沙量随着气流速度的增加而减少；

②不管气流速度如何，第二层（地面之上1～2cm）的沙量保持不变，等于0～10cm层总沙量的20%；

③平均沙量在第三层（地面之上2～3cm）中搬运，这一高度保持不变，并不以速度为转移；

④气流较高层（从第三层起）中的沙量随着速度的增加而增加。

（2）根据野外沙质地表的观测资料，查明在10cm气流层内的风沙流结构有以下基本特征：

①在各种风速和沙量条件下，高程与含沙量（用%表示）对数尺度之间具有很好的线性关系，表明含沙量随高度分布遵循着指数函数关系，沙量随高度呈指数规律递减；

②随着风速的增加，下层气流中含沙量（用%表示）相对减少，相应地增加了上层气流中搬运的沙量；

③在同一风速条件下，随着总输沙量增大，下层气流中搬运的沙量增加，上层沙量相应减少。

3.风沙流的固体流量

气流在单位时间通过单位宽度或面积所搬运的沙量叫作风沙流的固体流量，也称为输沙率。影响输沙率的因素很复杂，它不仅取决于风力的大小、砂砾粒径、形状和密度，而且也受砂砾的湿润程度、地表状况及空气稳定度的影响，所以要精确表示风速与输沙量的关系是较困难的。到目前为止，在实际工作中对输沙率的确定，一般仍多采用集沙仪在野外直接观测，然后运用相关分析方法求得特定条件下的输沙率与风速的关系。

二、土地的沙漠化及成因

目前，荒漠化已经成为威胁人类生存和发展的严重问题。据联合国防治荒漠化公约秘书处统计，荒漠化的蔓延已使全球10多亿人的生产受到严重影响，其中1.35亿人有在短期内失去土地的危险，全球陆地面积的1/4即$3.592 \times 10^7 km^2$受到威胁，而且，荒漠化仍以每年（5.7～7.0）$\times 10^4 km^2$的速度在扩大。荒漠化已成为一个全球性的社会问题而非一般性的区域环境问题。中国是世界上荒漠化土地面积较大的国家，荒漠化土地面积达到$2.62 \times 10 km^2$，占国土面积的27.3%。目前，荒漠化土地的面积每年增加$2.46 \times 10^3 km^2$，它造成了可利用土地面积减少，土地生产力下降；自然环境和农业生产条件恶化，旱、涝灾害加剧，粮食单产下降；农田、牧场、城镇、村庄、交通线路和水利设施等受到严重威胁。在中国北方的万里风沙线上，有$1.4 \times 10 km^2$的农田经常受到荒漠化的危害，$1.4 \times 10 km^2$草场发生退化，因荒漠化造成的经济损失每年高达65亿美元，荒漠化成为长期以来制约中国特别是中国西部地区经济和社会发展的重要因素。因此，改善生态环境，防止荒漠化的发生和蔓延成为全民族的重要任务。

（一）荒漠化的概念

1.荒漠化

干旱、半干旱和亚湿润干旱地区是指年降水量与潜在蒸发量之比在0.05～0.65之间的地区。"土地"是指具有陆地生物生产力的系统，由土壤、植被、其他生物区系和该系统中发挥作用的生态及水文过程组成。"土地退化"是指由于使用土地或由于一种营力或数种营力结合致使干旱、半干旱和亚湿润干旱地区的雨养地、水浇地或草原、牧场、森林和林地的生物或经济生产力和复杂性下降或丧失，其中包括：

（1）风蚀和水蚀致使土壤物质流失；

（2）土壤的物理、化学和生物特性或经济性退化；

（3）自然植被长期丧失。

2.沙漠化

中国科学家认为，沙漠化是荒漠化的一种表现形式，它是指在干旱多风的沙质地表条件下，由于人为强度活动破坏脆弱生态平衡所造成的地表出现以风沙活动为主要标志的土地退化过程。并提出沙漠化的定义是："在干旱、半干旱和部分半湿润地区，由于自然因素或人为活动的影响，破坏了自然生态系统的脆弱平衡，使原非沙漠的地区出现了以风沙活动为主要标志的类似沙漠景观的环境变化过程，以及在沙漠地区发生了沙漠环境条件的强化与扩张过程。"简言之，沙漠化也就是沙漠的形成和扩张过程。显然，"沙漠化"不包括水蚀荒漠化和盐渍化。

3.风沙化

风沙化是朱震达等人根据我国情况提出的名词术语。其内涵与沙漠化基本一致，外延是指半湿润、湿润地区的沙质干河床与河流泛淤三角洲（如北京永定河谷、滦河三角洲等地区）古河谷和古代河流决口扇（如黄淮海平原）及海滨沙地（如河北、山东、福建、台湾、海南及广东等地的沿海地段）因风力作用，产生风沙活动并出现类似沙漠化地区的沙丘起伏地貌景观。

风沙化土地与沙漠化土地主要是因自然环境、地理条件不同而存在显著的差异。由于地带性、区域性等空间分异性，使湿润、半湿润地区具有较优越的自然条件。虽然在植被遭到破坏后的沙质地表也会因风力作用产生风沙活动而形成风沙地貌景观，但绝不会形成类似荒漠或沙漠环境。因此，按地域分异规律，区分出风沙化土地，既便于开展有针对性的科学研究，又便于结合客观实际进行防止、治理、开发和利用风沙化土地，使已经退化的土地尽快恢复生产力。

（二）沙漠化成因

沙漠化的形成与发展既有自然因素的作用，又有人类活动的干扰与影响。在自然因素中，沙源与气候变化是最主要的因素。

1.气候变化与沙漠化

在沙漠化的自然因素中，气候干旱是决定性的。撒哈拉地区的研究资料表明，沙漠化过程主要是在持续干旱期间发生和加强的。撒哈拉地区特别是它的中部和南部降水情况的变化，基本上决定于地球表面冷暖变化导致的热带辐合带的位置和几内亚湾季风的进退。在全球气候变暖时期，热带辐合带北移，几内亚湾的夏季风能更深地向北深入，撒哈拉的界线向南移动了几百千米。在个别最旱的年份，热带稀树草原带作为一个独立的地理气候带，在某些地方已经消失了。严重的沙漠化过程引起了国际社会的广泛关注，沙漠化作为一个社会问题被提上了联合国的议事日程。

近几年来我国学者对我国北方东部沙区沙漠变动的研究证明，人类历史时期以来，由于气候经历几次波动而使这一地区几经沙漠化和非沙漠化的一系列变迁。例如，在内蒙古东部呼伦贝尔沙地固定沙丘垂直剖面上，普遍存在三层有机质含量比较丰富的并有很多根孔和虫孔的埋藏黑沙土夹于黄色细沙中。这种埋藏黑沙土也曾在科尔沁沙地、松嫩平原和大兴安岭东坡山麓台地上的固定沙丘剖面中看到，这说明它不是一个局部现象，而是由于气候变化引起区域自然条件改变的结果。

2.人类活动与沙漠化

干旱地区，特别是半干旱地区（包括部分半湿润地区），自然生态系统具有脆弱性和敏感性。这里气候干旱，降水多变，大风频繁，生物有机体与环境条件之间处于临界的相对平衡状态之中，只要稍受人为活动干扰，就很容易引起生态平衡破坏，诱发和促进沙漠化的发生和发展。

据对非洲撒哈拉沙漠的研究，人为活动导致沙漠扩张的原因主要有农牧交界地带的开垦，过度放牧或牲畜管理不当，乔灌木的过度采伐利用，不负责任地任意烧毁植被，这和我国常说的所谓滥垦、滥牧、滥伐"三滥"是一致的。

所谓滥垦就是指人为滥行放荒垦地，采用极其粗放的广种薄收方式。一般经过二三年，农民就因沙害或天然肥力衰退而被迫弃耕，另辟新地。弃耕的撂荒地无植物保护，在干燥气候下，加速了风蚀过程，"暗沙"很快翻为"明沙"，导致流沙蔓延产生沙漠化。

所谓滥牧主要指过度放牧。在牲畜头数远远超过草地（生草沙地）载畜能力的情况下，由于牲畜的啃食和践踏（特别是山羊）造成草地植物的衰退和死亡，在干燥气候下，促使风蚀而引起沙漠化。特别是在无人管理的自由放牧制度下，牲畜因受放牧半径的限制，终年在畜群点或水井点周围采食践踏，造成更加严重的沙漠化。过度放牧引起的沙漠化，往往形成以畜井点为中心，呈环状向外扩散（以畜圈和水井附近最为严重，越往外破坏程度越低）的"光裸圈"。

所谓滥伐主要指过度樵采。由于人口增加，燃料等消耗量增大，滥樵柴破坏植被所造成的沙漠化，主要发生在城镇和大居民点附近。

除了上述情况之外，人为活动还包括不合理地利用水资源、水利设施破坏、筑路、工业建设、采矿、住宅兴建等活动，在环境脆弱地区，它们也都能不同程度地导致沙漠化。

人为过度的经济活动，除了直接破坏生态环境，对沙漠化的自然因素起诱发和促进作用以外，还能够导致局部和地表小气候的恶化。因为多年生植被减少，无疑地增加了地表对太阳辐射的反射能力，促使地面和大气层相对变冷，减少了大气的对流，从而减少了降水，这就是所谓生物—地球物理反馈机制。

总之，沙漠化的原因很复杂，沙漠化过程通常是系列起因的结果，或者是由一种起因引起而由其他因素加剧的。对环境状况及有关因素进行具体分析，有可能得出防治沙漠化的合理方法和恢复沙漠化地区生物潜力的途径。

第四节　重力侵蚀和混合侵蚀

一、重力侵蚀

重力侵蚀是一种以重力作用为主引起的土壤侵蚀形式。即坡面表层土石物质及中浅层基岩，一般是在下渗水分、地下潜水或地下径流的影响下，由于本身所受的重力作用失去平衡，发生位移和堆积的现象。根据土石物质破坏的特征和移动方式，一般重力侵蚀的表现形式有陷穴、泻溜、滑坡、崩塌、崩岗等。

（一）陷穴

陷穴是黄土地区特有的一种重力侵蚀形式。当地表水沿黄土中的裂隙或孔隙下渗，对黄土产生溶蚀和侵蚀，并把可溶性盐类带走，致使下边掏空形成空洞、上边土体失去顶托时，引起土体的陷落，形成陷穴。陷穴有时单个出现，有时呈珠串状从坡上部向坡下部排列，且下部连通，为侵蚀沟的发展创造了条件。

（二）泻溜

在陡峭的山坡或沟坡上，土体表面受干湿、冷热和冻融等变化影响而引起土体的胀缩，造成碎土或岩屑的疏松破碎，在重力作用下顺坡而下地滚落或滑落下来，形成陡峭的锥体，这种现象称为泻溜。泻溜常发生在黄土地区及有黏重红土的陡坡上，在易风化的土石山区也有发生。此外，在较陡山坡上放牧，矿石开采时废渣、废石堆放不合理，以及交通线路、水利工程施工过程中都可能引起泻溜的发生。

（三）滑坡

滑坡是坡面岩体或土体沿滑动面向下滑落的现象。滑坡的特征如下。

（1）滑坡体与滑床之间有较明显的滑动面。

（2）滑落后的滑坡体层次虽受到严重扰动，但其上下之间的层次未发生改变，一般保持原来的相对位置。滑坡在天然斜坡或人工边坡、坚硬或松软岩土体上都可能发生，是山区经常遇到的一种自然灾害。

当滑坡体发生面积较小、滑落面坡度较陡时，称为滑塌或坐塌。

（四）崩塌

在陡峭的斜坡上，整个山体或一部分岩体、块石、土体及岩石碎屑突然向坡下崩落、翻转和滚落的现象称为崩塌。崩落向下运动的部分称为崩落体，崩塌发生后在原来坡面上形成的新斜面称为崩落面。

发生在山坡上大规模的崩塌称为山崩；在雪山上发生的崩塌称为雪崩；发生在海岸或库岸的崩塌称为坍岸；发生在悬崖陡坡上单个块石的崩落称为坠石。

崩塌的特征是崩落面不整齐，崩落体停止运动后，岩土体上下之间层次被彻底打乱，形成犹如半圆形锥体的堆积体，称为倒石锥。

（五）崩岗

山坡剧烈风化的岩体受水力与重力的混合作用而向下崩落的现象称为崩岗。崩岗主要发生在我国南方的一些花岗岩地区，由于高温、多雨和温差的影响，花岗岩的物理风化和化学风化都较为强烈，雨季花岗岩风化壳大量吸水，致使内聚力降低，风化和半风化的花岗岩体在水力和重力的综合作用下发展为崩岗。

二、混合侵蚀

混合侵蚀是指在水流冲力和重力的共同作用下产生的一种特殊侵蚀类型，在生产上常称混合侵蚀为泥石流。

泥石流是一种含有大量土沙石块等固体物质的特殊洪流，它不同于山洪，是在一定暴雨条件下（或是大量融雪水条件下），受重力和流水冲力的综合作用而形成的。泥石流在其形成过程中，由于崩塌、滑坡等重力侵蚀形式的发生，得到大量松散固体物质的补给，还经过冲击、磨蚀沟床而增加补充固体物质。其特点是爆发突然，来势凶猛，历时短暂，具有较大的破坏力。

根据泥石流发生的不同特征，泥石流可划分出多种形式。如按泥石流发生的动因进行划分，可分为暴雨型泥石流、融雪型泥石流和融冰型泥石流；如按泥石流发生的地貌部位进行划分，可分为沟谷型泥石流、坡面型泥石流；如按泥石流发生的程度进行划分，可分为雏形泥石流和典型泥石流；如按泥石流中所含固体物质的种类划分，可分为石洪和泥流。以下介绍石洪和泥流的特点。

（一）石洪

石洪是发生在土石山区暴雨后形成的含有大量土沙石砾等固体物质的超饱和状态的急流。石洪已经不是水流冲动土沙石砾，而是水和土沙石砾组成的一个整体流动体。因此，石洪在沉积时分选作用不明显，基本上是以大小石砾间杂混合沉积。

（二）泥流

泥流是发生在黄土地区或具有深厚均质细粒母质地区的一种特殊的超饱和急流，其所含固体物质以黏粒、粉粒等一些细小颗粒为主。泥流所具有的动能远大于一般的山洪，流体表面显著凹凸不平，以失去一般流体的特点在其表面能浮托、顶运一些大泥块。

泥石流是一种饱含大量固体物质的固液两相流体。其发生过程复杂，爆发突然，来势凶猛，历时短暂，是我国山区一种破坏力极大的自然灾害。泥石流不仅需要短时间汇集大量的地表径流，而且还需要在沟道或坡面上储备大量的松散固体物质，而面蚀、沟蚀及各种形式的重力侵蚀是产生大量松散固体物质的条件。因此，泥石流的发生是山区严重水土流失的标志之一。

三、重力侵蚀、混合侵蚀防治原理

（一）重力侵蚀防治原理

从以上论述可知，重力侵蚀发生的主要原因是在其他外力（如下渗水分、地下潜水或地下径流）的影响下，直接由重力作用所引起的侵蚀。其防治原理是：在不稳定土体上方削坡减重；修建地上排水沟或地下排水沟道，排除多余的地表水和地下水；采用土体爆破或种植由深根性树种组成的乔灌木混交林，扰乱土体层次；加固土体等。

（二）混合侵蚀防治原理

从以上论述可知，混合侵蚀是由两种以上外力的共同作用所引起的一种水土流失形式。其防治原理是：封沟封山全面治理；如泥石流发生的沟道下游有村庄或建筑物，应修建泥石流排导沟。

第五节　城市水土流失

一、城市水土流失的类型、形式与成因

根据城市水土流失产生的主要营力种类，可以将其划分为多种类型。在每种类型中又可按照城市水土流失发生的外部形态和特征，将其进一步细分为不同的形式。

（一）城市水土流失分类

不同的学者从不同的角度对城市水土流失进行了分类。城市水土流失具

有自己的特殊性，它不仅发生在地表，也可能发生在地表以下。由潜蚀作用造成的地表以下的水土流失现象也会对城市建设造成不容忽视的危害。地表及地表以下的水土流失形成了一个立体水土流失系统，二者相互作用、相互影响。对于城市来说，水的损失，主要是指地面径流损失及深层渗漏损失。地表水资源的流失在一定程度上是可见的，而地下水资源的减少则具有隐蔽性。土壤损失，除了地表侵蚀作用以外，还有潜蚀作用。潜蚀作用包括地下水的潜蚀作用和城市下垫面层以下的水蚀作用。因此，城市水土流失首先分为水资源损失和土壤资源损失两大类。而水资源损失又分为地表水流失和地下水资源减少（包括直接流失和补给量减少）；土壤资源损失也可进一步细分为人为侵蚀、风蚀、冻融侵蚀、溶蚀（包含地表溶蚀和地下溶蚀）、重力侵蚀、水力侵蚀（包括雨水溅蚀、地表水侵蚀和地表下潜蚀）等。

也有的学者认为，城市水土流失主要是由于人为扰动引起的，而开发建设活动是人为扰动的集中体现。从开发建设活动引起水土流失的这个角度来看，可以把城市水土流失分为开发建设活动引发的水力侵蚀、开发建设活动诱发的重力侵蚀、开发建设活动诱发的混合侵蚀及开发建设项目引起的风力侵蚀等类型。因此，城市水土流失类型可简单地划分为城市水力侵蚀、城市重力侵蚀、城市混合侵蚀、城市风力侵蚀四种主要类型。

（二）城市水土流失的形式

城市水土流失各类型之间关系密切，不同类型之间由于水土流失的外营力种类不同，再加上地质、土壤、地形、植物覆盖及土地利用等因素的影响，使不同类型的城市水土流失呈现出不同的外部形式。

1.城市水力侵蚀

城市水力侵蚀的主要形式包括击溅侵蚀、表面侵蚀、沟蚀、化学侵蚀和地下水超采引起的非均匀沉降侵蚀等。

（1）击溅侵蚀（溅蚀）。击溅侵蚀是指裸露的地表受到雨滴击溅而引起的水土流失现象。城市建设过程中，由于取土场、排土场、建筑工程和道路工程扰动土地，破坏了原有植被，因此在雨季时因降雨雨滴打击地面，使结构本已破坏的土壤颗粒产生位移，导致土壤表面形成结皮、土壤孔隙堵塞雨水下渗受到阻碍的现象，为地表径流产生和层状侵蚀创造了条件。

（2）表面侵蚀（面蚀）。面蚀是指由于地表径流冲走地面表层土粒的一种侵蚀现象。地面径流是指由于降雨使得地表土壤含水量达到饱和或由于降雨强度超过土壤下渗率而在地表形成的水流。地表径流起初以均匀的面蚀方式带走地表的细小土粒。随着降雨量的增加，面蚀会进一步发展为细沟侵蚀，从而对城市固体废弃物堆置体、复垦坡面和土质边坡（公路、铁路边坡）产生更大的侵蚀。

（3）沟蚀。沟蚀是指汇集在一起的地表径流冲刷，破坏土壤及其母质，形成切入地表以下沟壑的土壤侵蚀形式。当地表径流进一步汇集成集中股流时，径流流量加大，流速加快，跌落剧烈，导致其冲刷、搬运和沉积能力增强。在城市建设活动中，由堆垫、挖损、构筑和塌陷等原因形成的人工边坡，往往会因集中股流形成而引起强烈的水土流失。

（4）化学侵蚀。化学侵蚀是指由化学作用引起的侵蚀破坏形式。在城市中，化学侵蚀主要是由于大气中的SO_2或NO_2等酸性气体与水蒸气相遇形成硫酸和硝酸小滴，落到地面形成酸雨，从而对地表土壤、植被或建筑物等形成的侵蚀现象。我国长江以南的"长三角"和"珠三角"等经济圈的工业发达，大气中的酸性气体浓度较高，再加上位于亚热带季风气候区和湿润区，全年的降水量较为丰沛，容易形成酸雨，所以这些地区的化学侵蚀较为普遍。另外，在城市工业建设区、采矿区、道路或垃圾堆放处等地，大量堆放的固体废弃物在降雨和地面径流作用下引起其中所含化学离子的迁移，往往也会导致地表水、地下水和土壤的污染或化学侵蚀的发生。

（5）非均匀沉降侵蚀。地面非均匀沉降是指由于工程建设、经济活动或地质构造运动导致地壳浅部松散覆盖层的不均匀压实，而引起地面标高不均匀沉降的一种工程地质现象。我国大多数城市，由于地下水超采形成巨大的地下水降落漏斗，从而导致城市地表产生不均匀沉降。这种非均匀沉降可以诱发土体崩塌或滑坡等现象的发生，从而导致土壤流失。

2.城市重力侵蚀

城市重力侵蚀的主要形式有人为扰动引起的岩土泻溜、岩土崩塌或滑坡及采空区塌陷侵蚀、爆破和机械振动引起的重力侵蚀等。

（1）人为扰动引起的泻溜和岩土崩塌。泻溜是指岩壁和陡坡上的土岩体，在干湿、冷热或冻融交替作用下破碎而产生的岩屑，在自重作用下沿坡面向下滚动和滑落的现象。城市建设往往破坏岩土表面的覆盖植被，使易风化的岩土坡变成泻溜坡；也会因为取土、采石或采矿等行为，使埋藏在深层的易风化岩土露出而形成泻溜坡面。

岩土崩塌是指斜坡岩土向临空方向突然倾倒，岩土破裂，而后顺坡翻滚而下的现象。在城市建设过程中，由于固体废弃物的无序堆放，取、弃土场边坡陡立，再加上爆破及机械振动等原因破坏了岩土原有的平衡状态，使得岩土崩塌时有发生。

（2）人为扰动引起的滑坡。滑坡是指斜坡岩体或土体在重力作用下沿某一特定面或组合面而产生的整体滑动现象。城市开发建设活动诱发的滑坡属于人为扰动地层诱发的重力侵蚀范畴。通常，露天开采往往会形成高陡边坡，这些边坡在地表水流入或地下水长期浸润及爆破或机械振动等外因作用下容易导致滑坡发生。堆积在山丘斜坡上的固体废弃物增大了基底承受的荷载强度，往往成为滑坡产生的诱因。

（3）采空区塌陷（沉降）侵蚀。塌陷侵蚀是指在地下矿层大面积采空后，矿层上部的岩层失去支撑，平衡条件被破坏，随之而产生的弯曲和塌落，以至发展到地表下沉变形的现象。采空区塌陷侵蚀会对土地资源，水资源及植被资源造成重大甚至是毁灭性的破坏。

（4）爆破和机械振动引起的重力侵蚀。这类侵蚀是指在采矿和工程建设过程中，由于爆破和机械振动引发的崩塌、滑坡、地面沉陷、建筑物变形和破坏等多种灾害性现象。

3.城市混合侵蚀

混合侵蚀是指在水力和重力共同作用下形成的一种特殊侵蚀类型。城市混合侵蚀有岩土堆置或剥离引起的泥石流和开发建设活动诱发的特殊侵蚀两种形式。

（1）岩土堆置或剥离引起的泥石流。在城市工矿区或工程建设区，采矿和工程建设剥离、搬运和堆置岩土，加速改变了地面状况和地形条件（如植被、表土、坡度、坡面物质的松散性等），使尚处于准平衡状态的山坡向不稳定状态转变，为泥石流的暴发提供了各种有利条件。

（2）开发建设活动诱发的特殊侵蚀。开发建设活动诱发的特殊侵蚀包括两种情况：一种情况是指在地下开采矿石时，如果产生冒顶，则会诱发流沙溃入巷道，导致地面塌陷；另一种情况是指在露天采矿场，如果剥露出流沙层等引起沙涌入采矿场，可能造成边坡失稳，从而引起滑坡或塌方现象的发生。

4.城市风力侵蚀

城市风力侵蚀主要是指因开发建设活动而诱发的干旱，沙尘天气及土地荒漠化等形式的风力侵蚀现象。

（1）开发建设活动诱发的干旱和沙尘天气。城市大规模，高强度的开发建设活动常常诱发或引起干旱。一方面，由于开发建设活动扰动了自然岩土，引起区域水量损失（如地表径流损失、地表水浅层渗漏损失、地表水深层渗漏损失和地下水损失），从而诱发沙尘天气的发生。另一方面，开发建设活动破坏了地表植被，加速了地表和土壤层的干旱。同时，裸露的地面会将更多的太阳光反射到大气中，使大气变得干热，即形成所谓的"反射效应"，促使了城市干旱和沙尘天气的发生。

（2）开发建设导致的土地荒漠化。土地荒漠化是指包括气候变异和人类活动在内的种种因素造成的干旱、半干旱或干旱亚湿润地区的土地退化现象。在城市开发建设过程中，由于生产建设活动（采矿，超采地下水等）引起地面沉陷，地表水渗漏、地下水水位下降及农田水利设施毁坏等现象的发生，从而导致土地生产力水平降低，甚至促使土地荒漠化。

（三）城市水土流失成因与影响因素

城市水土流失主要是由人为活动所造成的，主要原因是由于人类在城市开发建设过程中对自然环境的破坏及由此产生的废弃物等。城市水土流失的产生原因和影响因素大致可概况为以下几个主要方面。

1.城市基本建设引发的城市水土流失

城市基本建设如城市集中连片的居民住宅小区、商业区、铁路、公路、输油气管道、输变电及有线通信等项目建设，可在短时间内对当地的水土资源造成极大的破坏。基本建设特别是大量土地的开发，使城市用地规模迅速扩大。目前，全国仅开发区就有300多个，侵占耕地面积达18.6万公顷以上。一方面，城市土地经过开发，由天然状态转化为人为状态，一些水塘、河流（道）等天然水体被改造或填平，使暴雨产流和汇流时间缩短，洪峰流量集中。另一方面，由于农田被城市建筑物、工厂、水泥或沥青路面等不透水层所取代，地面阻力明显减少；同时，土壤入渗能力大大减弱，地表径流增大，促使暴雨径流产生的能量更加集中，从而加大了水流的侵蚀能量，加速了水土流失，导致水土流失量的增加。例如，陕西省韩城市地处关中盆地与陕北黄土高原的过渡地带，地形复杂，地貌多样。近年来，随着城市化进程的加快，该市地质灾害和水土流失日益严重。究其原因，除了与当地地形地貌条件，地层岩性及地质构造等因素有关之外，城市基本建设等人为不合理的工程活动影响甚大。由于城市采矿和公路建设等项目破坏了原有地表的生态环境，导致地表的岩土体变形和塌陷。再加上该地区天然植被少，沟壑密度较大，土壤侵蚀强烈，从而导致了该市水土流失现象严重。

2.城市生活垃圾和工业固体废弃物乱堆乱放引起的水土流失

由于缺乏统一规划，很多城市的生活垃圾、工业垃圾及建筑垃圾采用露天堆放、自然填沟和填坑等原始方式处理。每逢汛期，大量垃圾随地表径流进入河流、湖泊等城市水体中。由于城市工业固体废弃物的数量巨大，如果选煤厂、冶炼厂等沿河而建，它们分选出的细粒煤矸石、煤泥、废渣等随意堆放在山坡或沟道旁，则很容易引起水土流失，阻塞河道，污染水土资源。资料表明，随着城市人口的快速增长，我国每年产生的城市生活垃圾约为1亿吨，而这一数字每年还在以10%的速度递增。在我国671座城市中，至少有2/3的城市已陷入了垃圾的重重包围之中。

3.城市水土保持意识淡薄，水土保持法制监督不完善

由于城市水土保持概念提出较晚，因此在我国《水土保持法》条文中，没有对城市水土保持工作做出明文规定。在城市建设中，一些开发建设者往往只看重局部利益，而没有意识到城市水土流失给城市化整体建设带来的严重后果，导致部分城市的水土保持流于形式，或根本就没有重视。因此，为了从根本上遏制城市水土流失现象日益恶化的趋势，应根据当前城市建设中水土流失的现状，结合《水土保持法》和《环境保护法》等法规的要求，制定出城市水土保持规章制度和各种标准规范，从而做到有法可依、监督有力。

4.城市小气候异常导致城市水土流失加剧

众多研究资料表明，城市环境中往往会出现"雨岛""热岛""风岛""干岛"等负效应。这些负效应是城市小气候异于周边地区气候的集中体现，严重影响到城市的水文循环和土壤理化性状，对自然气象灾害具有放大和诱发作用，进而加剧城市水土流失。

二、城市水土流失对水土环境的影响

（一）城市水土流失对城市水环境的影响

城市水土流失对城市水环境的影响是多方面的，主要概况为以下几个方面。

1.影响水资源的有效利用，加剧城市用水供需矛盾

我国淡水资源贫乏，人均水资源占有量仅为2200m³，仅为世界人均水资源量的1/4，而且水资源在时空上分布极不均匀。到目前为止，在我国660多座建制市中，有440座城市缺水，其中缺水严重的城市达130多个。全国城市每年缺水60亿m³，日缺水量已超过1600万m³。考虑到21世纪国民经济需水量的增长，城市缺水的问题将持续存在。

城市水资源短缺的原因可以概括为资源型缺水、工程型缺水、结构型缺水和管理型缺水四种类型。在各种缺水类型中，城市水土流失均会影响城市水资源的有效利用。城市化进程严重影响水文循环过程的各个主要环节，如

253

下渗减弱、排泄加快、蒸发加剧等均可导致城市"保水不足，流失有余"。欧洲一些国家，为了合理利用城市水资源，将其道路建设高于两侧地面，降雨时在路面上形成的径流可以流到路边的草坪里，这样就可以提高水资源的有效利用。

2.水质污染加剧

目前，我国城市水环境质量面临的形势十分严峻。据统计，流经城市的河流水质78%不符合饮用水水源标准，其中有16%的城市河段严重污染，11%的重度污染，15%的属于中度污染，33%的属于轻度污染。城市地区的湖泊水域75%呈富营养化。太湖流域因水污染严重，出现了3000多万人口守着2300多km^3的太湖而"水多用难"的尴尬局面。城市河流是城市生态平衡的重要因素，是城市的绿色生命线。由于城市水土流失和污水无序排放，污染了城市河流水质，改变了城市河段的自然状态，使这些河段逐渐丧失了自然特性，尤其是河水的自然净化能力大大降低。由于城市工业排放"三废"，城市生活垃圾和固体废弃物不合理堆放、地下水超采及海水倒灌等原因，城市地下水污染严重。我国城市地区的地下水50%以上受到严重污染。

3.城市生态环境缺水严重

生态环境是关系到人类生存的基本自然条件。生态系统的稳定和平衡是可持续发展的基础，而水是生态和环境的核心要素。在过去的几十年里，由于工业化、城市化对水的过度竞争使用，形成了城市生活和工业用水挤占农业和生态环境用水的格局。城市因缺水或用水量增长过快造成了一系列的生态环境问题，而这些生态环境问题的出现均与城市水土流失强度大、范围广有着十分密切的关联。如果城市水土流失强度较大，进入河流或湖泊等水体中的泥沙，垃圾等污染物过多、过快，则会引起河床抬升、湖泊面积萎缩等严重恶果。如果对城市水资源尤其是天然降水不能合理有效地利用，环境所承载的植被就会因缺水而退化甚至消亡。与此同时，为了保证城市生态环境在一定条件下达到城市居民生产和生活的需求，势必会加大对城市地下水资源的开发。而对地下水的盲目开发和超采利用又会导致地下水漏斗的形成及地面沉降和水质恶化等的发生。因此，从这个意义上讲，城市生态环境缺水严重程度必然与城市水土保持及高效合理用水之间相互依赖、相互影响。

4.城市洪涝灾害加剧

资料表明，在许多城市中存在着两种非常矛盾的现象：一方面城市水资源匮乏日趋严重，另一方面城市洪涝灾害频繁发生，尤其是强度大、频率高的降雨极易形成洪涝灾害。在城市发展过程中，随着不透水地表铺砌面积的不断扩大和建筑密度的提高，再加上城市的雨水排放管网系统多以尽快汇集与排除地面径流为目标，从而加快了城市雨水向河道的汇集，使河道洪峰流量迅速形成，这对城市内部及周边低洼地区造成了更大的防洪排涝压力。除此之外，城市水土流失造成城市雨水排放系统的淤积或损毁，导致河床淤积抬高，缩短了城市人工水体和河道的使用年限，从而在许多地方出现了"小水量，高水位"的现象。

（二）城市水土流失对城市土壤环境的影响

土壤环境是指岩石经过物理、化学、生物的侵蚀和风化作用，以及在地貌、气候等诸多因素长期作用下形成的土壤的生态环境。土壤环境的形成决定于母岩的自然环境。风化的岩石发生元素和化合物的淋滤，并在生物的作用下产生积累或溶解于土壤水中，从而形成了具有多种植被营养元素的土壤环境。土壤环境由矿物质、动植物残体腐烂分解产生的有机物质及水分、空气等固、液、气三相组成。各地的自然因素和人为因素不同，从而形成了各种不同类型的土壤环境。我国土壤环境存在的问题主要有农田土壤肥力减退、土壤严重流失、草原土壤沙化、局部地区土壤环境被污染破坏等。

1.城市水土流失导致生态环境质量下降

城市水土流失使土壤养分库及其调蓄能力遭到破坏，肥力衰退降低，导致土壤养分严重亏缺。工程建设过程中发生的炸山取石、削山毁林等现象破坏了城市原有的生态系统，导致了环境的自我恢复能力减弱，生态质量恶化。城市工矿企业的建设和生产行为使本已脆弱的生态环境日趋恶化。例如，山西省长治市年产200万t煤炭的大型煤矿潞安矿务局漳村矿堆积了10座大小矸石山，因缺乏适宜的水土保持措施，在大风天气尘土四处飘移，严重污染了城市环境。同时，分布于市区周边的坡地，沟边和山脚沿线的采石场及随意倾倒生产中的弃土弃渣，也引起了周边土质的沙漠化。

2.城市水土流失加剧了土壤污染，影响人类健康

城市中的人类活动产生了大量的废弃物，如工业废弃物、城市垃圾和危险废物等，它们的堆放和填埋需要占用大量的土地。在堆放和填埋废弃物时，如果缺乏必要的保护措施，这些废弃物会因风化、雨雪淋溶、地表径流冲刷等，使得其所含有毒物质进入土壤。一旦有毒物质进入量超过了土壤的容纳和同化能力，就会导致土壤组成和性状等方面发生变化，引起土壤自然功能失调，土壤质量恶化。这些有毒物质经由土壤、作物根系和果实等环节，最终通过食物链而危及人体健康。

三、城市水土保持的主要内容

城市水土保持是指在各类城市的市区和郊区，以及县级政府所在地的城镇（含工矿区，下同）范围内，从城市水土流失的特点和城市居民对工作环境、生活环境及某些物质、文化、精神需求出发所进行的防治水土流失、保护利用水土资源、改善与美化环境的综合性工作。可以看出，它与以往的水土保持（可称为一般型或乡村型水土保持）的目的相同之处，在于都是防治水土流失、保护改善生态环境。不同之处，在于城市型水土保持更强调美化、优化环境，并满足城镇居民一定的物质、文化、精神需求。

城市水土保持主要内容包括：

（1）监督和防治由城市开发建设（包括建开发区，修建交通网络及其配套基地，为城市建设提供原材料的采石场等）造成的水土流失；

（2）监督和防治由城建区周围农业开发造成的水土流失；

（3）原残留的"自然流失区"的治理；

（4）水源保护区的水源保护林建设（包括林相改造）；

（5）城市沿海（河、库）岸防护林建设；

（6）城市化开发地中的排水问题；

（7）城市开发建设中的建筑垃圾和生活垃圾处理；

（8）城市化开发中有关水土资源保护的城市绿化、美化。

四、城市水土流失防治对策

城市水土保持是防治城市水土流失灾害的根本。城市水土保持的范畴，不仅要针对城市化过程中新的水土流失，还应包括对原有侵蚀环境的整治及城市周围地区环境的绿化和美化。

（一）规划措施

要搞好城市水土保持，规划措施是基础。城市水土保持规划应以城市总体规划为指导，以水土保持法律、法规为依据，将水土保持的有关规定和要求贯穿于城市的规划管理和各项开发建设之中。城市水土保持规划既要结合城市总体规划确定城市功能和空间布局，又要反映水土流失与水土保持的特点，根据区域特性把握治理重点，加强监督检查，完善预防和保护措施。

（二）植物措施

植物措施是指在开发建设区及周围影响区的裸露地、闲置地、废弃地、各类边坡及矿山废弃地等一切能够用绿色植物覆盖的地面所进行的植被建设和绿化美化工程，包括为控制水土流失所采取的造林种草工程与建设生态环境相关的园林绿化美化工程，以及矿山废弃地的复垦。世界上一些发达国家以充足的资金和先进的设施为基础，以植物措施为主开展城市水土保持工作。

（三）工程措施

对一般植物防护措施难以奏效的区域，如水土流失强度大的建设项目场地，应根据具体情况采取拦渣、护坡、土地整治、防洪排水、防风固沙、泥石流防治等工程措施来控制水土流失。

（四）物理化学措施

对于开发建设项目所产生的大量土渣，特别是公路等交通设施及管道工程的土渣一般需回填。在露天放置的过程中，由于土壤含水量的降低，其风蚀的可能性大大提高，可考虑使用化学黏结剂将土渣的暴露面固化，以防止风蚀的发生。在大风天，也可考虑定期洒水降尘，以降低风蚀的程度。

（五）管理措施

城市水土保持是一项涉及多部门，例如，水利、国土、城建、交通、环保、农林及立法执法等的综合系统工程。要搞好城市水土保持工作，必须在当地政府统一的领导下，各部门分工负责，注意协调，密切配合；要加大宣传力度，提高全民对城市水土流失的认识，把城市水土保持列入各级政府的议事日程，而且要健全法制，以法律法规条文的形式强化城市水土保持，并在此基础上建立健全城市水土保持监督体系；进一步加强城市水土保持理论和措施的研究，全面指导城市水土保持实践。

第九章　水土保持生物措施及生态建设

第一节　水土保持林规划设计与造林技术

一、水土保持林规划设计

水土保持林是在水土流失地区，通过林业工程措施，调节地表径流，防止土壤侵蚀，减少河流、水库泥沙淤积，达到改善山区、丘陵区的农牧业生产条件，建立良好的生态环境，并提供一定林副产品的天然林和人工林的目的。

（一）造林地立地条件分析与分类

1.造林立地条件分析

一般来说，在造林地上凡是与林木生长发育有关的自然环境因子统称为立地条件。造林地立地条件对造林树种的选择、人工林的生长发育、产量及质量等都起到决定性的作用。此外，不同的立地条件其造林技术也不尽相同。因此，正确地分析造林地的立地条件，是造林的基本前提。

立地条件分析一般需掌握四个关键环节：一是全面调查分析立地因子，主要是地形（海拔高度、坡向、坡度、地貌特征等）、土壤（土壤类型、机械组成及结构、土层厚度、腐殖质层厚度及含量、土壤侵蚀程度、石砾含量、pH等）、水文（地下水位深度和季节变化，有无季节性积水及积水持续期等)、生物(造林地植物群落名称、结构、盖度及其生长情况,病虫害、兽害情况,有益动物及微生物状况等)等环境因子,另外,还需掌握一些特殊环境因子,如造林地是否处在风口和冰雹带,有无大气污染源等;二是要系统分析各环境因子之间的相互关系;三是要从保证林木生长所需的光、热、水、养分等生态因子着手,从复杂的环境因子中找出影响林木生长的主导因子;四是要尽可能地对立地因子作用进行定量化分析,以减少定性分析的主观误差。

关于立地条件的定量分析,一般在研究分析时主要采用立地指数,即以一定基准年龄时的林分上层高作为与立地因子相关研究的生长指标。因为上层高对立地的反应最为敏感,而且受其他因素(如林分密度)的干扰少。目前,研究林木生长与立地因子之间关系的方法有主分量分析、多元回归分析、通经分析、典型相关分析、数量化分析及聚类分析等。以多元回归分析为例,把立地指数与各立地因子作逐步回归分析,选择适宜的多元回归方程,即可对立地与生长之间的数量关系给出明确的解答。同时,根据立地因子与生长之间的相关程度差异,可以确定客观存在的主导因子。此外,根据多元回归方程还可对无林地立地的生产潜力做出预测。

2.立地条件分类

立地条件分类的目的是通过对不同立地条件和生产潜力的林地或无林地进行科学的分类和评价,为造林树种和经营措施的选择提供基础依据。不同立地环境对林木的树种组成、结构、生产力有决定性的作用,因此划分立地条件类型必须以造林地上客观存在的立地环境作为基本依据。

关于立地条件类型的划分方法主要有以下3种。

一是按主导环境因子法划分,如阳坡薄土、阴坡厚土等。优点是:简单明了、易于掌握、应用比较普遍。缺点是:比较粗放,难以精细地反映立地的某些差异。

二是按生活因子法划分。优点是:类型反映的因子比较全面,类型本身就说明了它的生态意义。缺点是:许多生活因子不易直接测定,划分标准难以掌握。

三是用立地指数代替立地类型。优点是：能对立地的生产潜力给出数量化表示。缺点是：它本身只能说明效果，不能说明原因。此外，立地指数还必须与树种相联系，因为不同的树种对立地的反应是不同的，但是如果能建立不同树种立地指数代换模型，就可以解决这个问题。

由于水土流失区地形复杂，通常采用主导环境因子法划分立地类型。

划分立地条件类型的步骤如下：

（1）绘制平面图。小流域平面图是划分立地条件类型的最基本图面资料，已经做过水土保持规划设计的流域可利用该规划设计平面图，未进行规划设计的流域可利用1/1000地形图对坡勾绘或者测绘，绘制平面图。

（2）划分小班。小班是造林设计的基本单位，其地类、权属和立地条件基本一致。在平面图确定的宜林地上，根据地面明显的标志（如山脊、道路、流水线和地类界）划分小班，小班面积一般为1～20hm^2，小班号自上而下、自左向右排列。

（3）确定划分立地条件类型的方法。按主导环境因子法划分。

（4）确定小班调查的因子。根据主导环境因子法的要求，确定小班调查的具体因子，如地形（地貌）、土壤、水文等。

（5）划分立地条件类型和命名。根据小班调查资料，通过分析找出主导因子，如黄土区主导因子有坡向、地貌部位和土壤种类；土石山区有海拔高度、坡向和土层厚度；河滩地区有地下水位、土壤质地等。主导因子找出后，要进行分级并组合成不同立地条件类型，然后进行命名，如阳向沟坡下部姜石粗骨土、低山阳坡紫色土、海拔800m以上阳坡厚层土等。

（二）水土保持林适生树种选择

水土保持林的主要任务是拦截及吸收地表径流，涵养水分，固定土壤免受各种侵蚀。营造水土保持林，必须根据保持水土的目的及水土流失地区的自然特点，同时兼顾当地人民群众生产生活的需求来选择树种。

现将我国各重点地区适于水土保持林的树种简述如下。

1.黄土高原丘陵沟壑区

刺槐是该区的主栽树种，但后期生长较慢，不能成大材，在北部高寒地区易受冻枯梢。已有的经验表明，在黄土高原地区，适宜选作水土保持林的主要树种：针叶类的有油松、侧柏、杜松、樟子松、华北落叶松、华山松、云杉等；阔叶类的有群众杨、河北杨、山杨、合作杨、小叶杨、刺槐、臭椿、旱柳、白榆、槐树、杜梨、栓皮栎、辽东栎、柿树、山杏、楸树、白蜡等；小乔木和灌木类的有柠条、沙棘、胡枝子、金银花、狼牙刺、酸枣、文冠果、翅果油树、黄蔷薇、花椒、木瓜、扁桃、花棒、火棘、山桃、杞柳、枸杞、紫穗槐、荆条等。

在黄土坡、梁峁顶等处生长良好的树种有沙棘、柠条、怪柳、紫穗槐、杜梨、油松、侧柏、刺槐、河北杨等。天然野生于荒坡的有狼牙刺、酸枣、文冠果、山桃、栓皮栎、枸杞等。沟底防冲林有旱柳、小叶杨、毛白杨、灌木柳类等。

2.长江中上游丘陵山区

在长江中上游丘陵山区水土流失的丘陵、荒山上生长良好的树种有柏木、马尾松、桤木、光皮桦、云南松、华山松、刺槐、马桑、湿地松等。在乔木林下或边缘地带天然繁衍树种中，生长良好的有麻栎、栓皮栎、槲树、化香、黄荆、刺梨、乌桕、胡枝子类、白栎、茅栗、白花刺、栲类、救军粮、葛藤、黄檀、南岭黄檀、山苍子、苦槠、木荷、黄栀子、枫香等。另外，在金沙江干热河谷有余甘子、台湾相思、坡柳、山毛豆、番石榴、赤桉、木麻黄、小桐子等。

3.太行山区

太行山区水土保持林主要造林树种为侧柏、油松、刺槐、栓皮栎、槲树、华北落叶松、日本落叶松、华山松、辽东栎、蒙古栎、白蜡、臭椿、元宝枫、栾树、胡枝子、紫穗槐、沙棘、杜梨、山桃、山杏、黄栌、荆条、酸枣、山楂等。另外，沟底防冲林主要有旱柳、小叶杨、毛白杨、群众杨、灌木柳类等。

4.东北黑土丘陵区

东北黑土丘陵区水土保持林主要造林树种有兴安落叶松、长白落叶松、红皮云杉、樟子松、小黑杨、小青杨、山杨、白桦、紫椴、旱柳、胡枝子、丁香、沙棘及灌木柳类等。这些树种作为水土保持林在适宜立地生长良好。

（三）水土保持林的配置

水土保持林的配置，是指在一定的水土流失区域内，根据地形地貌特征和水土流失规律以及针对防护对象而做出的具体造林模式安排。水土保持林的科学配置是有效拦截天然降水和地表径流，发挥水土保持作用的主要途径之一。

水土保持林配置要按防护目的因害设防。常见的几种配置模式如下。

1.坡面防护林

护坡林是指在梁峁顶部以下、侵蚀沟以上坡面营造的水土保持林。在丘陵山地，该区域坡陡面广，土壤疏松，多为耕地，是水土流失最活跃的地方。

坡面按地形特征划分，一般可分为凸形斜地、凹形斜地、直形斜地3种类型。各类型的护坡林树种配置是：凸形斜坡径流量大，流速快，土壤侵蚀强烈，土壤水分低，应营造乔灌木混交护坡林，灌木的比重应占到60%以上；凹形斜坡，上部较陡，水土流失集中，下部凹陷处常伴有泥沙沉积现象，水分条件较好，因此其上部应营造以灌木为主的防护林，下部凹陷处可营造以果灌为主的混交林；直形斜坡，侵蚀较轻，分布比较均匀，应营造以乔木为主的乔灌混交林。

坡度也是决定林带配置的因素，一般坡度小于3°的平缓坡地，应按农田防护林带的要求配置，当坡度在3°以上，林带应沿等高线配置。

营造护坡林，在树种配置上，无论选择什么树种，都应以混交方式进行，且必须为紧密结构的复层混交林，只在乔木生长困难的地方采用纯灌木林带。对于乔灌混交林带的迎水面还应配置紧密的灌木林缘，以更好地发挥分散水流的作用。

在坡长较短、坡度较缓、农地少牧地多的斜坡，可采用保土灌木与牧草混交组成窄条林带，带宽5~10m，灌木行株距1.0m×0.5m，草本植物行距0.5m。牧草以草木樨、紫花苜蓿为主。

2.分水岭防护林

分水岭防护林又称为梁峁顶防护林。梁峁顶部是坡地地表径流的起源地，具有风大、高寒、土层瘠薄等特点。分水岭防护林应根据地形、土壤及土地利用情况进行配置。梁峁顶部为荒地，应进行全面造林；在窄而陡峭呈屋脊形的分水岭上，沿山岭脊设置林带，带宽一般为10~20cm，选择抗风而又耐瘠薄的树种，采用乔灌木混交，也可营造密植的纯灌木林带。在宽而缓或顶部浑圆的梁峁顶部，土层厚，多为农地，一般按农田防护林的要求，在农田的一侧或两侧配置疏透结构的防护林带，带宽10m左右，选择生长迅速、抗风、耐旱、经济价值较高的树种，尽量采用水平沟、水平阶或鱼鳞坑整地。乔木采用三角形配置，株距1.0m×1.5m；灌木0.5m×1.0m。梁茆顶部造林一般比较困难，应特别注意造林树种的选择，要选抗风蚀、耐干旱和根系发达的树种或灌木，并应加大灌木的比重。

3.侵蚀沟水土保持林

侵蚀沟是各类地貌中水土流失量最大、危害程度最深的地方。侵蚀沟分为沟头、沟坡、沟底、沟沿和进水凹地5个部分。

沟头由于径流冲蚀作用激烈，土体崩塌严重，不断扩张，沟头造林须采取生物措施和工程措施相结合的办法，具体做法是在距沟头3~6m的地方筑塔高1.0~1.5m、顶宽0.5~0.7m的围堰，围堰外密植灌木，围堰内栽植乔灌混交林。

沟坡集水面积大，植被稀少，遇有大雨经常会发生滑坡和崩塌，因此沟坡造林应在侵蚀沟的两侧，沿等高线形成0.5~0.8m宽的水平条带，栽植根系发达、郁闭早的乔灌木。坡面支离破碎，采取鱼鳞坑整地方式，栽植乔灌混交林。在不超过45°的缓斜沟坡上，可直接挖穴整地造林；在沟坡较陡的坡面上，应修成反坡梯田或植树平台，在其上造林或栽果树。田面大小为1~2m，平台水平间距为2m，株距根据造林树种而定。植树平台沿等高线呈品字形排列。

沟底径流集中，流速快，泥沙多，径流常常导致沟底加宽加深，因此沟底造林应视沟底状况采取不同的措施和方法。如果沟底坡度比较小、下切不严重，可全面造林；沟底较缓，土壤条件较好，集水面积不大，可营造块状林和小片丰产林；沟底坡度比较大、水流急、下切严重，则必须采取修筑小型拦水坝、谷坊和栽植乔灌混交林相结合的方法来治理。

沟沿林带在沟坡基本稳定的条件下，应在距沟沿以外2～3m远处设置。近沟沿处作为天然生草地带或作为将来可能塌落的部分。正在发展的沟岸地带，则应由沟底按土壤的自然倾斜角35°左右向沟沿上方引线，在引线与沟沿相交的2～3m远处设置林带。沟岸地带如为农田，为了少占耕地，带宽可为5～7m；如为荒地，则可达10～20m。林带结构应采用乔灌混交的复层紧密结构林带，林带两侧边缘配置根蘖性强的灌木林缘，以便分散水流和固结土壤。沟沿林带按等高线成直线或折线进行配置。

进水凹地由流水线路和水路两侧两部分组成。流水线路是经常流水的凹地底部，水土保持林应选择萌蘖性强，枝叶茂密的灌木树种，与流水线垂直成行密植，行距1.0～1.5m，株距0.3～0.5m，呈三角形排列，可每年平茬，促进丛生。水路两侧应营造与流水线平行的乔灌木混交林带。如果周围为非耕地，林带应适当加宽。林带的长度应超出进水凹地以上，以便更好地发挥作用。如果在沟顶以上集水面积较大、来水量多的情况下，在流水线路的中间也可留出适当宽度的流水通道，以免冲毁灌木林带。

4.地埂林

地埂林又称为埂坎林。地埂包括梯田地埂、坡地地埂和农田地埂3种。地埂林的营造应视农田的坡度、宽窄和大小确定造林树种、栽植密度和方式。对于坡度较陡的农田，可在地塔的上下各栽1～2行树木或经济价值较高的灌木；对于长而较窄的梯田，可在地埂的外沿栽植经济林树木，如桑树、枣树、柿树、花椒等；对于面积较大的塬面农田，则沿地埂、地界或田间小路营造防风林带，同时在塬边地头营造以灌木为主的生物带，灌木栽后2～3年可在晚秋或早春平茬，以促进灌木丛生。

5.水源涵养林

水源涵养林泛指河川上游集水区内的大面积森林。水源涵养林侧重于涵养水源，减低洪峰流量、增加枯水期供水的作用。水源涵养林一般多设置在山地或河川上游临近分水岭的高山和远山地区。水源涵养林需全面造林，营造时宜根据立地条件的不同，一般采用近自然方式，在树种搭配上采用阴阳性混交型、乔灌木混交型或者综合混交型，形成复层混交林。在高山区，雨量较大，又是河流源地，有的还残留一些灌丛或次生林，应全部实行封山育林，通过封造结合的办法，使其构成多树种的复层混交林，并划为水源涵养林进行相应的经营管理。

二、水土保持造林技术

水土流失地区自然条件比较差，植被难以恢复，因此，水土保持林主要通过人工方法加以培育。要提高造林成活率，必须在造林技术上严格要求。

（一）造林原则——适地适树

我国幅员广大，各地适宜栽植的水土保持树种不同，就是同一地区，往往由于小地形不同，造林树种也有很大区别。要做到适地适树，就要在造林时选用适合当地条件的优良树种或乡土树种，以及经过试验证明是可靠的优良树种。同时，还应考虑充分发挥山区土地、水、热、光等资源优势，积极发展经济果林，使水土保持林不仅在保持水土上，而且在发展小流域经济中起重要作用。

1.树种选择原则

（1）抗病虫害，适应性强。例如，护坡林的树种要耐干旱瘠薄（如柠条、山桃、山杏、杜梨、臭椿等），沟底防护林及护岸林的树种要耐水湿（如柳树、怪柳、沙棘等）、耐盐碱、抗冲刷等。

（2）树冠浓密，枝叶发达，枯落物丰富，能形成良好的枯枝落叶层，有效拦截雨滴直接冲击地面，保护地表，减少冲刷。

（3）主侧根发达，能网络和固持土壤。特别在滑塌、泻溜和崩塌的地段，应选择根蘖能力强的树种或蔓生树种。

（4）具有土壤改良性能（如刺槐、沙棘、紫穗槐、胡枝子、胡颓子等），能提高土壤的保水保肥能力。

（5）生长迅速，寿命长，繁殖容易，种苗来源充足。

（6）能充当"三料"（饲料、肥料、燃料）。

（7）适种的木本粮食、油料树种和经济林果树。

2.适地适树基本途径

（1）选择途径，包括选树适地和选地适树。选树适地主要根据造林地立地条件的特点，深入分析树种的生态学特性，做到选择的树种适应造林地立地条件。树种选择的基本原则是：一方面，造林树种要具备最有利于满足造林目的的要求，如生产木材、防护功能、美化功能等。另一方面，造林树种又要最能适应造林地的立地条件。选地适树主要依据造林树种的生态学特性，选择能满足造林树种适应和生长需求的造林地，以达到造林的目的。

（2）改树适地，即通过选种、引种和杂交育种的办法改变树种的某些特性，使其逐渐能在原来不适应的立地条件下生长。

（3）改地适树，主要是指通过整地、抚育、灌溉、施肥等措施，改变造林地的立地条件，使原来不适应的树种能够生长。一般改地适树的造林成本比较高，需要进行经济分析，以确定最佳的改地措施。

需要指出的是以上三条途径是相互补充、相辅相成的，选树适地和选地适树是改树适地、改地适树的基础，改树适地、改地适树只有在地树尽量协调适应的条件下才能取得好的效果。

（二）造林季节

造林季节适当与否直接关系到造林的成活率。适宜的造林季节应当是具有适宜的土壤水分状况和温度条件，以利于种子、苗木和种穗的发芽、根系再生和生根；此外，还应当有利于幼苗避免干旱、晚霜、冻霜和冻拔的危害。不同的树种、不同的造林方法和不同的立地条件，应当选择不同的造林季节。

一般来讲，春季是各地的造林季节。许多地区早春气温低，土壤湿润，此时落叶树尚未发叶，常青树的新芽尚未萌动，蒸腾量不大，而且春天苗根再生能力强，愈合快，造林成活率高。春季针叶树造林要掌握适时偏早的原则，这对增强苗木后期抵抗高温干旱的能力、提高造林成活率关系很大。春季造林最好掌握阔叶树在"发芽"前、针叶树在"抽蔓"前要栽植完毕的规律，否则，就会影响造林质量。

北方地区常有春旱，雨季多在夏天，特别是初伏、中伏雨量达到高峰时，给雨季造林提供了有利条件。雨季空气潮湿，蒸发量相对减少，土壤松软湿润，播种造林能很快发芽。在山区雨后栽植松、柏类小苗成活率最高。

秋季也是较好的造林季节，绝大部分树木种子都在秋天成熟，成熟后的种子落地，土壤埋藏后能起到催芽作用，有利于种子来年发芽。秋季播种的核桃、山杏，第二年春天发芽生长就比当年春季催芽的种子播种更有把握。在树木落叶后、土封冻前植苗造林，第二年发芽时能充分发挥底墒作用，有利于生根发芽，但在黏性较重的土壤或造林后易发生冻害的地区不宜秋季造林。

（三）整地工程

水土流失地区，一般土壤干旱、瘠薄，林木生长较慢，甚至不易成活。为提高造林成活率，促进幼林生长，应根据不同地形和水土流失程度，因地制宜地选择不同的整地工程，以蓄水保土，改善幼树生长的条件。整地季节以造林前一年的雨季、秋季整地效果最好。春季整地应在土壤水分较好时开始，土块不易打碎时结束。无论何时整地，都必须在下过透雨后，才能造林。

常用的整地工程有以下几种。

1.水平阶

这种整地工程适用于坡面比较完整的小坡。具体做法是：先在坡面上沿等高线划出水平线，沿着水平线由上向下里切外垫，筑成台阶。阶面要外高里低，外边比里边一般高出9～18cm，阶面宽0.5～1.2m，台阶与台阶的距离为1.2~1.8m。修筑时，注意把熟土放在台阶的中央，修好后，把树栽在台阶的中央稍靠外一些。水平阶整地最好在雨季进行，当年秋季或来年春天再植树。

2.水平沟

这种整地工程，一般适于35°以下的山坡。具体做法是：先在山坡上沿等高线画出水平线，沿水平线挖沟，把表土层熟土放在上边，向下挖生土培埂，培埂的地方，要把底土挖松，培好土埂层，再把表层熟土打碎，铺在栽树的地方。树一般栽在土埂内部的中下部；在干旱地区，也可栽在沟底。水平沟的大小，在北方，一般土埂面宽0.3m、沟底宽0.3m、深0.3m左右较合适；暴雨或雨量多的地方，可适当加大一些。沟的长度，在地形复杂的地方，应挖短水平沟。沟与沟的上下距离，通常为1.5~3.0m；与水平阶相配合时，则每隔6~9m挖一条。水平沟内应每隔3~6m修一道横挡，横挡稍低于沟埂。

3.鱼鳞坑

这种整地工程，适于地块破碎、坡陡、石块多、土层薄的山地。具体做法是：在山坡上挖半圆形的小坑，呈"品"字形排列。挖坑时，先把表土堆集到一边，再用里切外垫的方法，将生土培向下边，围成半圆形的土埝，埝的高和宽一般为0.2~0.3m。围成土埝后，再将堆集在一边的表土铺在土埝的内坡下部。根据不同的地形，鱼鳞坑可大可小、可长可短，一般横0.6~1.2m、竖0.5~1.0m、深0.2~0.3m就可以了。

4.反坡梯田

亦称"三角形"水平沟。反坡梯田的修筑方法与水平阶相似，唯台面向内倾斜成一定坡度。

5.果树经济林整地

在山地丘陵坡面种植果树经济林，要求高标准的工程整地。最常用的整地方法是修筑水平梯田，除此之外，还有沟状梯田、果树坪两种整地方法。

（1）沟状梯田。沟状梯田是在太行山区发展起来的一种高标准的造林整地措施，因其兼有水平沟和梯田的一些特性，所以叫沟状梯田。进行沟状梯田整地的坡面一般不超过20°，沟宽以2m为宜。一般根据果树根系分布状况确定整地深度，并要考虑蓄水量，沟深以1m为宜。施工时要自上而下，一条沟一条沟地进行。先将第一条沟面2m宽的表土和碎石放在沟面上方，将石块放在沟面下方。开沟达到标准后，再将上方碎石和表土一同填入沟内，最后把上方隔坡的表土也放入沟内，与沟的外沿坡面相平，形成梯田。田面要外高内低。

（2）果树坪。一般在土层较薄处采用这种整地方法。果树坪与石坎梯田外形相似，但长度较小，一般为4～6m，宽2～3m，填土厚约1m。

（四）造林密度

1.影响因素

水土保持林的合理造林密度应根据不同树种、气候、土壤和混交形式以及林木结构而定。一般应考虑以下因素：

（1）以能否发挥最大的阻拦地表径流、拦截泥沙、保持水土、防止冲淘作用为前提，结合考虑用材、林副产品等经济效益。

（2）立地条件较好，气候湿润，土壤肥沃、深厚的山地阴坡，冲刷不太严重的地方，树木容易成活，生长快，能够提前郁闭，可以栽稀一些。反之，立地条件较差，气候干旱，土壤瘠薄，风大寒冷的山地阳坡或冲刷较为严重的地方，树木不容易成活，应适当密植，以提高其保存率；而且土壤瘠薄，树木发育慢，必须密植才能提早郁闭，所以，每公顷可栽4500～6000株。另外，一般阳性树种生长快，应当稀植；阴性树种生长慢，应当密植。

（3）各个树种的生长发育既有共性，也有各自的特殊性。一般生长慢、耐阴或树冠较小的树种应该比生长快、喜光或树冠大的树种栽得密一些。例如，阔叶树比针叶树稀一些；树干易弯曲、侧枝粗大、生长较慢的油松应比生长快、树干通直的落叶松密一些；河北杨、沙棘等根系萌发力强，根系窜到哪里，哪里便萌发一片幼苗，几年就会串满山坡，这些树栽植要稀一些。

（4）在某些情况下营造的水土保持林，如在高山、陡坡和滑塌、泻溜、崩塌的地段，以及侵蚀沟底容易引起冲刷的河滩、库旁地带，为了保土固坡、防冲挂淤，造林密度必须加大，一般乔木株行距可采取0.5m×1m或1m×1m。

（5）植苗造林应当采取大行距、密株距。这样首先达到株间郁闭，使行内林木达到生物学稳定状态。若这种林木生长发育正常，则不但能早日起到水土保持作用，同时通过适当间伐，既有利于林木生长成材，也可得到间伐材，增加经济收益。

（6）在营造灌木型的水土保持林时，应进行"品"字形丛状密植，使丛内早日郁闭，达到群生，如栽植丛生杞柳、紫穗槐等。

2.确定方法

根据上述考虑因素，在确定造林密度时可采用以下几种方法。

（1）经验方法。分析过去不同造林密度的人工林的效益，确定新的条件下的造林密度。采用这种方法时，决策者应当有足够的理论知识及生产经验，否则会产生主观随意性的弊病。

（2）试验方法。通过不同密度的造林试验结果确定合适的造林密度。这种方法虽然最为可靠，但所需时间长（一般应至少达到半个轮伐期以上，最好是一个完整的轮伐期），而且成本高，需要花很大的精力和财力。因此，一般只能对几个主要造林树种，在其典型的生长条件下进行密度试验，从这些试验中得出密度效应规律及其主要参数，以便指导生产。

（3）调查方法。调查现有林分密度与各项生长指标的关系，如胸径、树高、蓄积量，树冠以及经济成本的关系，然后采用统计分析的方法，得出类似密度试验林可提供的密度效应规律和有关参数，以确定合理的造林密度。

（4）查图表的方法。对于某些主要造林树种（如落叶松、杉木、油松等），已进行了大量的密度规律的研究，并制定了各种地区性的密度管理图（表），可通过查阅相应的图表来确定造林密度。但现在的大多数密度管理图（表），无论在理论上，还是在实际应用上，都还存在不完善的地方，需要继续深入研究。

以上4种方法根据所具备的条件可参照使用，也可同时使用，相互检验。

（五）造林方法

造林方法一般分直播造林、植苗造林、分殖造林和飞播造林。

1.直播造林

一般在种源丰富、土壤水分条件较好、自然灾害较少以及鸟兽害不严重的地方采用直播造林。

直播造林的优点是方便简单，节省劳力和资金，但不是任何树种的种子都可以进行直播造林。核桃、板栗、辽东栎、蒙古栎、栓皮栎、山杏等大粒种子适宜直播造林；油松、侧柏、刺槐、柠条、紫穗槐、沙棘、胡榛子等中小粒种子，在立地条件较好、经过细致整地的条件下，直播造林效果也很好。播种时要掌握以下几点。

（1）直播季节。一般大粒种子宜在春、秋两季进行；而油松、柠条等适宜在雨季进行。在干旱地区，雨季土壤湿度大，地温高，幼苗出土整齐，成活率高。油松雨季直播，北方已普遍采用。雨季播种不宜过迟，过迟则影响苗木木质化，降低越冬能力。秋季播种不宜过早，过早则种子在当年发芽出苗，易受冻害。

（2）播种方法。采用穴播、条播、撒播或簇播均可。穴播能灵活掌握，是营造山区水土保持林中应用最广的造林方法。穴播时应根据种子大小在穴内埋一层细土，大粒种子填土到距地面7cm处，小粒种子填土到距地面3~5cm处，然后整平穴面并稍压实，再将种子均匀撒开，小粒种子也可适当集中些，以利幼芽破土出苗。大、中粒种子最好将种子横卧在土中，以便于生根发芽。

（3）播种量。播种量的多少要根据种子发芽率高低、品质优劣、立地条件好坏以及整地质量而定。种子发芽率高、品质优良、立地条件好、整地细致时，播种量可以少些；反之，播种量应适当多些。

（4）覆土厚度。覆土要适宜，过厚，幼苗出土困难，延长出苗期，甚至造成种子霉烂；过浅，种子处在干土层中，吸水困难，影响发芽。一般因土壤质地、土壤温度、树种生物学特性和播种期的早晚等不同，覆土厚度各异。秋季播种应稍深一些，春季播种可以稍浅一些；疏松土壤以及较干燥地带播种也要稍深一些。覆土后压实穴面，使种子与土壤紧密接触，然后在穴上撒一层细土，以减少水分蒸发。

（5）注意事项。为了避免鸟类、兽类窃食种子及干旱、日灼的危害，可在植被覆盖度不大的山坡上用铁锹或镰刀开一长形小缝，播下8～10粒油松种子，这叫作缝播，也叫作偷播造林，河北、山西均有成功的经验；或采用戴帽播种，即播种后覆以适量的杂草，待种子发芽后摘帽；还有簇式播种，即在播种穴内搞几个假播种点，以防鸟兽危害。以上方法均能起到较好的效果。

2.植苗造林

植苗造林一般不受条件限制，不论干旱地区还是水土流失地区，凡播种造林易受鸟兽危害的地方均可采用。

（1）阔叶树植苗造林。我国北方春天一般都较干旱，刺槐、白蜡、臭椿、杨树、柳树、白榆以及紫穗槐等萌芽力强的树种可采用截干造林。因为截干栽后受风吹不摇摆，能减弱蒸腾，避免苗木失水，促进根系生长；根与茎干水分保持相对平衡，等于在苗圃内平茬，所以容易成活。截干造林的树木干形通直，能提高林分质量。

截干造林的具体方法是：

①苗木浸水：苗木运到后，都要浸水1～2天，使苗木在刨苗和运输中失去的水分很快得到补充。

②苗根沾泥浆：栽植时将苗木根系沾些泥浆，这样有助于根系与土壤密接而恢复其吸收能力，促进早日成活。

③栽植深度：一般略超过根茎处原土印1～2cm，干旱的山区或表土易受风蚀的地方可适当深一些，一般以超过3～4cm为好。

④栽植方法：栽植时要做到"三填、两踩、一提苗"，即一填表土于坑底，把苗木放在坑中央；再填一些湿润肥沃的熟土于根际，用脚踩实一次，将苗木稍向上轻轻提一下，使苗木根系舒展，与土壤密接；再将生土填入踩实，最后覆一层松土保墒。

⑤栽后平茬：为便于掌握株行距的规格，首先用带干苗栽植，待栽好以后，再用抚育快镰或修枝剪将露在地面以上的苗干砍去或剪除，秋季剪口以苗茎不露出地面为准；若春季造林，以苗茎露出地面2～3cm为宜。

⑥注意事项：平茬时注意不要把茎干砍裂或扒起茎皮，以免影响萌芽生长；栽后要把露在地表的茎干全部培土2～3cm，以防风干，一直等到幼苗顶出土时再扒开土堆；也有常年不去土者，群众叫"土闷芽，肥又壮"，这样萌芽后发育整齐。地下水位较浅的造林地就不能截干挖坑栽植，而只能平植培土。

（2）针叶树植苗造林。常绿针叶树的苗木，不但在起苗时会有部分根系损伤或切断，影响苗木对正常生长所需要的水分的吸收，而且常绿树种的苗木虽经移栽，枝叶依然进行着蒸腾作用，这样幼苗体内的水分由于蒸腾散失，与根部水分吸收不易维持正常的动态平衡，当苗木根部水分吸收不能补偿幼苗叶面水分的蒸腾时，苗木就会逐渐枯死。因此，樟子松、油松等常绿树苗应在适当修剪去一些枝叶后栽植。造林方法有植苗锹窄缝造林法、靠壁造林法等。

①植苗锹窄缝造林法：是河北省承德地区坝上的群众在营造"三北"防护林中普遍采用的一种造林方法。这种造林方法简单易行，不破坏土壤结构，能保持土壤湿度，成活率高，速度快。按照株行距1m×2m的规格，两人一天就可栽植0.27～0.4hm^2，比采用农用锹造林提高工效1～2倍。他们的具体做法是：

a.在整好的地上按照造林株行距离，第一锹倾斜插入土内，把锹蹬到底，上口成一宽5～6cm、深30cm的楔形窄缝。

b.把蘸好泥浆的针叶树苗根放入缝内，深放高提，不露红皮。

c.在距土缝后面6～7cm处的地方，直立扺入第二锹，先往怀里拉，再往前推，将苗木根系、根茎挤紧。

d.距第二锹后边10cm处蹬下半锹，扭动锹把，堵住窟窿，防止透风，最后踩实。

②靠壁造林法。靠壁造林法由于穴内有一半土层未动，有利于蓄水保

墒，减少水土流失。具体做法是：在整好地的栽植穴内挖一小坑，坑壁要上下垂直，然后将小苗根系紧靠坑壁，再分两次填土踩实，最后在上面覆一层松土即可。

（3）植苗造林应注意的问题：

①造林坑大小以使栽植的苗木根系舒展为宜，过大时既费工又费力。

②大面积造林时应采取1~2年生茎干粗壮、木质化程度高、顶芽饱满、根系完整、无病虫害的健壮苗木。

③栽植针叶树苗时，有条件的地方应带土起植，每穴可放2~3株，边起苗、边运输、边栽植，成活率最高，且对幼林初期生长很有利。

④造林时要保持苗根湿润，不使苗根被日光曝晒，尤其是栽植油松等针叶树小苗时更要注意这一点。

⑤栽植时使苗木根系舒展，埋土踩实，切勿漏风。

⑥栽植深度一般应超过苗根茎3~5cm，深栽实砸，使苗根与土体密接。

3.分殖造林

分殖造林多应用在地下水位较高，土壤水分条件较好的河滩与沙漠的丘间低凹地区。分殖造林的树种应具备发根力强、萌芽容易的特性，如杨、柳、紫穗槐、白蜡条等。分殖造林的方法常用的有插干、压条和埋条、分根分蘖3种。

（1）插干。在我国北方利用插干造林是行之有效的方法之一。选择生长良好的母树，采取2~3年生的枝条，栽植前截成上头平、下头斜、长短相同的插穗。如果是春采春插时，可随采随插；如果是冬采春插时，应将采下的枝条埋入地坑内越冬。

插干的方法，因造林地条件和造林目的的不同而不同。在公路两侧、河川两岸和侵蚀沟两边，可采用高栽法，即将2m左右长的枝干垂直栽在地下，地上留出枝条长的2/3，枝干顶部涂上泥，以防止水分蒸发。在河滩和低湿地造林起防冲挂淤作用时，可用2~3年生枝条大部分插入地下，地上只留枝条长的1/4。

（2）压条和埋条。压条是在比较干燥的沙滩上进行造林的方法之一。

将2~4根1m左右长的枝条根端交叉埋在0.5m深、0.6m长、0.3m宽的坑内，枝头分向两边，埋土后枝梢露出地面10~12cm。埋条则适用于湿润的河滩地，有全埋法和露枝法两种。全埋法是将1~2年生枝条（长1~2m）除去侧枝埋入3~6cm深的土中；露枝法是将1~2年生带侧枝的枝条埋入20~30cm深的土中，侧枝露出地面3~6cm。

（3）分根分蘖。分根分蘖造林法适用于土壤肥沃湿润的地方，一般在原有树木的附近进行，因而不宜进行大面积造林。如刺槐、桑树、毛白杨等，都可进行分根分蘖造林繁殖。

4.飞播造林

飞播造林也是直播造林的一种，需要具备一定的条件：一是飞播常在有大面积连片的荒山荒坡的地方进行，即地广人稀地区；二是对中小粒种子要通过拌土等使其大粒化；三是要选择微风或无风的天气进行。飞播有一整套技术程序，在此不作详述。

（六）抚育管理

抚育管理是提高幼林成活率和加速幼林生长的主要措施。抚育管理主要是在造林整地的基础上继续改善土壤条件，使之满足林木生长的需要，对林木进行保护，使其免受各种自然灾害及人畜破坏；调整林木生长过程，使其适应立地条件和人们的要求。"三分造林，七分管"，"一日造林，千日管"，"有林无林在于造，活多活少在于管"，都生动地说明了造林后抚育管理的重要性。抚育管理措施主要有补植、松土除草、修枝、平茬、间伐、防治病虫害、封山育林等。

1.补植

按照规定的等级，确定补植还是重造，是造林后必须注意的第一个环节。凡造林成活率在85%以上而且分布均匀时，不致妨碍幼林郁闭，又能防止水土冲刷的，就不需要补植；成活率在41%~85%的，必须在造林后的第一、二年内，选用与原树种同树龄的大苗，按照原来的株行距进行补植，也可以用其他生长快的树种补植。凡成活率在40%以下的幼林，要分析原因，再重新整地造林。

2.松土除草

为了蓄水保墒、消灭杂草、增加土壤肥力、促进林木生长，对幼林必须进行松土除草。在松土除草工作中要求做到"一培、二净、三不伤"。一培是结合松土除草把栽植穴周围的肥土培于苗木的根部；二净是把杂草除净、碎石块拣净；三不伤是不伤根、不伤皮、不伤侧芽。松土的深浅要求是近苗浅、外围深、深浅适宜且勿伤根。除草要坚持"除早、除小、除了"的原则。

松土除草一般在造林后的第一年进行2～3次，第二年进行1～2次，第三年进行1次即可。在水土流失严重的地区，松土除草时应结合维修鱼鳞坑、水平沟、水平阶的埂坎一起进行。

有些地区为了促进幼林生长，往往采用林粮间作的办法，这样既能增加粮食生产，又能通过对农作物的管护为幼林生长创造良好条件。但当幼林郁闭后就不能再进行林粮间作了。

3.修枝、平茬和间伐

幼林的生长常出现分枝多、干矮、丛生等状态，必须及时进行修枝，切口应紧贴树干，不得留茬。修枝不能过度，保留的树冠高度以大约为树高的1/2或1/3为宜。

有些水土保持灌木树种，如紫穗槐、柠条、沙棘等灌木林，不断进行平茬是取得"三料"（肥料、饲料、燃料）的重要来源，这样做既能增加经济收入，又能充分发挥水土保持的作用。

当幼林充分郁闭后，原来的造林密度不能适应林木的生长和发育，应及时进行间伐，以便改善林木生长条件，促进林木迅速成林。间伐时，首先应伐去那些病枯木、被压木和生长不良的林木。同时，通过间伐也能获得一定数量的木材和薪炭材。

4.防治病虫害

病虫的危害，影响林木的正常生长和发育，应及时根据"防重于治"和"治早、治小、治了"的原则，采取药剂拌种、喷药毒杀、人工捕捉及剪病枝、病叶等办法，积极加以防治。幼林常见的病害有黄褐斑病、赤枯病等，可在雨天喷洒波尔多液药剂。幼林常见的害虫有金龟子、蝼蛄、松毛虫等，可用人工捕捉或喷洒砒酸铅溶液、666稀释溶液防治。

5.封山育林

封山育林是保持水土、扩大森林资源、发展多种经营、增加群众收入、改善农民生活的一项有效措施，在有条件封山育林的地方，如黄土高原残林、疏林和飞播造林的荒山（荒沙）等地区都可以实行，是一项多快好省、简便易行的绿化手段，要大力提倡。

封山育林要做好以下几点。

（1）严禁毁林，严禁开荒。毁林开荒会破坏植被，后果是无山可封，无林可育，加剧水土流失，因此，一定要杜绝。

（2）广泛宣传，制造舆论。深入宣传封山育林的作用，做到家喻户晓、人尽皆知，把封山育林变成广大干部和群众的自觉行动。

（3）合理轮封，统筹兼顾。封山要封而不死，定期封山，定期开放，轮封轮牧，妥善安排群众的打柴、放牧、割竹、挖药、采种、狩猎等问题。不仅封山，还要育林，积极进行幼林抚育、造林补植，促进天然更新。

（4）订立封山育林公约（护林公约），互相监督，共同执行，赏罚分明，使护林者受奖或受表扬、毁林者受惩罚或受批评教育。

（5）成立护林组织。凡有封育的乡、村，都要成立护林队或护林小组，设置警板，联络信号，负责定期巡山，防火灭火，组织林副业生产，进行幼林抚育和造林种草等。

第二节　植草技术与草地经营管理利用

一、草种的选择与配置

草种选择是建植草地的重要环节。我国地域辽阔，气候条件和地貌类型多样，不同区域生境条件差异明显。而不同的植物有其不同的生物学特性，对于生活条件的要求也各有不同。因此，选择草种时，应根据当地的气候、地貌和土壤等生境特点，按照适地适草的原则，因地制宜，选择适生的草种。同时，还要考虑种植和管理成本等经济状况。

选择草种有两种方法：一是对现有草地，特别是人工草地进行调查，以获得不同草种生长状况的资料，如生长量、生物量、盖度及适应能力等。通过比较分析，选出不同生境条件下的适生草种。二是种植或引进不同草种进行对比试验，观察其生长发育状况，筛选出适宜的草种。

通过多年的实践，各地都筛选出了一批优良的水土保持草种，见表9-1所示。同时，有些水土保持实验站（所）一直在引种选育适于本地生长的国外草种，有的已用于山区治理，效果不错。

表9-1　不同草种的适应区域

适应地区	北方地区	南方地区	风沙区
草种	苜蓿、草木樨、沙打旺、冰草、羊草、苏丹草、鹅冠草、野豌豆、红三叶、红豆草、小冠花	龙须草、草木樨、田菁、猪屎豆、爬地兰、无刺含羞草、印度虹豆、知风草、马唐、金色狗尾草、圆果雀稗、宽叶雀稗、鸡眼草、多花木兰、甜蜜草、柱花草、印尼绿豆	沙蒿、沙米、沙打旺

二、植草技术

水土保持植草技术，大体可分为直播、栽植与埋植、适应特殊情况的特殊种植技术。

（一）直播种草

1.播种前准备

为保证播种质量，首先要整地，沿等高线耕翻。春季播种的要在前一年秋、冬季耕翻整地。播种前，要进行发芽试验，以确定播种量。取一定数量的准备播种的草籽，用温水浸泡。当种子充分膨胀后，拿出来均匀地铺放在发芽皿中（或碟子中），上面盖一块湿纱布，然后把器皿放置在温暖的地方（温度以保持在20℃～30℃为好，不要低于15℃或高于35℃），经常检查，纱布干了就洒上水，但不要使种子受浸泡。当种子发芽后，即可求出发芽率。依发芽率可求出每公顷播种量。

$$发芽率=（发芽种子数/用作试验的种子数）\times 100\%$$

$$每公顷播种量=千粒重\times 每公顷苗数\div 10v发芽率\times 田间出苗率$$

为了求出比较符合种子质量的发芽率，在做发芽试验时，一定要同时做四五个重复。发芽率低的种子不宜使用，一般发芽率应在70%以上。

2.种子处理

为了促使种子早萌发，提高发芽率，促成苗全、苗壮，播种前需对种子进行处理。

（1）浸种。种子经过浸泡充分吸水后可以提前萌发，提高发芽率，如毛叶苕子等可以采取"两开一凉"温水浸泡种，即将种子置于两桶开水兑一桶凉水的温水中浸泡一昼夜，葛藤种子可以用凉水浸泡数日，均可以提高发芽率。油莎草用块茎繁殖，浸种水温不宜过高，应保持在45℃；又因其种子（块茎）含油丰富，吸水较慢，浸种应保持3天；为防止霉烂，应换水二三次；也可用冷水浸种，当种皮软化、块茎充分吸水后捞出，阴干表面水分，即可播种。

（2）春化处理。据试验，对苜蓿种子进行春化处理，使种子在6℃下保持20天，然后播种，当年苜蓿种子产量可以提高两三倍。

（3）软化处理。草木樨为硬粒蜡质种子，吸水困难，发芽率低，用碾滚的办法软化处理，发芽率可以提高到80%。方法是：将种子铺在碾盘上，碾至黑壳脱落，黄皮发毛。苜蓿种子也可以用碾滚的办法软化。葛藤种子则采取掺和细沙擦破种皮的方法进行软化。

（4）接种根瘤菌。豆科草种播种前对种子作根瘤菌接种，能够促使牧草生长茂盛。对于瘠薄土壤，根瘤菌接种作用则更为明显。

人工拌种接种根瘤菌需要拌种剂。拌种剂中含有大量活着的根瘤菌。拌种时，把拌种剂按照指定的方法（各种拌种剂都附有说明书）和种子混合。拌种后播种，可以保证豆科牧草长好根瘤。豆科牧草有许多种类，根瘤菌也有许多种类，必须用相应的根瘤菌种族拌种才有效。

豆科牧草、绿肥根瘤菌接种，分为以下几个互接种族：苜蓿族，可以接种苜蓿、草木樨等；豌豆族，可以接种野豌豆、毛叶苕子等；二叶草族，可以接种红三叶等各种三叶草属植物；紫云英族，只可以接种紫云英。

此外，为便于播种，有的种子在播前还必须脱芒，如披碱草等。

3.播种方式

（1）条（垄）播。这是草地栽培中普遍采用的一种基本方式，尤其是机械播种多属此种方式。油莎草、沙打旺等草种可以采用条播或垄播。条播法是用锄头开沟，将种子点（溜）入沟中，然后覆土。在地势较平坦的地区大面积播种时，可采用楼播或机播，播时应掌握好播量和深度。

（2）撒播。把种子均匀地撒在土壤表面并轻耙覆土的播种方法。草木樨、苜蓿、毛叶苕子等草种均可采用此种播种方法。该方法无株行距，因而播种能否均匀是关键。为此，撒播前应先将播种地用镇压器压实，撒上种子后采用或耙、或用石滚子碾等方法覆土镇压。撒播易于在降水量较充足的地区进行，但播前须清除杂草。

（3）点播。坡地上撒播，覆土、镇压都有困难，且散失种子，造成浪费，因此多采取点播，各点呈"品"字形布置，充分利用地力。用锄头挖穴，随即下种覆土。

（4）飞机播种。利用飞机撒播树草种，利用夏季降水或冬季降雪自然地把飞播种子埋在土壤里。飞播是多快好省大面积绿化改造荒沙、荒山的新途径。优点是速度快、效率高，可以节省大量劳力，能够深入地广人稀、交通不便、群众力所不及的地方，抓住有利时机进行突击作业。

（二）栽植和埋植

有些草种因受气候、土壤、水分等自然因素的影响，或因牧草种子细小，直播往往不易成功。为了促进草场的发展，有些草种还可以进行栽植和埋植。

1.栽植

（1）育苗。油莎草、沙打旺育苗和直播种植技术基本一样，只是育苗下种量适当加大，因而出苗量也大。等苗长到9~21cm高时，即可开始移栽。

（2）移栽。移栽之前必须耕翻耙塘，将土地精耕细作，施足底肥；垄作要培土成垄、开沟或挖穴备栽。在肥料不是十分充足的情况下，可以集中使用，根据开沟和挖穴进行沟施或穴施。

为了保证成活和生长健壮，移栽时应注意勿伤植株根系，最好带土移栽，将带土苗木均匀放置在沟内或穴中，用铲子或手覆土并培实。株距因草种不同而异。栽好后，有条件的地区，还要适当灌溉，以缩短适应时间，促其迅速生长。

2.埋植

芦苇、芭茅一类植物可采取地上茎或地下茎埋压繁殖。现就地上茎埋、地下茎埋方法做简要介绍。

（1）地上茎埋植法。伏天，芦苇已基本长成、尚未抽穗的时候，进行地上茎埋植。先平整土地，打畦子准备灌溉，然后开沟，沙性大的地，沟深30cm，黏性大的应适当浅些，20cm即可。将地上茎（群众叫"青苇子"）埋入沟内，但必须使梢部露出地面30cm左右，踏实后随即放水灌溉。"青苇子"变成了地下茎，每节发芽，不久出土，年终停止生长时，可以长到

0.7 ~ 1.0m 高。管理好的，采用这种方法栽植的芦苇 3 年可以赶上老芦苇的长势。

（2）地下茎埋植法。春季解冻以后，芦苇萌芽出土前，挖掘其地下茎（俗称"根"）进行埋植。先在新芦苇地开沟，沟距 50 ~ 70cm、深 30cm，将挖掘到的地下茎平置其中，覆土踩实。为了促使地下茎早萌芽，应及时灌水。

三、草地经营管理与利用

（一）草地经营管理

1.新建草地管护

（1）围栏建设与保护：在有散养畜禽的地方建植人工草地时，应建设防护设施。所用材料依据当地条件和投资情况可选用砌围墙、土筑围栏、铁丝网围栏等。

（2）生长期间：播种当年苗全后，应尽量在有限的栽培条件下促进其成株成长发育，以便使其根部贮藏足够的营养物质备越冬之用。

（3）越冬前后：为保证牧草播种前后能够安全越冬，冬前每公顷施用草木灰750 ~ 1500kg，有助于减轻冻害。此外，冬前每公顷施用7500 ~ 15000kg马粪，也有助于牧草安全越冬。结冻前少量灌水，可减缓土温变化幅度，但不应多灌，否则增加冻害。结冻后进行冬灌有助于保温防害。越冬期间，通过设置雪障、筑雪埂、压雪等措施有助于更多地积存降雪。雪被可使土温不致剧烈变化，从而保护牧草不受冻害。

2.成熟草地管理

（1）利用技术。牧草一般具有良好的再生性，在水肥条件较好时，且在合理利用的前提下，一个生长季可利用多次，利用方式有刈割和放牧两种。

（2）更新复壮技术。人工草地利用多年后，由于牧草根系大量絮结蓄存，使得表土层通气不良，进一步影响到牧草的生长，或者逐年从收获物中掠夺养分使土壤地力下降，从而导致产量下降，草丛密度变稀，出现自我衰退的现象。应及时采取更新复壮技术，变更利用方式，重耙疏伐、补播。

（3）翻耕技术。人工草地的利用年限依利用目的和生产能力而定。轮作草地以改良土壤为主要目的，在大田轮作中2～4年即可起到作用，在饲料轮作中因有饲草料生产而延至4～8年。永久性人工草地尽管利用年限长，但普遍出现退化，当有1/3以上退化严重时，应该彻底翻耕，重新播种建植。

（4）病虫草害防治。牧草在生长发育过程中，由于气候条件和草地状况的变化，如在空气湿度过大、气温较高的情况下容易发生病虫害，草地植被稀疏的情况下易发生杂草为害。因而，防治病虫草害，应以预防为主。一旦有病虫、草害发生，可以利用其天敌控制其种群数量，也可采用一些物理方法减轻其危害，但最有效的方法是化学防治。

（二）草地资源开发利用

1.发展高效牧业

牧区建立人工草地可提高生产力10倍以上，有利于高效牧业的发展。

2.促进农、林、果、渔各业的发展

中低产田引种豆科牧草，通过改瘤固氮、培肥土壤，可提高单产30%至100%。我国不少地区果园植草起到增肥、除莠、调节气温等作用，果产量提高了30%～50%，且质量上乘。以牧草做饵料，可使鱼产卵和孵化率各提高30%，有利于鱼的繁殖和生产。此外，利用草地资源发展养殖业，可促进奶制品、皮革、毛纺、药用产品加工及商贸等产业的发展，并能取得显著的经济和社会效益。

第三节　北方地区水土保持林草培育技术

我国水土流失地区分布范围广、面积大。据全国第二次遥感调查，水土流失总面积356万平方千米，其中水蚀面积165万平方千米、风蚀面积191万平方千米。水土流失主要发生在山区、丘陵区和风沙区，在平原区和沿海区也局部存在。水利部在全国第二次土壤侵蚀遥感调查成果的基础上划定了42个国家级水土流失重点防治区（包括重点预防保护区、重点监督区、重点治理区），面积222.98万平方千米，占国土总面积的23.2%。其中水土流失面积95.46万平方千米，占全国水土流失总面积的26.8%。

水土保持林草措施，又称水土保持生物措施或水土保持植物措施，是水土流失综合治理措施的组成部分，与水土保持农业措施、水土保持工程措施组成一个有机的区域综合防治体系。我国的水土保持生态措施针对不同区域，采取不同的防治对策：在重点预防保护区，坚持预防为主、保护优先的方针，建立健全管护机构，强化监督管理；实施封山禁牧、舍饲养畜、草场轮封轮牧、生态修复、大面积保护等措施，坚决限制开发建设活动，有效避免人为破坏，保护植被和生态。在重点监督区，依法实施重点监督，加强执法检查，增强法制观念，有法必依，违法必究；贯彻执行水土保持方案"三同时"制度，依靠全社会的力量，遏制人为造成新的水土流失。在重点治理区，要调动社会各方面的积极性，依靠政策、投入、科技，开展水土流失综合治理，改善生态环境，改善当地生产条件，提高群众生产和生活水平。

水土保持，林草先行。随着20世纪后期我国开始要求北方部分低产田退耕还林（草），以及21世纪初在各地掀起较大规模的种草造林，退耕还林（草）、建立人工草地等热潮，我国的水土保持植物措施获得了很高的成就，也取得了丰富的经验。由于我国幅员辽阔，水土流失类型划分为水力侵蚀、风力侵蚀、冻融侵蚀3个一级区和9个二级区；各流域机构，各省、自治区、直辖市，在全国二级分区的基础上，又划分了三级类型区和亚区。例如：黄河水利委员会将黄土高原划分为黄土高原沟壑区、黄土丘陵沟壑区、土石山区、风沙区、林区、黄土阶地区、冲积平原区、干燥草原区、高地草原区；黄土丘陵沟壑区又划分成丘一、丘二、丘三、丘四、丘五共5个副区。各类型区的自然条件、社会经济状况、水土流失特点、侵蚀形式、侵蚀强度都不相同。因此，各类型区治理关键措施的选择、防治体系的布设、经济开发方向也不一样。即使在同一类型区的不同小流域的治理也有差异。自《中华人民共和国水土保持法》颁布以来，水土保持预防监督工作进入了规范化建设阶段，总结出防治各类开发建设项目人为造成水土流失的系统措施。改革开放以来，水土保持治理的组织形式、管理方法也是多种多样的。所以我国不同区域的水土保持林草措施差别很大，同一区域内不同自然条件和社会经济背景下的小区块之间水土保持林草措施也较为不同。由于篇幅限制，本书只能粗略地介绍我国东北、黄土高原、北方和南方的水土保持生态措施以及部分小区域的水土保持林草措施的先进经验。

北方土石山区主要分布在松辽、海河、淮河、黄河四大流域的干流或支流的发源地，共有土石山区面积约75万平方千米，其中水土流失（主要是水蚀）面积48万平方千米。地面组成物质是石多土少，石厚土薄，地面土质松散，夹杂石砾。由于水土流失，坡耕地和荒地中土壤细粒被冲走，剩下粗沙和石砾，造成土质"粗化"；有的甚至岩石裸露，不能利用（石化）。由于土层薄，裸岩多，坡度陡，沟底比降大，暴雨中地表径流量大，流速快，冲刷力和挟运力强，经常形成突发性"山洪"，致使大量泥沙砾石堆积在沟道下游和沟外河床、农地，冲毁村庄，埋压农田，淤塞河道，危害十分严重。

山东省泰安市岱岳区石屋志小流域是典型的鲁中山地沙石山区，总面积25.7km^2，涉及黄前镇6个行政村，共6765人。流域内沟壑纵横，坡度大，土层薄，土质松散，天然植被稀疏，年平均降水量829.7mm，多集中在6—9月，多暴雨。水土流失面积达23km^2，占总面积的89.5%。土壤侵蚀模数4182 t/（km^2·a），以水力侵蚀为主，时有山体滑坡发生。严重的水土流失，造成区域内水旱灾害频繁，土地生产率低，迫使人们陡坡开荒，广种薄收，又加剧了水土流失，形成恶性循环，从而导致生态环境和生产条件逐渐恶化，制约当地经济发展，群众生活贫困，常年人均收入低于600元。

国家将石屋志列入黄河流域水土保持综合治理试点小流域以来，在实践中总结出"山顶乔灌草，山中栽果树，山下建粮田，沟道梯级拦蓄，渠路环山绕"的综合治理模式。

（一）山顶营造乔灌草

在山顶部位，选择适生的乡土树种油松、刺槐、紫穗槐，引进和推广外地的优良树种——火炬树，营造水土保持林草，涵养水源，保持水土，提供薪柴、饲草和木材。

（二）山中栽果树

在土层较厚、质地较好、有灌溉条件的退耕地和荒坡上，平整土地，栽植苹果、桃、杏、梨等水果；在土层薄、土质贫瘠，无灌溉条件的坡地上，采用穴状整地，栽植板栗、柿树、枣树等。积极推广经果林的旱作栽培、深翻扩穴、增施有机肥、树盘铺草、施保水剂等技术。

（三）山下建粮田

在土层厚、有灌溉条件的3°～10°缓坡地、沟谷阶地、山前平原上，平整土地，修建梯田和引、排水渠，建设高产、稳产农田，种植粮食和经济作物。在梯田埂上种植荆条、苕条、金银花、黄花保护埂坎，开发土地资源。

（四）沟道梯级拦蓄

在毛沟修谷坊，防冲拦泥，在支沟和干沟修建中小型水利工程，形成坝系，上坝拦泥，下坝蓄水，引拦并举，灌溉果树和农田。

（五）渠路环山绕

修建环山公路、田间作业路，方便运输，有利生产。沿分水岭和等高线结合道路修建水渠，高水自流，低水抽灌，渠路结合，渠路林配套。

石屋志小流域经过治理，土壤侵蚀模数降低到513t/（km²·a），年减少土壤流失量8.54万t，林草覆盖度由35%提高到83.92%，各项措施可拦蓄径流140万立方米。2000年8月该流域遭到百年一遇特大暴雨，各种措施充分发挥了综合功能，抗御了暴雨袭击。与治理前相比，2001年石屋志小流域农业总产值达到1520.11万元，提高239.5%。其中林果产值增长674万元，达到912万元，占农业总产值的60%，果品产量达到771万kg增长，增长5.4倍；人均纯收入3478元，增加了4.8倍；人均产粮426.83kg，增加84.431kg；土地利用率由55.03%提高到99.4%；产业结构逐渐趋于合理，农、林、牧、副、渔全面发展，经济效益显著。该生态建设模式在我国北方土石山区具有较高的代表性。

第四节　生态修复和清洁型小流域建设

传统小流域综合治理，主要以夯实农业基础，发展农村经济为主，如坡改梯工程、引导农民发展设施农业等。通过这些措施的实施，人民群众已经解决了温饱问题，生活水平和生活质量日益提高。但随着人民群众生活水平的提高，人们对环境的要求也越来越高，因此，小流域综合治理在改善生活条件的同时，也应改善人民的生活环境。

我国开展水土流失防治以来，水土保持从单项措施到小流域综合治理，从单一治理到防治并重，从讲求经济效益到生态效益、经济效益和社会效益统筹兼顾，从人工治理到人工治理同生态自我修复相结合，从单个小流域治理到集中连片、规模治理，水土保持工作在不断地发展和完善。生态清洁型小流域是水土保持适应新时期要求的新发展，是水土保持外延的拓展、内涵的拓深。

生态清洁型小流域建设是人们生活水平和生活质量提高的要求，也是经济社会发展的要求，更是水土保持发展的要求。生态清洁型小流域与传统小流域治理相比具有理念新、思路新、目标新和措施新等特点。生态清洁型小流域建设能够保护水源，美化环境，增加群众环保意识，促进文明建设，扩大水土保持的社会影响力。

一、生态清洁型小流域建设的三道防线

生态清洁型小流域是指流域内水土资源得到有效保护、合理配置和高效

利用，沟道基本保持自然生态状态，行洪安全，人类活动对自然的扰动在生态系统承载能力之内，生态系统良性循环，人与自然和谐，人口、资源、环境协调发展的小流域。由于各地自然与社会经济条件不同，生态清洁型小流域建设的方法与完成条件也有差异，其中北京市提出的构筑"三道防线"方法具有代表性。它以水源保护为主要目标，根据地形地势及人类活动情况将小流域划分为生态修复区、生态治理区和生态保护区，因地制宜、因害设防布设防治措施，构成水源保护的三道防线，其目的就是建设生态清洁型小流域，保护饮用水源，实现区域经济与社会的可持续发展。

二、生态修复区

生态修复是指对生态系统停止人为干扰，以减轻负荷压力，依靠生态系统的自我调节能力与自组织能力使其向有序的方向进行演化，或者利用生态系统的这种自我恢复能力，辅以人工措施，促使遭到破坏的生态系统逐步恢复或使生态系统向良性循环方向发展，恢复生态系统原本的面貌。

因此，生态修复区应采取封禁治理措施，减少人为活动和干扰破坏，禁止人为开垦、盲目割灌和放牧等生产活动，加强林草植被保护，保持土壤，涵养水源。方法可归纳为：封山、禁垦、强监督；补阔、截流、适开发；节能、移民、调结构。

（一）封山、禁垦、强监督

1.封山、禁垦

在水土保持生态修复区内要采取封山措施，严禁擅自砍伐商品用材，严禁在水土保持生态修复区内进行打枝、割草、扒柴、放牧、野外用火等破坏水土保持设施的活动。对农民自用材砍伐实行指标管理制度，未经水保、林业部门许可，擅自砍伐水土保持生态修复区内林木的，要依照有关规定追究相关责任人责任。

在水土保持生态修复区内严禁毁林开荒，凡是25°以上的坡耕地表土流失严重，地力锐减，土地贫瘠，对农林业生产和生态环境造成严重危害的，都要有计划地将其全部退耕还林还草，恢复受损的生态环境。这样才能为蓄水保土起到有力的拦挡作用，为改变农林业基本生产条件和山区生态环境打下良好的基础。同时，要强化综合配套措施，调整土地利用结构，加强基本农田建设，发展名特优新种植业，起到增产、增收、解决群众温饱问题的效能，从而巩固退耕还林还草成果。

2.强监督

切实加强水土保持生态修复区内的水土保持预防监督管理。

（1）严格规范各类生产建设活动。所有在水土保持生态修复区内进行的农林开发建设类项目，必须由中介机构编制水土保持方案，并在编制完成后报送水土保持主管部门，主管部门组织专家进行评审，根据专家提出的修改意见完善后，由开发单位业主提出书面申请，报水土保持主管部门审批。

（2）严格执行水土保持"三同时"制度。各部门、各单位必须按照各自的职能，严格把关，做好水土保持生态修复区内的"三同时"工作，切实把水土保持方案列为各类开发建设项目审批的前置条件，从源头上把好关，开发建设单位必须严格按照审批的水土保持方案认真组织实施，落实水土保持设施与主体工程同时设计、同时施工、同时投产使用。

（二）补阔、截流、适开发

补修就是补植和维修，补植一些阔叶树，维修或建造一些沟坡治理工程并适当开发一些经济果木林——即补阔、截流、适开发。

在水土流失严重的荒山荒坡和不能满足自然恢复植被的稀疏林地、25°以上的陡坡地和水土流失严重的裸荒地，一般营造乔灌草混交水土保持林；有灌草分布的荒山荒坡和稀疏林地，一般营造针阔混交林。采用优良的乡土树种，或经多年栽培适应性较强的引进树种进行混交配置。

对一些水土流失严重的坡面可以实施一些坡面整治工程，合理布设截（排）水沟、灌溉（引水）沟、水平竹节沟、塘坝、谷坊等工程，同时结合人工植树种草，快速恢复植被，有效拦蓄地表径流，达到人工恢复的目的。

有条件的地方可适当新建一些农林开发项目，但必须选择土层较厚、交通方便、有水源条件的强烈流失荒山荒坡或中度流失山地，在修筑水平台地或水平条带的基础上发展经济果木林，并符合水土保持技术要求。要由县水保、林业等部门根据适地适树适果的原则，对拟开发的山头地块实地踏看同意后，按"山顶补阔戴帽，山腰梯田种果，山下沟坝拦蓄"的整地技术要求并配套各类水土保持防护措施的前提下有序组织开发，切实保护好水土资源。

（三）节能、移民、调结构

节能主要是指减少对大自然能源的索取，采取禁伐、禁牧、移民等生态措施，让长期被过度索取的土地有机会休养生息。在高海拔地区和供水水库的库区通常交通不便，生态环境恶劣，居民分散，耕地面积少，农民长期以开垦荒山荒坡作为解决粮食问题的手段，全垦皆伐、顺坡耕作，水土流失极为严重。在此实施生态移民措施，结合新农村建设、城镇建设、农村扶贫开发等，将中高海拔和供水水库库区居住的农民迁移至条件较好的地方集中安置，并通过资金扶助、政策引导等措施大力发展农村家用沼气池建设，节省能源，减少山区生态压力和人为破坏，使自然环境得到休养生息。

同时在综合考虑水土资源和生态环境承载力的基础上，通过政策引导，鼓励农村富余劳动力外出务工，从事工业或第三产业。通过调整农村的就业结构，来增加农民收入，反补农业，继而增加给土地带来休养生息的机会。

三、生态治理区

生态治理区是在农业种植及人类活动频繁、人口相对密集的区域进行农业结构调整，减少化肥农药的使用，发展与水源保护相适应的生态农业、观光农业、休闲农业，减少面源污染，并加强小型水利基础设施建设，改善生产条件。同时在村镇等人类活动和聚集区建小型污水处理及垃圾处理设施，改善人居环境，实现"清洁流域"。采取的措施主要包括：实施保护性耕作，坡耕地退耕还林，建设基本农田、护村坝、小水池、小水窖、小型污水处理及垃圾处理设施等。

对于坡地水土流失及面源污染防治可根据坡地地块的地貌部位、坡度、土层厚度和土地利用现状等进行各个地块适宜的土地利用分析，配置各类地块的水土流失防治措施。坡面地块的防治措施可参照表9-2进行配置。

表9-2　坡面地块的防治措施配置

立地条件			土地利用	适宜的防治措施
地貌部位	坡度（°）	土层厚度（cm）		
坡脚	≤5	≥30	农地	等高耕作、水平梯田
坡脚	≤5	≥30	经济林地	水平梯田
坡脚	≤5	≥25	林地	林地保护
坡脚	≤5	<25	荒地	土地整治、水土保持林草
坡下	5~8	≥30	农地	等高耕作、梯田
坡下	5~8	≥30	经济林、果园	梯田
坡下	5~8	≥25	乔、灌、草地	林地保护、近自然造林
坡下	5~8	<25	乔、灌、草地	封育
坡中	8~15	≥30	经济林	梯田、大水平条田、树盘
坡中	8~15	≥25	乔、灌、草地	林地保护，近自然造林
坡中	8~15	<25	乔、灌、草地	封育
坡上	15~25	—	散生果树地	树盘
坡上	15~25	≥25	乔、灌、草地	现有林草地的保护，近自然造林
坡上	15~25	<25	乔、灌、草地	封育

四、生态保护区

生态保护区应以河道两侧与湖库周边为重点，有效发挥灌木及水生植物的水质净化功能，维系河道与湖库周边的生态系统，控制侵蚀、改善水质、美化环境。采取的措施主要包括：库滨带水源保护工程建设（以植物措施为主，建设林草缓冲带）、封河育草、沟道水系建设、湿地保护与建设等。

第十章　山东省荣成市水系连通
及水美乡村工程建设

第一节　水系连通及水美乡村工程建设基本概况

荣成市位于山东半岛最东端，东经 122°08′~122°42′，北纬 36°45′~37°27′。西、西南与文登区毗邻，西北与环翠区接壤，北、东、南三面濒临黄海，陆地面积 1527km²。海岸线长 492km，北、东、南三面环海。设经济开发区、石岛管理区、好运角旅游度假区，辖 12 个镇、10 个街道、790 个行政村、51 个社区居委会，户籍人口 65.61 万人、常住人口 70.91 万人。先后荣获全国文明城市、国家生态文明建设示范市、首批全国社会信用体系建设示范城市、全国新型城镇化质量百强县市、全国营商环境百强县、节水型社会建设达标县（区）等荣誉称号，打造了"自由呼吸、自在荣成"的城市品牌，连续多年在全省科学发展综合排名中名列第一。

荣成市 200km² 以上的河流有小落河、沽河，最大的河流为小落河，集水面积 253km²。50~200km² 的河流有 4 条，分别是沽河东支、埠柳河、车道河、东仙河。

第二节　农村水系现状及面临形势

一、基本情况

（一）县域基本情况

1.地理位置与行政区划

荣成市位于山东半岛最东端，东经122°08′~122°42′，北纬36°45′~37°27′。西、西南与文登区毗邻，西北与环翠区接壤，北、东、南三面濒临黄海。海岸线492km，陆地面积1527km²。东与朝鲜、韩国隔海相望，距韩国94海里，是山东半岛离韩国最近的区域。设经济开发区、石岛管理区、好运角旅游度假区，辖12个镇、10个街道、790个行政村、51个社区居委会，户籍人口65.61万人、常住人口70.91万人。

2.地形地貌

荣成市地属胶辽隆起断陷地块，为低山丘陵区，有山、丘、泊、滩四大地貌类型，山区70.0万亩，丘陵105.36万亩，平原37.94万亩，滩涂15.6万亩。境内群山连绵，丘陵起伏，沟壑纵横，地势呈南、北两端高、中间低的马鞍型，山脉大都是东西走向。荣成市主要山脉有6座，北部有伟德山，连绵39km，横跨7个镇，面积241km²；南部有石岛山与槎山相连，长10km，跨4个镇，面积为50km²，主峰清凉顶海拔538.1m。西北部有正棋山，东南沿海有崂山、架子山，东北有成山，其山脉最东端为成山头，是闻名中外的航海险要之地。据统计，全市山地占30.6%、丘陵占46%、平原及滩涂占23.4%。土地总面积228.9万亩。

3.水文气象

荣成市属暖温带季风型湿润性气候，多年平均降雨量732.2mm，降水量年际变化较大，历史实测年最大降雨量是年最小降雨量的4倍多，汛期降雨集中，约占全年总量的72%，其中7月份最大，约占全年总量的27%，形成全年春旱、夏旱、秋冬又旱的规律。多年平均日照时数为2600小时，多年平均气温12℃，历年最高气温36.8℃，最低气温−13.5℃，多年平均无霜期214天。多年平均风速3.1m/s，多年平均最大风速16.5m/s。由于荣成市特殊位置的影响，无过境河流，水资源主要来源于大气降水。低丘坡区，浅层地下水较为丰富，埋深一般在1.7～4.5m。

4.土壤与植被

全市森林覆盖率达到37.6%。自然植被分为木本、草本（森林植被和草甸植被）两大类。木本植物主要有常绿针叶林、落叶阔叶林和落叶灌木林，主要分布在境内山区沟岙、地堰、荒山沟旁、路旁、河滩及北海滩棕壤、河潮土、盐土上。在林地中，木本植物大约60科、120属、240种，草本植物主要有草丛和草甸，草丛主要分布于境内南部山区的薄层、中层棕壤性土上，草甸广泛分布于境内山丘泊地、荒山、田间等河潮、潮棕壤上，以羊胡子草、羊茅草、菊花等为主。

土壤类型多种多样，主要有棕壤土、潮土、盐土和风沙土四大土类。全市低山丘陵及山前倾斜平原处土壤主要为棕壤土；河谷两岸及沿海地带主要为潮土；位于沿海地带，高程在3.5～13m主要为盐土。本地区土壤多为酸性岩及风化物发育而成，质地较粗，砾石和砂砾含量较高。全市山丘区旱薄地比重高，约占60%以上，土体薄、质地粗、肥力及养分含量低。

5.海域

荣成市海岸线长492km，濒海是荣成的特点，荣成市北、东、南三面环海。海岸线曲折，湾峡相连，海岸沿线分布有龙眼、马栏、荣成、联络、俚岛、桑沟、黑泥、石岛、王家等10个较大港湾，以及鸡鸣、海驴、镆铘、苏山等10个较大岛屿。

6.社会经济概况

根据2020年《荣成市统计年鉴》，2019年全年全市生产总值930.8亿元，增长3.6%，其中，第一产业实现增加值127.8亿元，增长2.8%；荣成市水系连通及水美乡村试点县第二产业增加值322.2亿元，下降5.2%；第三产业增加值480.8亿元，增长11.2%；三次产业结构调整为13.7∶34.6∶51.7。全市户籍人口城镇化率56.4%。

荣成市先后荣获全国文明城市、全国"双拥"模范城市、全国新时代文明实践中心建设先行试验区、全国新型城镇化质量百强县市、全国综合生活质量百佳县市、全国卫生城市、全面小康百佳示范县市、中国最具幸福感百佳县市、中国人居范例城市、中国环保模范城市、中国魅力城市、国家生态文明示范市、国家园林城市、国家全域旅游示范区、全国综合实力百强县市、国务院农村人居环境整治成效激励县、全国村庄清洁行动先进县、全国农村生活垃圾分类和资源化利用示范县、全国农村创业创新典型县、省部共建农业农村现代化试点县、省级农村改革试验区和全省乡村振兴"十百千"示范县、省级农业"新六产"示范县等称号。

荣成市历史文化悠久，共有文物保护单位845处。其中"留村石墓群"为国家级文物保护单位。"成山秦始皇遗址、河口遗址、槎山千真洞、天后宫、东楮岛"5处为省级文物保护单位。"东楮岛海草房、双石摩崖石刻、西藏村墓群"等威海市文物保护单位14处。"三冢泊墓群、北兰格遗址、青山烈士陵园"等荣成市级文物保护单位29处。

（二）河湖水系及治理清单

1.河湖水系基本情况

全市共有流域面积1km²以上大小河流101条，干流总长度470km，集水面积1150km²。5km²以上大小河流37条，200km²以上的河流有小落河、沽河，最大的河流为小落河，集水面积253km²。50～200km²的河流有4条，分别是沽河东支、埠柳河、车道河、东仙河。

荣成市现有大、中型水库4座，其中大型水库1座，总库容1.04亿立方米；中型水库3座，总库容0.826亿m³；小型水库151座，其中小（1）型水库26座，总库容0.4755亿m³，小（2）型水库125座，总库容0.3403亿m³。塘坝914座，总库容0.203亿m³。机电井3779眼，其中规模以上的有790眼，规模以下的有2989眼。

2.水系特点

荣成市的河流属于沿海边沿水系，多为季节性间歇河流，发源于本区内，又单独入海。区域内的地形地貌形成了本市河流的特点，源头地势高，河流流程短，河道比降大，形成汛期洪水暴涨暴停。汛后河道来水大量减少，加上水库拦蓄，下游河道往往干涸断流。

3.治理清单

自2009—2020年，小落河、沽河、埠柳河、车道河四大水系主干流及其重要支流已完成治理长度117.88km，治理段结合河道现状实施了清淤疏浚、堤防加固、岸坡整治、建筑物等工程内容，实现了泄洪、防洪的目的，现状河道全线均已划界完成。但工程治理型式"单一"，岸坡防护多采用砌石硬质护岸或草皮护坡的型式，未考虑景观提升效果，缺少与"水美乡村"节点的融合，仍存在水系连通不畅的问题，且部分工程已运行多年，局部出现损坏现象，需要提升改善。根据本次工程的"水系连通及水美乡村"的治理理念，合理规划布局，结合河道现状存在的问题，对水系进行说明，并列明治理清单如下：

（1）小落河水系。小落河是荣成市流域面积最大的河流，位于荣成市中南部，发源于大疃镇邹山山脉，流经大疃、上庄、滕家镇，于套河村东汇入八河水库。河道干流段总长29km，流域面积253km²，河道比降较缓，在1/1000～1/2000。小落河流域属低山丘陵区，其中山丘区占5%、丘陵区占75%、平原区占20%。干流平均坡降为0.0014，流域形状呈扇形簸箕状，地势西高东低。小落河流域内无大型水库，上游有中型水库1座，即湾头水库。湾头水库始建于1970年9月，1971年6月竣工，控制流域面积28km²，总库容1547万m³，兴利库容930万立方米，兴利水位28.00m。小落河有5条较大支流，为东仙河、王连河、五章段河、大疃河、滕家河。

（2）沽河水系。沽河位于荣成市中部，发源于荣成市荫子镇西北部雨山，流经荫子、大疃、滕家镇及崖头、城西、崂山街道，于地宝圈村东北入海。干流段河道总体流向为南北（河源—鲍村）—东西（鲍村—河口），干流总长32km，流域面积207km^2。流域内上、中游为山区丘陵地带，约占全流域的65%，下游为平原地带，约占总面积的35%。沽河较大支流5条为东支、垛山姜家支、荫子夼支、顶子后支、崖头河支。

（3）车道河水系。车道河位于荣成市中北部，发源于夏庄镇伟德山主峰老阁坟，流经崖西镇、夏庄镇及寻山街道，于爱莲湾处注入黄海。河道总体流向为西北—东南，干流总长20km，流域面积81.7km^2。车道河流域属低山丘陵区，地势西北高东南低，其中山丘、丘陵区占75%，平原区占25%。车道河较大的支流有2条为雷家河、北山杨家河。

（4）埠柳河水系。荣成市水系连通及水美乡村试点县。埠柳河位于荣成市北部，发源于伟德山古迹顶，流经埠柳、港西镇，于大岚头村北入海。河道总体流向为南北，干流总长18km，流域面积60km^2。流域内上、中游为山区丘陵地带，约占全流域的78%，下游为平原地带，约占总面积的22%。有较大支流1条，为南港西支流。

（5）滨海俚岛水系。滨海俚岛水系，无较大主河道，均为源短流浅河道，水系均发源于俚岛镇境内，向东入海。滨海水系村庄分布较多，结合乡村振兴战略规划，对滨海俚岛水系进行综合整治并景观提升。

二、现状评估

（一）现状情况

1.河湖地貌形态

荣成市的河流均发源于本区内，又单独入海，多为季节性间歇河流，源头地势高，河流流程短，河道比降大，形成汛期洪水暴涨暴停，非汛期来水少，时有断流。

通过实施中小河流重点县、水系连通、薄弱环节、重点水利工程项目，沽河、小落河等骨干河流重点段防洪标准基本达标，水系连通和水生态环境大大改善。但仍有部分河段及农村小流域水系未系统治理，存在河道淤积、水系不通、岸坡杂乱等现象。

2.水文水资源

荣成市多年平均降雨量732.2mm，降水量年内年际变化较大，汛期降雨集中，约占全年总量的72%。流域中低山丘众多，河谷密度大，水系分散，径流不集中，开发难度大，利用率低。多年平均地表水资源量为3.84亿立方米，地下水资源量为1.31亿立方米，地下水资源可开采量为0.67亿立方米。在现状工程条件下，荣成市多年平均水资源可供水总量为1.57亿立方米。

根据《荣成市2020年水资源公报》，全市2020年总用水量8995.7万立方米，其中城镇居民生活用水量706.4万立方米，占用水总量的5.95%；农村生活用水量535.4万立方米，占用水总量的5.95%；城镇公共用水量410.0万立方米，占用水总量的4.56%；工业用水量2056.1万立方米，占荣成市水系连通及水美乡村试点县水总量的22.86%；农田灌溉用水量4363.7万立方米，占用水总量的48.51%；林牧渔畜用水量790.1万立方米，占用水总量的8.78%；生态环境用水量134.0万立方米，占用水总量的1.49%。

3.水环境质量

根据《威海市水功能区划》（威海市水利局、威海市水文局，2015.2），荣成市共涉及 3 个一级水功能区，均为开发利用区，在一级区的基础上，划分 7 个二级水功能区。功能区总长 97.8km，总面积 518.5km^2。

根据荣成市水功能区二级区划分，沽河、车道河、小落河水质监测断面分别位于沽河荣成农业用水区、车道河荣成农业用水区、八河水库饮用水源区，水质目标分别为Ⅴ、Ⅳ、Ⅲ类，现状河道监测断面水体均能满足水质目标要求。

4.河湖生态系统

荣成境内河流均为季节性河流，汛期降雨有水，非汛期存在季节性断流。沽河、小落河等骨干河道随着河道治理及拦河建筑物的建设，河势相对稳定，部分河段可保持一定的水面。农村小型河道未进行过系统治理，河道淤积，水系连通性较差，水体缺乏流动性。

河道生态水量按照多年平均径流量的10%作为河道生态流量，主要河道所需生态水量总量为1722万立方米，目前河道内现有各种拦蓄工程，拦蓄库容为1211万立方米。若需满足河道生态水量，需进一步采用工程措施，增加河道拦蓄，确保各河道生态需水量。

5.水土流失

荣成市属于北方土石山区泰沂及胶东山地丘陵区—胶东半岛丘陵蓄水保土区，属于省级水土流失重点治理区。按照《北方土石山区水土流失综合治理技术标准》（SL 665-2014）土壤侵蚀分级标准，通过全市水土流失遥感普查，全市共有水土流失面积389.84km²，总体上以轻度、中度侵蚀为主。从地域分布来看，强烈及其以上侵蚀主要集中在南部的低山丘陵区，东北部的低山丘陵区也有零星分布；中度及以下侵蚀主要分布在荣成市中部丘陵及平原区、北部丘陵区，分布面积大、范围广。

从各镇街水力侵蚀面积及范围来看，极强烈及剧烈侵蚀主要分布在石岛管理区的宁津街道、斥山街道及港湾街道，好运角旅游度假区的成山镇，人和镇南部、虎山镇东北部；强烈侵蚀主要分布在人和镇西南部、上庄镇南部、滕家镇东南部、大疃镇西部、荫子镇中西部、崖西镇中部、夏庄镇北部及好运角旅游度假区的埠柳镇南部；中度及以下侵蚀在各镇街均有分布。

6.水工程状况

荣成市有各类水库155座，总库容2.69亿立方米，其中大型水库1座（八河水库），总库容1.04亿立方米，中型水库（后龙河、纸坊、湾头）3座，总库容0.826亿立方米，小型水库26座，总库容0.48亿立方米，荣成市水系连通及水美乡村试点县小型水库125座，总库容0.34亿立方米，全市共建有塘坝914座，设计总库容2030万立方米。河道拦蓄建筑物约131座，拦蓄能力为1210.5万立方米。

近年来，荣成市先后通过水利工程重点县工程、中小河流治理水系连通工程、薄弱环节河道治理工程、省重点河道治理工程项目，对全市骨干河道进行治理，新筑、加固原有堤防，治理后的河道均达到10年或20年一遇设计防洪标准。

7.河流管护情况

2017年4月，荣成市推行了"河长制"，成立了规格为正科级事业单位的河长制办公室，业务归口市水利局管理；2018年2月实施"湾长制"，按业务归口，湾长制办公室设在市海洋发展局；2018年4月又实施"湖长制"，湖长制办公室与河长制办公室合署办公。新一轮党政机构改革启动后，荣成市于2019年6月整合河长制、湖长制和湾长制三个办公室职能，成立了市生态文明建设协调中心。全市河湖湾长制三级组织体系健全完善，人员配备全部到位，巡查频次要求市级每月1次、镇级每旬1次、村级每周1次，通过政府购买社会化服务，对325名河湖湾管员实行公司化运营；53名督查员全部由安置的退役军人担任，河湖长巡查率达100%。

2020年10月，荣成市人民政府以荣政字〔2020〕65号对《荣成市河湖岸线利用管理规划》进行了批复。全市河湖管理和保护范围已全部划定。

2021年4月，荣成市完成《"一河（湖）一策"管理保护方案荣成市水系连通及水美乡村试点县（2021—2023年）》（实施稿）编制工作，摸清河湖存在的问题，明确了解决问题的措施及实施进度，为河湖管理保护工作提供科学依据和技术支撑。

8.农村人居环境整治

荣成市实行城乡环卫一体化管理，每年投入6000多万元用于城乡环卫一体化运作保障及镇村环卫工作奖补，使农村生活环境得到持续改善，连续三年在全省城乡环卫一体化满意度调查中名列前茅；统筹推进农村厕所革命和生活污水治理，全市改厕率达到93.8%，完成778个村庄、15.8万户农厕改造，建设户型处理器586台，22个镇街驻地全部建成污水处理设施，污水日处理能力达到24.5万吨，被评为全国农村污水处理示范县；全面开展农村生活垃圾分类，创新"一次四分"法，建成村级垃圾分类房1100个、配套分类垃圾桶26.3万个，全市每年垃圾量减少3.3万吨，被评为全国农村生活垃圾分类和资源化利用示范县；大力推进畜禽养殖粪污资源化利用和秸秆综合利用，畜禽粪便处理利用率达到96%以上，秸秆综合利用率达99%。

（二）取得成效

荣成市历来重视水利基础设施建设和管理，中小河流治理、河湖水系连通、中小河流重点县综合整治、水土流失及清洁小流域治理、河湖长制、示范河湖建设、河湖"清四乱"方面取得了显著成效，促进乡村振兴水利支撑不断稳固。

1.农村水系治理取得成效

中小河流治理重点县。自2010—2018年，荣成市申报中小河流治理重点县工程，投资1.96亿元对小落河、沽河主干流及其重要支流进行治理。主要治理内容为清淤疏浚、堤防加固、岸坡整治、岸坡护砌、新建排水涵洞、荣成市水系连通及水美乡村试点县拦砂坎、生产桥等，治理长度为34.45km，使主干流治理段防洪能力基本达到20年一遇，重要支流治理段防洪能力基本达到10年一遇。

中小河道治理重点县现已实施并完成验收，治理工程有效地疏通了小落河、沽河两大骨干河流，提高了原主干河段的行洪能力，拦蓄了水源，改善了周边生态环境，达到了安全泄洪的目的，更好地保障了两岸人民群众的生命和财产安全。

2.河湖水系连通

2013—2017年，荣成市投资1.90亿元对车道河、埠柳河全段、沽河东支部分段主干流及其重要支流进行治理。主要治理内容为清淤疏浚、堤防加固、岸坡整治、岸坡护砌、新建排水涵洞、拦砂坎、生产桥等，治理长度为41.10km，使主干流及其重要支流治理段防洪能力基本达到10年一遇。

中小河道水系连通工程现已实施并完成验收，治理工程有效地疏通了车道河、埠柳河全段主干河流，提高了治理河段的行洪能力，拦蓄了水源，改善了周边生态环境，达到了安全泄洪的目的，更好地保障了两岸人民群众的生命和财产安全。

3.薄弱环节河道

2018—2019年，荣成市申报并开展实施中小河流薄弱环节治理工程。投资0.92亿元对沽河、小落河主要支流进行治理，主要治理内容为清淤疏浚、堤防加固、岸坡整治、岸坡护砌、新建排水涵洞、拦砂坎、生产桥等，治理长度为21.03km，使其重要支流治理段防洪能力基本达到10年一遇、排水能力达到10年一遇。

中小河流薄弱环节工程现已实施并完成验收，治理工程有效地疏通了沽河、小落河主要支流，提高了治理河段的行洪能力，拦蓄了水源，改善了周边生态环境，达到了安全泄洪的目的，更好地保障了两岸人民群众的生命和财产安全。

4.省重点水利项目

2019—2020年，荣成市申报并开展实施中小河流省重点水利工程。投资1.08亿元对沽河、小落河主要支流进行治理，主要治理内容为清淤疏浚、堤防加固、岸坡整治、岸坡护砌、新建排水涵洞、拦砂坎、生产桥等，治理长度为21.30km，使其重要支流治理段防洪能力基本达到10年一遇、排水能力达到10年一遇。

中小河流省重点水利工程现已实施并完成验收，治理工程有效地疏通了沽河、小落河主要支流，提高了治理河段的行洪能力，拦蓄了水源，改善了周边生态环境，达到了安全泄洪的目的，更好地保障了两岸人民群众的生命和财产安全。

5.水土流失及清洁小流域

荣成市坚持人与自然和谐，充分发挥生态自我修复能力。全市上下加强水土保持和生态修复，加强重点小流域综合治理，强化地下水环境监督管理，2011年至2020年累计投资1775.2万元，治理水土流失面积4.4万亩，改善了区域生态环境，增强了抵御自然灾害的能力。

坚持小流域综合治理与生态修复相结合，实施的荣成人和镇王家竹村小流域、崖西镇山河吕家小流域及荣成市俚岛镇李家河水土保持生态文明重点建设项目等工程，改善了区域生态环境，增强了抵御自然灾害能力，建设水保林556公顷、经济林578公顷、疏林补植559公顷及封育治理1083公顷，并新建或修复塘坝、拦水堰、谷坊等小型水利工程31座，初步形成沟渠路林综合配套的区域环境，有效地改善了当地群众的生产生活条件。

6.推行河湖长制

2017年以来，荣成市先后印发了《全面实行河长制实施方案》《全面实行湖长制实施方案》，建立了市、镇街、村三级河湖长制体系。建立了《荣成市河长制湖长制会议制度》《荣成市河长制湖长制市级部门联动制度》《荣成市河长制湖长制工作信息报送制度》《荣成市河长制湖长制市级督查督办制度》《荣成市河长制湖长制信息公开共享制度》《荣成市河、湖长联系单位工作规则》《荣成市河长制湖长制工作市级考核办法》《荣成市河长制湖长制工作市级验收办法》8项制度，按照分级管理、属地负责的原则，逐条逐段落实河流管理主体和维护主体，明确管理和维护责任，配备河管员，落实管护经费，构建了主体明确、职能清晰、体制顺畅、责任明确、经费落实、运行规范的河流管理体制和运行机制。

全市纳入河长制管理的河流共101条、总长544.4公里，其中，市级河流28条、镇级河流73条，流域面积50km^{2}以上的河流6条、总长131公里；共设市级河长28名、镇级河长111名、村级河长475名，河管员135名，督查员43名。全市纳入湖长制管理的湖泊共168个（含全市159座水库），其中，市级湖泊8个、镇级湖泊160个，共设市级湖长8名、镇级湖长165名、村级湖长167名。安装河长制湖长制公示牌233块，明确各级河（湖）长、职责内容、管辖范围和总体目标，畅通群众监督渠道，公开监督电话，进一步夯实了河湖长制工作基础。

荣成市创新管护模式，通过政府招标购买社会化服务，对325名荣成市水系连通及水美乡村试点县河湖湾管员实行公司化运营，53名督查员全部由安置的退役军人担任，河湖长巡查率达100%，巡查过程中发现的"四乱"问题以及影响水生态、水环境和水安全问题，及时落实整改，形成巡查台账。通过智慧化管理平台建设，使河湖管护效能大幅提升。

7.示范河湖建设

为全面提升群众的幸福感与获得感，荣成市启动实施了省级美丽河湖创建项目，荣成桑沟湾湿地、沽河、凤凰湖、刁家河（十里河）四条河流（湖泊）成为首批省级美丽示范河湖。实现了"安全流畅、生态健康、文化融入、管护高效、人水和谐"的"美丽河湖"新格局，进一步修护河湖生态安全底色，增强河湖绿色发展特色，助推荣成乡村振兴。

8.河湖清四乱

2018年8月，荣成市河长制办公室制订了《荣成市河湖"清四乱"专项行动实施方案》，在全市范围内启动对乱占、乱采、乱堆、乱建等河湖管理保护突出问题的专项清理整治行动，2018年8月1日—8月30日，调查摸底。按照属地负责原则，以镇街为单元开展地毯式排查，全面查清河湖"四乱"问题，逐河逐湖建立问题清单。在调查摸底阶段，对发现的违法违规问题要做到边查边改，及时发现、及时清理整治。2018年9月1日—2018年11月30日，集中整治。针对调查摸底发现的问题，各镇街逐项细化明确清理整治目标任务、具体措施、责任要求和进度安排，对照问题清单建立销号制度，确保问题清理整治到位。同时，对专项行动期间群众反映强烈或媒体曝光的河湖其他违法违规问题，也应主动纳入专项行动整治范围。

清四乱过程中，各街镇严抓问题排查，建立销号制度，市河长办公室强化河湖长履职责任，明确责任主体，加强部门联动和督导，有效推动了"清四乱"专项行动的深入落实。全市共清运河道垃圾2800立方米，清理漂浮物等300多吨，清理侵占水域滩涂的高秆作物200多亩，清理河湖岸线范围内的违章建筑34处，实现了河湖"四乱"排查问题全面完成清理工作。

9.农村人居环境整治及污水处理成效

荣成市以美丽乡村示范区建设为主线，致力于改善城乡生态环境。先后荣获全国文明城市、全国卫生城市、中国人居范例城市、中国环保模范城市、国家生态文明示范市、国务院农村人居环境整治成效激励县、全国村庄清洁行动先进县、全国农村生活垃圾分类和资源化利用示范县、省部共建农业农村现代化试点县、省级农村改革试验区和全省乡村振兴"十百千"示范县等称号。

荣成市将农村人居环境改善作为长期工程，举全市之力打好整治持久荣成市水系连通及水美乡村试点县战，在更高水平上推动乡村生态振兴。2018年启动农村公路三年集中攻坚行动，率先推进农村道路"户户通"硬化，总共硬化2200多公里；2019年深入推进村庄清洁行动，启动清理标语广告口号、清理违章建筑和乱搭乱建、清理有碍观瞻的线缆、清理废弃宅基地"四清"行动，累计拆除违章建筑10万多处、110多万平方米，获得2000万元激励资金。启动"绿满荣成"三年行动，按照"拆违增绿、见缝插绿"原则，栽植乔灌木200多万株；实行城乡环卫一体化管理，每年投入6000多万元用于城乡环卫一体化运作保障及镇村环卫工作奖补，农村生活环境得到持续改善，连续三年在全省城乡环卫一体化满意度调查中名列前茅；统筹推进农村厕所革命和生活污水治理，全市改厕率达到93.8%，完成778个村庄、15.8万户农厕改造，建设户型处理器586台，22个镇街驻地全部建成污水处理设施，污水日处理能力达到24.5万吨，被评为全国农村污水处理示范县；全面开展农村生活垃圾分类，创新"一次四分"法，建成村级垃圾分类房1100个、配套分类垃圾桶26.3万个，全市每年垃圾量减少3.3万吨，被评为全国农村生活垃圾分类和资源化利用示范县；大力推进畜禽养殖粪污资源化利用和秸秆综合利用，畜禽粪便处理利用率达到96%以上，秸秆综合利用率达99%。

全市建设3座市级、4座区级、52处镇村污水处理设施，完成778个村庄、15.8万户农厕改造，建设户型处理器586台，22个镇街驻地全部建成污水处理设施，污水日处理能力达到24.5万吨。

10.美丽乡村建设情况

荣成市以建设美丽经济、美丽村庄、美丽庭院、美丽绿道、美丽乡风同步的"五美片区"为目标，分类指导、梯次推进全市美丽乡村建设工作。以"四清三化两改"为重点开展美丽乡村综合提升工作，完善了村庄基础设施，提升了绿化亮化美化水平，提高了广大村民的获得感、幸福感，推动美丽乡村提档升级。采取打造样板、示范村逐步推进的模式，集中精力抓重点、破难点、补短板、树亮点，启动了22处乡村振兴样板区建设，获批了13个国家级传统村落，23个省级传统村落，35个省级示范村、83个威海市级示范村，加快推进农业农村现代化，培植了东楮岛、大庄许家等一批精品示范村，美丽乡村建设成效显著。

11.乡村治理情况

荣成市始终坚持以党的建设引领乡村治理，以村民自治为核心，以依法治理为根本，以道德治理为关键，构建了"自治、法治、德治"融合互促的乡村治理新格局。立足信用荣成基础，创新实践了"信用+志愿"自治模式，探索实行了党支部领导下的自主议事、自治管理、自我服务"三自"工作法，实现了群众的事群众议、群众定、群众办，走出了一条具有荣成特色的村级治理路子；坚持把法治作为基层民主管理、化解基层矛盾的"金钥匙"，开展普法宣传活动2530场次，解答法律咨询问题20万余人次，在全市营造了遇事想法、有事找法、解决问题靠法的良好氛围；结合新时代文明实践，不断加强群众精神文明建设，将信用融入乡村道德治理中，以信用为抓手，用信用"穿针引线"，推动农村原有治理资源和治理手段串联融合、系统集成，被评为全国新时代文明实践先行试验区。

（三）存在的问题

近年来，虽然荣成市加大力度对河湖水系进行了整治，但是受投资等多方面因素影响，治理河段仅限于沽河、小落河等骨干河道重要河段，河道防洪除涝能力基本达到设计标准要求，但由于农村水系未进行系统治理，存在水系割裂、淤积阻塞、干涸断流、水体流动性差、岸线不明、岸坡不稳、河湖生态环境脆弱等问题，与水美乡村的要求仍有一定的差距。

1.河道淤积普遍存在、配套建筑物差

荣成市农村河湖水系点多面广，水网密集，2017年开展了河湖清违清障活动以来，河湖管理明显改善，但清违清障仅针对乱堆、乱采、乱占、乱建行为，农村小型河道未进行过系统整治，河道淤积堵塞，排水不畅，配套建筑物缺失或老化严重，致使河道空间萎缩甚至消失，河流之间的水力联系被割断，断头河问题依然存在，导致水域的蓄滞能力和引排水能力降低。

2.河道连通性差

荣成境内河流均为季节性河流，汛期降雨有水，非汛期存在季节性断流。沽河、小落河等骨干河道随着河道治理及拦河建筑物的建设，河势相对稳定，部分河段可保持一定的水面。农村小型河道未进行过系统治理，河道淤积，水系连通性较差，水体缺乏流动性。

3.岸坡杂乱、岸线不明

2020年以来，荣成市虽然对河道管理范围和保护范围进行了划定，但由于河流水系尤其是农村小水系未进行综合整治，岸坡杂草丛生，岸线不明。

4.生态防污控污仍需提高

2017年荣成市成立了市、镇两级河长制办公室，建立了市、镇街、村三级河湖长制体系，开展了河湖划界和岸线利用管理工作，有效打击了河湖违法行为。但由于农村河流未能系统治理，河道淤积、岸坡杂乱等工程短板依然存在，水利基础设施薄弱，河湖岸线侵占现象时有发生。

（四）面临形势及项目建设的必要性

1.新发展阶段对乡村振兴提出新的要求

党的十九届五中全会审议通过《中共中央关于制定国民经济和社会发展第十四个五年规划和二〇三五年远景目标的建议》，为中国未来发展谋划了宏伟蓝图、指明了发展方向。为全面落实十九届五中全会精神，坚定不移贯彻创新、协调、绿色、开放、共享的新发展理念，推进乡村振兴，实现水美乡村，必须准确把握"立足新发展阶段、贯彻新发展理念、构建新发展格局"核心要义。立足新发展阶段，要求着力解决好水利发展不平衡不充分的问题，更好地满足人民群众对防洪保安全、优质水资源、健康水生态、宜居水环境等方面的美好需求；贯彻新发展理念，要求以人民为中心的发展思想，让人民群众有更多、更直接、更实在的获得感、幸福感、安全感，要坚持荣成市水系连通及水美乡村试点县问题导向，系统治理，采用更加精准务实的举措。构建新发展格局，要求统筹推进"五位一体"总体布局，协调推进"四个全面"战略布局，加快形成工农互促、城乡互补、协调发展、共同繁荣的新型工农城乡关系，促进农业高质高效、乡村宜居宜业、农民富裕富足。

2.国家重大决策为水美乡村建设提供了机遇

国家历来重视乡村振兴工作，2021年1号文件《中共中央、国务院关于全面推进乡村振兴加快农业农村现代化的意见》提出，推进农业绿色发展，实施水系连通及农村水系综合整治，强化河湖长制。实施农村人居环境整治提升，分类有序推进农村厕所革命，因地制宜建设污水处理设施，健全农村生活垃圾收运处置体系，健全农村人居环境设施管护机制，推进村庄清洁和绿化行动，开展美丽宜居村庄和美丽庭院示范创建活动。从2021年1号文件看出，三农工作的重心不再是解决贫困问题了，而是要巩固和拓展脱贫攻坚成果、全面推进乡村振兴、加快农业农村现代化为主。农村水系是水美乡村的重要载体，农村水系综合整治是农村人居环境整治的重要组成部分，是农村水利补短板的重要举措，对促进乡村振兴具有重要的作用。

3.前期工作为水系连通和水美乡村建设奠定了基础条件

荣成市高度重视乡村振兴和基础设施建设工作，近年来，实施了小落河、沽河等骨干河道治理以及河湖"清四乱"行动，河道防洪标准基本达到10年或20年一遇，河道行洪通畅，水生态环境明显改善；通过村庄清洁行动、绿满荣成、城乡环卫一体化管理、农村厕所革命和生活污水治理、农村生活垃圾分类等措施，使农村人居环境明显改善；通过打造样板、示范村逐步推进的模式，启动了22处乡村振兴样板区建设，获批了13个国家级传统村落，23个省级传统村落，35个省级示范村、83个威海市级示范村，培植了东楮岛、大庄许家等一批精品示范村，美丽乡村建设成效显著；坚持以党引领乡村治理荣成市水系连通及水美乡村试点县的建设，以村民自治为核心，以依法治理为根本，以道德治理为关键，创新实践了"信用+志愿"自治模式，探索实行了党支部领导下的自主议事、自治管理、自我服务"三自"工作法，构建了"自治、法治、德治"融合互促的乡村治理新格局，被评为全国新时代文明实践先行试验区。以上工作全面推开，并取得显著成效，为水系连通和水美乡村建设、推进区域协调发展奠定了基础条件。

4.补齐短板是实现乡村振兴的关键举措和迫切需求

荣成市农业综合实力强劲，产业布局逐步优化，人居环境逐步改善，水安全保障逐步提升，乡村治理成效显著，但由于荣成市河道均属于山丘地区季节性河流，受降雨时空分布不均，河道冲刷与淤积并存，水系割裂不畅、河道淤塞、岸坡不稳等问题相互交织，农村水利基础设施短板依然制约着乡村振兴的全面推行。结合农村人居环境整治和乡村建设等工作，通过农村水系连通和水美乡村建设，以水系为脉络，以流经村庄为节点，水域与岸线并治，让河流活起来、让岸线美起来，打造乡村振兴齐鲁样板，是当前荣成市美丽乡村建设的关键举措和迫切需要。

第三节　实施范围与治理目标

一、实施范围

（一）划定原则

根据水利部、财政部联合印发《水利部办公厅财政部办公厅关于开展2022年水系连通及水美乡村建设试点的通知》（办规计〔2021〕260号）、《水利部办公厅关于印发水系连通及农村水系综合整治试点县实施方案编制指南的通知》（办规计函〔2019〕1253号）和《水利部财政部关于开展水系连通及农村水系综合整治试点工作的通知》（水规计〔2019〕277号）要求，在实施范围的选取上，在前期现状评估的基础上，根据有治理任务的河流清单、湖塘清单及问题清单，综合考虑整治需求、治理工作基础、地方财力、人口布局等因素，围绕问题的严重性、治理的紧迫性、条件的可行性以及治理的示范带动性，确定荣成市水系连通及农村水利治理范围选取的原则如下：

（1）政府高度重视，治理积极性高，人民群众治理意愿强烈，建设资金能落实；

（2）沿河村庄人口较多，集中连片规划治理，对改善农村水生态环境作用显著；

（3）前期工作基础好，技术可行，不存在区域矛盾、大量征迁等重大制约因素；

（4）农村河湖管护机制完善；

（5）县直部门协同推进，相关治理规划衔接匹配，对已完成或拟同步推进污水集中处理、面源污染与排污口整治等优先考虑。

（二）范围的选定

按照治理范围确定的原则，本次实施范围围绕小落河水系、沽河水系、车道河水系和滨海俚岛水系，治理总长度94.96公里，涉及俚岛镇、崖西镇、夏庄镇、荫子镇、大疃镇、滕家镇、城西街道和王连街道8个镇街、96个村庄、45302人口。

二、治理目标

（一）总体目标

围绕实施乡村振兴战略的总要求，遵循"节水优先、空间均衡、系统治理、两手发力"的治水方针、牢固树立"绿水青山就是金山银山"治水理念，按照荣成市美丽乡村建设要求和"美丽经济、美丽村庄、美丽庭院、美丽绿道、美丽乡风"同步的"五美乡村"目标，通过农村水系整治和美丽乡村建设，初步实现"功能健全、河畅水清、岸绿景美、人水和谐"的治理目标。

功能健全：恢复河道的防洪、排涝、供水、生态功能，确保水安全保障进一步提升。

河畅水清：水系格局完整、形态自然、河势稳定、泄排通畅、连通有序，无淤积堵塞、无人为阻隔、无断头河道，河湖功能健康；水源有效保护、污染有效治理、河面水体清洁，无污染危害、无明显漂浮物、无超标污水入河，水质达到功能要求。

岸绿景美：水域岸线空间错落有致、河道自然蜿蜒、岸坡稳定整洁、生态绿化提升，无"四乱"侵占、无"三化"、无"安全"隐患；保留和重构田园风光、乡野情趣、历史文脉，自然人文景观良好。

人水和谐：河道生态及生物栖息条件明显改善，生物多样性逐步恢复，农村生态宜居，农民安居乐业。

（二）量化目标

项目实施范围水系综合整治指标与目标，见表10-1所示。

表10-1 项目实施范围水系综合整治指标与目标

总体指标	序号	指标名称		考核年（2023）
河道功能	1	防洪标准	沽河治理段干流	20年一遇
			其余河道治理段	10年一遇
	2	排水标准		10年一遇
	3	防洪达标率（%）		100
	4	河道清淤清障长度（km）		90.21
河流河势	5	建设水系连通通道（km）		1.2
	6	河道生态空间侵占恢复率（%）		95
岸线岸坡	7	新建生态岸线长度（km）		7.7
	8	改建生态岸线长度（km）		53.74
河湖水体	9	水功能区水质标准		满足水功能区水质保护目标
人文景观	10	滨水景观建设个数		5
管理机制	11	创新管护体制		1

三、治理标准

针对已确定的综合治理目标，结合荣成市河网情况及乡村振兴规划，提出如下治理标准。

一是河道功能。农村水系格局完整，泄排通畅，满足防洪、排涝和生态水量等基本功能。

沽河拦蓄水质提升工程，防洪标准按20年一遇，排水标准为10年一遇；沽河治理工程（夏埠河、东双顶段）、小落河治理工程（王连河、三叉河、西仙段、东仙段、西上庄段）、沽河鲍村向阳段治理工程、小落河滕家段治理工程、崖头河水系治理工程、车道河水系治理工程、滨海俚岛水系治理工程、崖西片区水系治理工程，防洪标准均为10年一遇，排水标准为10年一遇；沽河荫子夼段治理工程，干流防洪标准为20年一遇，支流防洪标准为10年一遇，排水标准为10年一遇。橡胶坝、迷宫堰、拦砂坎、生产桥等建筑物的防洪标准与所处河道防洪标准相适应，其中4级生产桥防洪标准为25年一遇，其他4级建筑物防洪标准为20年一遇，5级建筑物防洪标准为10年一遇；涵洞排水标准为10年一遇。防洪达标率为100%。

二是河流河势。河势稳定，水系连通性较好，荣成市河流均为季节性河流，河道空间和河流基本形态基本恢复，无淤积堵塞、无人为阻隔、无断头河道，河道生态空间侵占恢复率达95%。

三是岸线岸坡。农村河道基本上为自然状态，岸线岸坡整治要尽量保持自然蜿蜒的形态，不截弯取直。对于不稳定的岸坡进行加固和修整，使其满足抗冲刷的要求。治理措施以生态为主，加强水土保持，避免渠化。

四是河湖水体。水源有效保护、污染有效治理、河湖水体清洁，无污染危害，无明显漂浮物，无超标污水入河（湖），无污染危害，河湖水质满足水功能区水质保护目标要求。

五是人文景观。结合美丽乡村建设，适当修建滨河人文景观带，体现田园风光和乡野情趣，丰富农村生活，建设旅游名片。运用水系资源，借助村内河道，依托"将军市""大天鹅之乡""民居活化石海草房""海洋食品名城""康养休闲胜地"等旅游名片和历史文化传承，打造以水系为纽带的红色生态旅游带，突出荣成市海洋特色、生态优势，让游客真真切切地感受荣成好客、淳朴的渔家风情，助力荣成市打造"自由呼吸、自在荣成"的城市品牌。

六是管理机制。在水系治理的基础上明确河道管护范围，明确水域岸线边界。明确管护责任制度，明确经费来源和落实情况，加强宣传，调动村民的护河意识，形成长期有效的农村水系管护机制，建立河湖长、网格员、志愿者和信用机制相结合的河湖管护体系。创新管护模式，实施全时空智能化监管，与高校和科研部门密切配合，博采众长又因地制宜，研发融合河长办公、智能手机软件、视频监控三位一体的河长制信息化综合管理平台。

第四节　农村水系治理布局

结合荣成市乡村振兴战略布局，以环城乡村为提升带，按照流域治理和集中连片的原则，农村水系治理分为四片区，分别为小落河水系生态片、沽河水系生态片、车道河水系生态片、俚岛滨海水系（多水系）生态片。项目实施的内容主要为水系范围内的支、沟渠系，治理措施包括水系连通、岸坡整治、清淤疏浚、水源涵养及水土保持等措施。

荣成市水系连通及水美乡村建设试点项目围绕实施乡村振兴战略的总体要求，按照"治河先治岸、生态治河、活水循环、水美乡村、生态惠民"的总体思路，聚焦荣成市农村水系割裂、淤积阻塞、干涸荣成市水系连通及水美乡村试点县断流、水体流动性差、岸线不明、岸坡不稳、河湖生态环境脆弱等突出问题，立足改善试点项目区农村水生态环境状况，突出集中连片治理效果，在满足防洪排涝的基础上，以农村水系综合整治为核心内容，注入生态、文化、产业等元素，以水系为脉、村庄为节点、田园为综合体，构建"一带、四片、四区"的总体布局。着力恢复试点片区内农村河流功能、修复河道空间形态、改善河流水生态环境、打造安全、生态、美丽、人文的农村水系，突出海洋特色、生态优势，建设"住海草房、吃鱼家宴、赏大天鹅、览青山绿水、扬红色文化"的文旅形象，助力"自由呼吸·自在荣成"的城市品牌。

第五节　水系连通及水美乡村治理措施

治理措施包括水系连通、河道清障、清淤疏浚、岸坡整治、水源涵养和水土保持、河湖管护、防污控污、景观人文等。

（1）水系连通：针对现状河道水系割裂、常年干涸、水体流动性差等问题，通过新建、改建及维修配套建筑物等方式，改变原有河道割裂状态，恢复河道、湖塘的自然连通，增加生态水面；通过连通水系周边宜连水体，新建连通通道，增加河道生态水量补给，优化水资源配置，保障沿河村庄粮食安全和生态安全。

（2）河道清障：针对现状河湖岸线"四乱"问题，通过清除非法侵占水域、非法采砂、生活（建筑）垃圾乱堆，拆除违法建筑等措施，开展综合治理，清除并妥善处理堆占的垃圾及拆除的乱建废弃物，保障河湖水域的生态空间。

（3）清淤疏浚：针对项目区拟治理河道的现状淤积问题，根据荣成市水系连通及水美乡村试点县具体河段实际情况，通过施工导流、施工围堰等措施清除河道内的淤积物，增强水体流动性，改善水质，保障河道行洪及排水功能。

（4）岸坡整治：针对现状岸线、岸坡不完善等问题，通过划分河段性质，对河道田野山丘段、邻村傍路段和险工冲蚀段，优化河道平面形态及生态护岸改造，尽量保持岸坡原生态，维护河流的自然形态，保护河流的多样性和河道水生生物的多样性。

（5）水源涵养及水土保持：通过采取封育保护、抚育补植、建设水保林等措施，加强小流域生态修复、涵养水源。对水土流失严重地区，结合农业种植结构调整、坡改梯及建排水、拦砂、蓄水构筑物等工程措施，有效减轻水土流失。对四片水系生态片区进行岸坡覆绿、对城西街道兰家河小流域采取综合治理等措施。

（6）河湖管护：荣成市已整合河长制、湖长制和湾长制三个办公室职能，成立了市生态文明建设协调中心，全市主要河湖已全部划定，全市河湖湾长制三级组织体系健全完善，人员配备全部到位。本次项目在河湖管护方面的措施主要为完善智慧水利工程建设，以加强农村河湖水系空间管控，巩固和保障河道治理成效。

（7）防污控污：针对水质不稳定等问题，通过整合农村污水收集与处理、城乡环卫一体化建设、污水处理厂及管网建设等措施，保障河道水质安全，改善人居环境。

（8）景观人文：针对滨河景观功能不足的问题，选取项目区内滨河村庄进行景观建设、节点打造，开展民俗活动、开发休闲旅游，宣传与传承本地文化。景观人文主要由配套项目打造，拟通过生态人文景观节点建设荣成市水系连通及水美乡村试点县，打造安全、生态、美丽、人文的农村水系，建设群众满意的幸福河。

（9）其他配套措施：结合本市乡村振兴战略规划、美丽乡村建设、水利发展十四五规划，围绕"乡村振兴""全国美丽乡村重点县"建设，通过整合其他配套措施形成合力，共同打造水美乡村特色示范区。其他配套措施主要包括美丽乡村建设提升项目、伟德山生态修复项目、崖西现代农业产业园区项目、高标准农田建设项目及美丽移民村建设项目等。

第十一章　水利工程基础知识

第一节　水利工程及水工建筑物等级划分

一、水利工程的概念和分类

（一）水利工程的概念

水利工程是防洪、除涝、灌溉、发电、供水、水土保持、移民、水资源保护等工程及其配套和附属工程的统称。用于控制和调配自然界的地表水和地下水，为达到除害兴利目的而修建的工程，也称为水工程。水是人类生产和生活必不可少的宝贵资源，但其自然存在的状态并不完全符合人类的需要。只有修建水利工程，才能控制水流，防止洪涝灾害，并进行水量的调节和分配，以满足人民生活和生产对水资源的需要。

（二）水利工程的分类

水利工程按其服务对象可以分为防洪工程，农田水利工程（灌溉工程），水力发电工程，航运及城市供水、排水工程。

1.防洪工程

防洪工程措施为控制、防御洪水以减免洪灾损失所修建的工程。防洪工程主要有堤、河道整治工程、分洪工程和水库等。按功能和兴建目的可分为挡、泄（排）和蓄（滞）几类。

挡：主要是运用工程措施"挡"住洪水对保护对象的侵袭。如用河堤、湖堤防御河、湖的洪水泛滥；用海堤和挡潮闸防御海潮；用围堤保护低洼地区不受洪水侵袭；等等。

泄：主要是增加泄洪能力。常用的措施有修筑河堤、整治河道（如扩大河槽、裁弯取直）、开辟分洪道等，是平原地区河道较为广泛采用的措施。

蓄：主要作用是拦蓄（滞）调节洪水，削减洪峰，减轻下游防洪负担。如利用水库、分洪区（含改造利用湖、洼、淀等）工程。

一条河流或一个地区的防洪任务，通常是由多种工程措施相结合，构成防洪工程体系来承担，对洪水进行综合治理，以达到预期的防洪目标。

2.农田水利工程

农田水利工程是一项惠农利农的工程，有利于农业生产的发展。农田水利工程一般建设于农业生产区，用于对农作物的灌溉，对农业生产区的水资源进行开源节流，合理地利用农业生产区的水资源，提高农业生产区的生产能力，促进农业生产的良好发展。农田水利工程的建设与发展是我国新农村建设的一种体现，是农村经济的生产与发展必不可少的一部分，对保障农村经济的稳定增长、提升农业的生产发展、鼓舞农民生产与发展的积极性、促进农业生产的可持续发展具有重要的现实意义。

灌溉是农业生产与发展的必要步骤，农业的灌溉问题一直是农业生产与发展的重点与难点。进行农田水利工程的建设，能够有效地解决农业生产与发展的灌溉问题，提升农业生产与发展的能力。我国的水资源分布不均，这种现象严重地制约了我国农业的生产与发展，使得我国的农业生产能力下降，农业经济的发展受到了严重的阻碍。然而，加强农田水利工程的建设则能够很好地解决这一问题，利用农业区的水资源情况，具体问题具体分析，建设科学合理的农田水利工程，"旱时蓄水，涝时排水"，为农业的生产与发展提供一个良性的灌溉系统，从根本上满足农业生产与发展对水资源的需求，有效地促进农业的生产与发展，促进农村经济向着一个更好的方向发展，提升农村的人均经济生产能力，保障农业生产的稳定前进。

另外，农田水利工程的建设与发展还能在一定程度上提升所在地区的蓄水能力，有效地节约水资源，实现水资源的合理利用，对保护水资源、实现水资源的有效配置具有重要的作用。农田水利工程的建设还能够有效地促进节水灌溉科学技术的发展，提高农业生产灌溉的有效率，从根本上解决农业生产中水资源浪费的问题，提升农业生产的生产效益。除此之外，在农业生产中建设科学农田水利工程能够有效地对抗旱涝等自然灾害，保障农作物的生长和质量，保障广大人民群众的实际利益，实现社会主义新农村的稳定和谐，对建设社会主义和谐社会具有重要的意义。

3.水力发电工程

水力发电是利用河流、湖泊等位于高处具有势能的水流至低处，将其中所含势能转换成水轮机之动能，再借水轮机为原动力，推动发电机产生电能。利用水力（具有水头）推动水力机械（水轮机）转动，将水能转变为机械能，如果在水轮机上接上另一种机械（发电机）随着水轮机转动便可发出电来，这时机械能又转变为电能。水力发电在某种意义上讲是水的位能转变成机械能，再转变成电能的过程。因水力发电厂所发出的电力电压较低，要输送给距离较远的用户，就必须将电压经过变压器增高，再由空架输电线路输送到用户集中区的变电所，最后降低为适合家庭用户、工厂用电设备的电压，并由配电线输送到各个工厂及家庭。

水力发电的基本原理是利用水位落差，配合水轮发电机产生电力，也就是利用水的位能转为水轮的机械能，再以机械能推动发电机而得到电力。科学家们以此水位落差的天然条件，有效地利用流力工程及机械物理等，精心搭配以达到最高的发电量，供人们使用廉价又无污染的电力。

二、水工建筑物的分类

（一）按照作用分

1.挡水建筑物

挡水建筑物拦河兴建，用于阻截水流，抬高水位，调蓄水量，如重力坝、土石坝、拱坝等；以及为了抗御洪水或挡潮，沿江河、海岸修建的堤防、海塘等。

（1）重力坝

重力坝是在水压力及其他荷载作用下，主要依靠坝体自身重量产生的抗滑力来维持稳定的大体积挡水建筑物，同时依靠坝体自重产生的压应力来减小水库水压力所引起的上游坝面拉应力以满足强度要求。重力坝的基本剖面与上游面呈近似于铅直的三角形，筑坝材料为混凝土或浆砌石。为了适应地基变形、温度变化和混凝土的浇筑能力，用垂直于坝轴线的横缝将坝体分为若干独立工作的坝段。

重力坝包括溢流重力坝和非溢流重力坝。溢流重力坝位于河道主流位置，既能挡水，也能泄水；非溢流重力坝位于溢流重力坝两侧，主要起挡水作用。溢流重力坝和非溢流重力坝之间设连接边墩、导墙及坝顶建筑物等。

（2）拱坝

拱坝是固结于基岩的空间壳体结构，在平面上呈凸向上游的拱形，其拱冠剖面呈竖直的或向上游凸出的曲线形，坝体结构既有水平向的拱作用，也有竖直向的梁作用，坝体所承受的荷载一部分通过水平拱的作用传给两岸，一部分通过竖直梁的作用传给基岩。坝体的稳定主要依靠两岸岩基的稳定来维持，并不是全靠坝体自重来维持。只要拱坝两岸的基岩稳定能够得到保证，拱坝的超载能力还是比较大的。由于拱圈主要承受轴向压力，有利于充分发挥混凝土、浆砌石等筑坝材料抗压强度大的优点，从而减轻坝体厚度，节省筑坝材料。

拱坝的结构形式和布置受地形地质条件的影响较大，或者说，在所有坝型里面，拱坝对地形地质条件的要求最高。

（3）土石坝

也称为当地材料坝，是利用坝址附近可供开采的天然土石料填筑而成的挡水建筑物。就地取材是土石坝的一个主要特点，也是土石坝设计的基本原则。土石坝是土坝与堆石坝的总称，土坝与堆石坝在设计理论和构造方面有许多相似之处，其主要区别在于土料与石料在坝身中所占的比例，以土料为主的称为土坝，以堆石料为主的称为堆石坝。

由于土石坝的筑坝材料颗粒松散，黏结力低，故其断面比较大。土石坝一般由坝壳、防渗体、排水设备和护坡四部分组成。坝壳是土石坝的主体，用于维持坝的稳定；防渗体的作用是降低浸润线，防止渗透破坏和减少渗透水量；排水设备的作用是安全地排除渗水，增强下游坝坡稳定性；护坡的作用是防止波浪、温度变化、雨水等对坝坡的破坏。

土石坝一般不允许坝身过流，因此必须考虑设置坝身以外的泄洪通道。

土石坝的失稳并不像重力坝、拱坝那样发生整体滑动，而是坝坡或坝坡连同坝基的一部分产生滑动，其原因是坝坡过陡或坝土（基）抗剪强度指标不足。

2.泄水建筑物

泄水建筑物用于宣泄多余水量，排放泥沙和冰凌，或为人防、检修而放空水库，以保证枢纽安全的建筑物，例如，泄水孔、溢洪道、泄洪隧洞等。泄水建筑物可以与坝体结合在一起，也可以设在坝体以外。

（1）坝身泄水孔

坝身泄水孔包括溢流表孔、泄水中孔、泄水底孔等，可设在重力坝的溢流坝段或非溢流坝段，也可设在拱坝坝体内。设计时，应注意以下几点：

1）有足够的孔口尺寸和较高的流量系数，以满足泄洪要求；

2）使水流平顺过坝，不产生不利的负压和振动，避免出现空蚀现象（泄放校核洪水时，负压不得超过3m）；

3）保证下游不产生危及坝体及其他建筑物的局部冲刷；

4）泄流不影响其他建筑物的正常运行；

5）有灵活控制水流下泄的机械设备。

（2）河岸溢洪道

河岸溢洪道位于坝体以外的旱边或垭口，是由于坝体不能过流或大流量过流而设置的泄水建筑物。溢洪道的形式选择和布置，对水利枢纽的安全、工程量、造价、工期和运行等有重要影响，需根据水文、坝型、地形、地质、运行时的水力学条件、枢纽布置及施工总体规划等，通过技术经济比较确定。

溢洪道也可以和坝体结合在一起，如拱坝的滑雪道式溢洪道。

（3）泄洪隧洞

泄洪隧洞位于水库两岸山体，进口位于水面以下，承受的水头高，泄流流速大。泄洪隧洞可布置为有压，也可布置为无压。若为有压隧洞，则工作闸门布置在隧洞出口；若为无压隧洞，则工作闸布置在隧洞进口。若闸门布置在隧洞中部，则隧洞前段有压，后段无压。

3.取（引）水建筑物

取（引）水建筑物，用于从水库或者河流引取各种用水，是输水建筑物的首部建筑，如取水闸、引水隧洞、引水管（道）、坝下涵洞（管）等。

（1）引水隧洞

引水隧洞为兴利目的自水源地直接引水的水工隧洞。将水引入水轮机发电的，称为发电引水隧洞；将水引入灌区的，称为灌溉引水隧洞；引水供城镇工业与居民生活用水的，称为供水引水隧洞。

发电引水隧洞多为有压隧洞，有时也可以用无压隧洞。前者直接接压力管道，后者水流进入压力管道前需经过压力前池（在压力前池前有时还通过一段明渠），然后通过压力管道进入水电站厂房。

灌溉引水隧洞、供水引水隧洞大多是无压的。有压隧洞多采用圆形断面，无压隧洞多采用城门洞形或马蹄形断面。

从广义上说，引水隧洞也属于输水隧洞。所以，在实际工程中，也常把引水隧洞称为输水隧洞。

从水库引水的隧洞，根据水利工程的任务，结合水利枢纽布置，可考虑一洞多用的方案。

（2）引水管（道）

引水管（道）直接从坝身开孔，进口淹没于水下，其底板高程的确定，必须既能保证取到设计流量，又要防止泥沙进入。此外，还需要注意和下游建筑物的水流衔接。

（3）坝下涵洞（管）

若水库挡水建筑物为土石坝，引水建筑物位于坝下，则称为坝下涵洞（管）。坝下涵洞（管）内的水流一般为无压状态。须注意的是，坝下涵洞

（管）一旦破坏，将直接威胁坝体的安全，导致工程失事。

4.输水建筑物

输水建筑物，用于将水从上游输送到下游各用水部门以满足灌溉、发电、供水需要，如渠道、渡槽、管道等。

（1）渠道

渠道按用途可分为灌溉渠道、动力渠道（引水发电用）、供水渠道、通航渠道和排水渠道等。在实际工程中常是一渠多用，如发电与通航、供水结合，灌溉与发电结合，等等。

渠道线路的选择是渠道设计的关键，可结合地形、地质、施工交通等条件初选几条线路，通过技术经济比较，择优选定。渠道选线的原则是：尽量避开挖方或填方过大的地段，最好能做到挖方和填方基本平衡；避免通过滑坡区透水性强和沉降量大的地段；在平坦地段，线路应力求短直，受地形条件限制，必须转弯时，其转弯半径不宜小于渠道正常水面宽的5倍；通过山岭可选用隧洞，遇山谷可用渡槽或倒虹吸管穿越，应尽量减少交叉建筑物。

渠道断面的形状，在土基上呈梯形，两侧边坡根据土质情况和开挖深度或填筑高度确定，一般为1∶1~1∶2，在岩基上接近矩形。

（2）渡槽

在渠道与山谷、河流、道路相交，为连接渠道而设置的过水桥，称为渡槽。

渡槽宜置于地形、地质条件较好的地段；跨越河流的渡槽，应选在河床稳定、水流顺直的地段，渡槽轴线尽量与水流流向正交；渠道与槽身在平面布置上应成一直线，切忌急剧转弯。

渡槽由进口段、槽身、出口段及支承结构等部分组成。按支承结构的形式可分为梁式渡槽和拱式渡槽两大类。

5.整治建筑物

整治建筑物，用于改善河流的水流条件，调整水流对河床及河岸的作用，以及避免水库湖泊中的波浪和水流对岸坡的冲刷，如丁坝、顺坝、护岸等。

（1）丁坝

丁坝是从河岸伸向河槽，坝轴线与水流方向正交或斜交的坝形建筑物。与河岸相接的一端习惯上叫作坝根，伸向河槽的另一端则叫作坝头，中部叫作坝身。

丁坝按坝轴线与水流方向的交角分有上挑丁坝、垂直丁坝和下挑丁坝三种；按坝身形式又可分为一般挑水坝、人字坝、月牙坝、雁翅坝、磨盘坝等。

丁坝按构筑材料的不同，又可分为土丁坝、抛石丁坝和柳石丁坝。

1）土丁坝。用土料做坝身，外部用块石、柳石枕等耐冲材料围护起来。为了防止淘刷，可用沉排、柳石枕、抛石等护底。

2）抛石丁坝。用块石抛砌而成，在较松软的基础上，可用沉排做底。

3）柳石丁坝。用柳石枕或层柳层石叠砌而成。

（2）顺坝

顺坝是顺水流方向沿整治线修建的坝形建筑物，上游坝根与河岸相连，下游坝头与河岸之间留有缺口。顺坝一般用来束狭枯水河床，以增加河深，或引导水流流向所需要的方向，以改善水流情况。顺坝与丁坝不同，一般淹没在水中，坝身比较长。顺坝的结构与丁坝基本相同，既可做成不透水的，也可做成透水的。顺坝与河岸之间往往用格堤相连，以便加速顺坝与河岸之间的淤积。

6.专门建筑物

专门建筑物是为了某种特定的单一目标而兴建的水工建筑物，如船闸、鱼道等。

进行水利枢纽布置时，应尽量做到同一建筑物承担多种功能，以节省工程投资。应当指出：有些水工建筑物的功能并非单一，难以严格区分其类型。例如，溢流重力坝，既是挡水建筑物，又是泄水建筑物；水闸既可挡水，又可泄水，有时还可作为灌溉渠道或供水工程的取水建筑物。

（二）按照使用年限分

1.永久性建筑物

枢纽工程运行期间使用的建筑物，称为永久性建筑物。根据其在工程中发挥的作用和失事后对整个工程安全的影响程度的不同，永久性建筑物又可分为主要建筑物和次要建筑物。

主要建筑物是指失事后将造成下游灾害或严重影响工程效益的建筑物，如堤坝、水闸、水电站厂房、泵站等；次要建筑物是指失事后不致造成下游灾害或对工程效益影响不大并易于修复的建筑物，如挡土墙、导流墙、护岸等。

2.临时性建筑物

枢纽工程施工期间使用的建筑物，称为临时性建筑物，如导流建筑物施工围堰等。

三、水利枢纽分等和水工建筑物分级

（一）水利枢纽工程分等指标

对水利枢纽分等和对水工建筑物分级的目的是体现国家的经济政策和技术政策。

水利工程是改造自然开发水资源的举措，能为社会带来巨大的经济效益和社会效益。但若工程失事，将给社会带来巨大的人为灾害和生命、财产损失。为了将工程安全、工程造价和建设速度合理地统一起来，既安全又经济，首先对水利枢纽按规模效益及其在国民经济中的重要性进行分等，其次将枢纽中的不同建筑物按照其作用和重要性进行分级，并据此规定不同的技术要求和安全要求。

根据水利行业《水利水电工程等级划分及洪水标准》（SL 252—2000）规定，水利枢纽按水库的规模、防洪对象的重要性、治涝规模、供水对象的重要性、水电站装机容量划分为五等。对综合利用的水利水电工程，当按照各综合利用项目的分等指标确定的等别不同时，其工程等别应按其中最高等别确定。

（二）水工建筑物级别划分

确定了水利枢纽的等别后，继而可以确定枢纽中不同建筑物的级别。

1.永久性水工建筑物级别

水利水电工程的永久性水工建筑物的级别，应根据其所属工程的等级和建筑物的重要性划分为五级，按表11-1确定。

灌溉渠道或排水沟的级别应根据灌溉或排水流量的大小，按表11-2确定。对灌排结合的渠道工程，当灌溉和排水流量分属两个不同工程级别时，应按其中较高的级别确定。

水闸、渡槽、倒虹吸管、涵洞、跌水与陡坡等灌溉、排水建筑物的级别，应根据过水流量的大小，按表11-3确定。

表11-1　永久性水工建筑物级别划分

工程等别	永久性水工建筑物	
	主要建筑物	次要建筑物
I	1	3
II	2	3
III	3	4
IV	4	5
V	5	5

表11-2　灌排渠沟工程分级指标

工程级别	1	2	3	4	5
灌溉流量（m³/s）	≥300	100~300	20~100	5~20	<5
排水流量（m³/s）	≥500	200~500	50~200	10~50	<10

表11-3　灌排建筑物分级指标

工程级别	1	2	3	4	5
过水流量（m³/s）	≥300	100～300	20～100	5～20	<5

2.临时性水工建筑物级别

水利水电工程施工期使用的临时性水工建筑物的级别，应根据被保护对象的重要性、失事后果、使用年限和临时性水工建筑物规模，按表11-4确定。

表11-4　临时性水工建筑物级别划分

级别	保护对象	失事后果	使用年限（年）	临时性水工建筑物规模	
				高度（m）	库容（×10⁸m³）
3	有特殊要求的1级永久性水工建筑物	淹没重要城镇、工矿企业、交通干线或推迟总工期及第一台（批）机组发电，造成重大灾害和损失	>3	>50	>1.0
4	1、2级永久性水工建筑物	淹没一般城镇、工矿企业或影响工程总工期及第一台（批）机组发电而造成较大经济损失	1.5～3	15～50	0.1～1.0
5	3、4级永久性水工建筑物	淹没基坑，但对总工期及第一台（批）机组发电影响不大，经济损失较小	<1.5	<1.5	<0.1

在表11-4中，当临时性水工建筑物根据表中指标分属不同级别时，其级别应按其中最高级别确定。对3级临时性水工建筑物，符合该级别规定的指标不得少于两项。当利用临时性水工建筑物挡水发电、通航时，经过技术经济论证，3级以下临时性水工建筑物的级别可提高一级。

（三）水工建筑物的洪水标准

根据水利行业《水利水电工程等级划分及洪水标准》（SL 252-2017）规定，水利水电工程中永久性水工建筑物的洪水标准应按山区、丘陵区和平原区、滨海区分别确定。

山区、丘陵区水利水电工程永久性水工建筑物的洪水标准，应按表11-5确定。平原区水利水电工程永久性水工建筑物洪水标准，应按表11-6确定。

当山区、丘陵区的水利水电工程永久性水工建筑物的挡水高度低于15m，且上下游最大水头差小于10m时，其洪水标准宜按平原区、滨海区标准确定；当平原区、滨海区的水利水电工程永久性水工建筑物的挡水高度高于15m且上下游最大水头差大于10m时，其洪水标准宜按山区、丘陵区标准确定。

表11-5 山区、丘陵区水利水电工程永久性水工建筑物洪水标准 [重现期（年）]

项目		水工建筑物级别				
		1	2	3	4	5
设计		500～1000	100～500	50～100	30～50	20～30
校核	土石坝	可能最大洪水（PMF）或5000～10000	2000～5000	1000～2000	300～1000	200～300
	混凝土坝、浆砌石坝	2000～5000	1000～2000	500～1000	200～500	100～200

表11-6 平原区水利水电工程永久性水工建筑物洪水标准 [重现期（年）]

项目		水工建筑物级别				
		1	2	3	4	5
设计	设计	100～300	50～100	20～50	10～20	10
	校核	1000～2000	300～1000	100～300	50～100	20～50
水闸	设计	50～100	30～50	20～30	10～20	10
	校核	200～300	100～200	50～100	30～50	20～30

水电站厂房的洪水标准，应根据其级别，按表11-7确定。河床式水电站厂房，挡水部分的洪水标准，应与工程的主要挡水建筑物的洪水标准相一致。水电站厂房的副厂房、主变压器场、开关站、进厂交通等的洪水标准，仍按表11-7确定。

表11-7 水电站厂房洪水标准　　　　　　　　[重现期（年）]

水电厂房级别	1	2	3	4	5
设计	200	100～200	50～100	30～50	20～30
校核	1000	500	200	100	50

临时性水工建筑物洪水标准，应根据建筑物的结构类型和级别，在表11-8规定的幅度内，结合风险度综合分析，合理选用。对失事后果严重的，应考虑遇超标准洪水的应急措施。

表11-8 临时性水工建筑物洪水标准　　　　　[重现期（年）]

临时性水工建筑物类型	临时性水工建筑物级别		
	3	4	5
土石结构	20～50	10～20	5～10
混凝土、浆砌石结构	10～20	5～10	3～5

四、水工建筑物的特点

水利工程与一般土建工程相比，除工程量大、投资多、工期长外，尚有以下特点。

（一）工作条件的复杂性

（1）具体到每一个水利枢纽，其所在地区的地形、地质、水文、施工条件均不相同，因而水利枢纽和相应的水工建筑物均具有一定的特殊性。

（2）水工建筑物的地基性质不一样，即便是同一性质、同一类型的地基，其地质情况也不一样，因而地基处理也不一样。

（3）由于水工建筑物承受水的各种作用（水压力、渗透压力、脉动压力、地震动水压力以及水流冲刷等），因而在进行结构设计时，必须考虑水的作用。

（4）水工建筑物还须承受泥沙的影响。

（二）施工条件的艰巨性

（1）水利水电工程必须进行施工导流，以确保施工不受水流影响。

（2）必须在枯水期抢施工进度，并注意防汛、度汛。

（3）施工受自然条件影响大，受季节制约强，可变因素多，施工技术复杂，施工难度大。

（4）交通运输困难，特别是高山峡谷地区。

（三）工程效益的显著性和环境影响的多面性

（1）经济效益显著，如防洪、灌溉发电、供水等。

（2）对自然环境的影响包括对水文、水温、水质和泥沙的影响，对局部地区气候的影响，对环境地质和土壤环境的影响，对陆生生物和水生生物的影响，等等。

（3）对社会环境的影响包括由于工程占地和库区淹没而引起的人口迁移及工程施工对环境的影响，对人群健康的影响，对景观及文物古迹的影响，对重要设施的影响，等等。

兴建水利工程，对自然环境和社会环境既有正面的影响，也有负面的影响。因此，水利水电工程在可行性研究阶段，就必须针对工程兴建可能对自然环境和社会环境产生的影响进行综合评价，以便使有关部门和国家做出正确决策。

（四）失事后果的严重性

水工建筑物，特别是挡水建筑物，一旦失事，将给下游人民的生命财产和经济建设带来灾难性损失。如1975年8月，中国河南省遭遇特大洪水，板桥、石漫滩两座大型水库及竹沟、田岗等60座中小型水库几乎同时溃坝，而其中以板桥水库的库容最大，危害也最大。

溃坝所形成的洪水东西长200km，南北宽130km，水深1～4m，致使沙河、颍河、洪河中下游平原区积水面积达12000km²，下游超过1000万亩农田受淹，京广铁路中断死亡人数达2.6万人，损失十分惨重。

因此，在进行水利枢纽规划、设计、施工和运行管理过程中都要谨慎行事，按科学规律办事，在确保工程安全的前提下，尽量降低造价，缩短工期和发挥经济效益。

第二节　堤防工程作用及分类

一、堤防工程作用

河道堤防是我国防洪工程体系的重要组成部分，是防御洪水的重要屏障。

新中国成立以来，国家投入了大量的人力、物力、财力，在防御洪涝灾害方面做出了巨大努力，并取得了很大成就。但由于自然、社会和经济条件的原因，我国的江河和城市防洪能力普遍偏低，不少江河堤防是在原有的堤基基础上经过历年逐渐加高培厚而成，存在堤防标准低、堤身质量差、堤基未做处理及堤后坑塘多、覆盖薄弱等问题，因此，当遭遇洪水时堤防常有发生管涌、滑坡、崩岸和漫溢等险情，严重者导致大堤溃决。1998年长江、松花江洪水之后，在"统一规划，统筹兼顾，标本兼治，综合治理"建设高标准堤防的方针指导下，全国在堤防工程建设中推广运用新材料、新技术、新工艺，积累了很多先进经验，大大提高了我国江河堤防防御洪水的能力。

沿河、渠、湖、海岸或行洪区、分洪区、围垦区的边缘修筑的挡水建筑物称为堤防工程。堤防按其修筑的位置不同，可分为河堤、江堤、湖堤、海堤以及水库、蓄滞洪区低洼地区的围堤等；堤防按其功能可分为干堤、支堤、子堤、隔堤、防洪堤、围堤（圩垸）、防浪堤等；按建筑材料可分为土堤、石堤、土石混合堤和混凝土防洪墙等。

二、堤防工程的分类

（一）分类的目的

在工程建设中，隐患和险情是并存的，面对不可抗拒的自然影响，"除险加固"措施是极为重要的，某种意义上可以减轻、分解险情带来的不必要的损失。对地貌单元的划分，不同地貌单元地质体的分析与评价，对新建堤防的设计、施工及运行安全起指导作用。因此，对堤防工程勘察设计科学分类，明确勘察设计的理念，"加固"堤防工程指明正确方法、提供依据。达到"整险加固"的目的。

（二）分类方法

根据工程类型分为新建堤防和已成堤防，按防洪功能可分为城防和农防，按防洪标准勘察阶段依据规范应对其进行详细等级划分。在汛期，无论河流大小，河道两岸均存在隐患和险情，是堤防工程潜在的隐患。隐患具有隐伏性、随机性、再生性的特点，是未发生、但可能发生的险情。防患于未然是十分必要的，需要分析判断、对症下药，采取措施消除隐患。

性质上分为：常规性隐患和特殊性隐患。存在的部位分为堤身隐患、穿堤建筑物隐患和堤基隐患。险情具有直观性、措施明确性等特点，是发生或发生过程中脱险的事故堤段，需要综合分析出险原因、险情性质的界定，可能出险的预测，加固工程基础确保大堤安全。即堤基险情、崩岸险情、堤身险情和穿堤建筑物险情。

（三）堤型之间存在险情和隐患

堤防工程的目的是防洪，因地制宜选择就地取材填筑的土堤类型是绝大多数堤防工程的特点。一是筑堤受特定的环境、时间、材料、自然等因素的影响。尤其对堤防工程重视不足，日久未修，为后期留下了安全隐患。城市区的堤防工程更多改土堤为混凝土防洪墙（堤），虽然能排除堤身隐患和险情，但是堤基的荷载集中，比土堤大面积分布荷载，存在着制约。二是第四系地层中，堤基由于长期渗流，抗冲刷能力尤为重要，对堤基地质条件提出了更高的要求，是地质工作者需要重视的。

另外，含沙量大存在险情和隐患。洪水挟带大量泥沙，进入地势平缓的地区迅速沉积，主流在漫流区游荡，筑堤防洪，行洪河道不断淤积抬高，成为高出两岸的"地上河"。在一定条件下就决溢泛滥，改走新道。例如，黄河在历史上就改道七次，下游河道迁徙变化的剧烈程度，在世界上是独一无二的。

第三节　小型水库的组成和作用

一、小型水库的组成

水库由挡水坝、溢洪道、放水建筑物三部分组成，通常称为水库的"三大件"。

（一）挡水坝

挡水坝是世界领先的活动坝技术，用于农业灌溉、渔业、船闸、海水挡潮、城市河道景观、工程、水电站，合页活动坝力学结构科学、不阻水、不怕泥沙淤积、不受漂浮物影响、结构坚固可靠、抗洪水冲击能力强，攻克了传统活动坝型的所有缺点，具备传统坝型的所有优点。

（二）溢洪道

溢洪道是指宣泄水库中容纳不下的多余洪水，保证大坝及工程的安全。布置方式与大坝相结合，布置在河床中间，成为河床式溢洪道，如重力坝、拱坝的溢流坝段。当大坝为土石坝，溢洪道就不能与大坝结合，不能布置在河床中，需要布置在河岸边（水库边），成为河岸式溢洪道。

1.河岸溢洪道的类型

河岸溢洪道可以分为正常溢洪道和非正常溢洪道两大类。正常溢洪道主要有正槽式、侧槽式、井式、虹吸式四种。开敞式溢洪道包括正槽式、侧槽式。封闭式溢洪道包括井式、虹吸式。非正常溢洪道包括漫流式、自溃式、爆破引溃式。

（1）正槽式溢洪道：这种溢洪道的泄槽轴线与溢流堰轴线正交，过堰水流方向与泄槽轴线方向一致，水流方向不变，进入泄水槽。正槽式溢洪道特点是水流平顺，泄水能力强，结构简单，常用。适用于岸边有合适的马鞍形山口，此时开挖量最小。

（2）侧槽式溢洪道：侧槽溢洪道的泄槽轴线与溢流堰轴线接近平行，水流过堰后，在侧槽内转弯约90°，再经泄水槽泄入下游。

侧槽式溢洪道特点是水流条件复杂，水面极不平稳，结构复杂，对大坝有影响。适用于两岸山体陡峭，无法布置正槽式溢洪道，可在坝头一端布置侧槽式溢洪道，此时溢流堰的走向与等高线大体一致，可减少开挖量，但水流就有转向问题。适用于中小型工程。

（3）井式溢洪道：其组成主要有溢流喇叭口段、渐变段、竖井段、弯道段和水平泄洪洞段。

井式溢洪道的特点是管流，泄水能力低，水流条件复杂，易出现空蚀，应用较少。适用于岸坡陡峭、地质条件良好，又有适宜的地形的情况。

（4）虹吸式溢洪道：虹吸式溢洪道进口（遮檐）由曲形虹吸管、具有自动加速发生虹吸作用和停止虹吸作用的辅助设备、泄槽及下游消能设备组成，曲管最顶部设通气孔，通气孔的出口在水库的正常高水位处，当水库的水位超过正常高水位，淹没了通气孔，曲管内没有空气，泄水时有虹吸作用，可增加泄水能力。

虹吸式溢洪道的特点是结构复杂，不便检修，易空蚀，超泄水能力小。适用于水位变化不大和需随时进行调节的中小型水库，以及发电和灌溉的渠道上。

（三）放水建筑物

放水建筑物主要由取水和输水两部分组成。取水建筑物的形式有卧管和竖井，对水头较高、流量较大或兼有排沙要求的水库可采用放水塔。输水建筑物有输水涵洞，它与卧管或竖井连接，埋在坝下，与坝轴线基本垂直。小型水库的放水设备通常采用分级放水卧管，也有采用转动式、吊球式和滚轮式等深孔闸门。

二、小型水库在水土保持中的作用

（一）能有效提升防洪抗旱能力

水利工程建设在水土保持中的作用较为明显，在可持续发展战略的范畴内，水利工程建设全过程要满足当地的发展需求。首先，小型水利工程能够起到很好的防洪、抗旱作用，这也是水土保持工作的基本目标。通过水土保持工作目标的推进，能够有效改善水利工程项目区域内的土壤结构，大大提升该区域的土壤蓄水能力，也就意味着其能够蓄存更多的水资源，并反作用于水利工程本身。通过建立小型水利工程，能够有效发挥其效益，不断优化水资源的调节效果，预防出现由于水资源无法控制而发生洪灾等问题。

（二）能够有效规避泥石流灾害

在实际的水利工程项目具体构建过程中，水土保持工作也是一项重要内容，相关人员必须要结合该区域的实际情况，积极落实水土保持工作，这样才能够规避山体滑坡等灾害的发生。通过积极建设小型水利工程，能够有效提升周围山体的植被覆盖率，提升周围土壤的稳定性、安全性。即使在出现较大暴雨灾害的情况下，也不会造成严重的泥石流灾害，在一定程度上预防了山体滑坡等灾害的发生，形成一个较为理想的保障效果。因此，在小型水利工程施工建设中，必须要考量到水土流失问题背后，容易带来较为恶劣的泥石流和山体滑坡等问题，通过优化水利工程建设，可以改善土壤结构、提升植被覆盖率，从而有效预防泥石流等灾害。

（三）小型水库在水土保持方面的具体技术

在水利工程施工中，无论设计还是施工均需满足不稳定边坡、场地治理等要求，为了避免损害水土资源，需加强布局设计，做好水利工程水土保持工作。该次工程中，主要采取以下措施，以加强水土保持。

1.表层种植土的保护

在水利工程建设过程中土壤资源发挥着重要作用，不仅是工程建设的关键因素，更是生态环境的重要基础。该次工程中，对施工区较为肥沃的表层土进行保护，存储收集表层土约35万立方米，将其单独存放在表层土堆存场，在施工前要区分好杂填土与种植土，并及时清理杂填土，保存种植土，为后续的绿化工作打好基础。在保证表层土资源的基础上，该工程才能完成植草36万立方米、乔木种植15万株的任务。

2.减少生态植被的破坏

为了减少对生态植被的破坏，在该工程中特设渣场与料场，集中堆放水利工程施工中的各种材料。料场距工程18km，集中堆放剥离层土方石，应用临时拦挡措施，去除料场开挖中构成的岩质边坡，在坡角设置排水沟。渣场则处于工程下游300m，碾压渣场设置排水沟和拦截渣坝，以保护水利工程的植被生态。

3.土壤改良和植物的配置

由于该文的水利工程地处黄土高原，被称为黄土高原的原中原，可见该区域环境的恶劣程度。在传统的水利工程水土保持工作中，主要植被为人工培养的植物。但是由于人工植物缺乏多样性，并且由于土壤肥力较低，很难确保植被的正常生长，因此生态效益较低。所以在水利工程实际施工过程中，要做好网格梁内的除杂整治工作，并将35cm左右的种植土覆盖在上面，然后选择适宜在当地种植的植被进行种植。

4.河道生态护坡施工技术

在对河道的生态护坡进行构建过程中，人工种草护坡技术是有效保护护坡的手段，该技术是通过人工播撒植被种子对护坡进行稳固、保持水土的方式。因此在选择草类时一定要合理，最好选择根系发达、固土效果良好的草类，这样就能对护坡的水土进行固定。该工程主要选用结缕草、野牛草、早熟禾以及黑麦草等绿色植物实现人工种草护坡。

野牛草形成了紧实的草皮，其对水量与肥量并无较多要求，修剪时间长，可粗放管理。而结缕草与早熟禾根茎主要分布在地下20cm土层，具有固结表土的作用，植株低矮、耐践踏，属于优良品种。黑麦草根系强大，分布于15cm表土层之中，平面布置在河道护坡之中，兼具美观与生态保护效果。

5.综合治理技术

在水利工程修建过程中，排洪抗涝是十分重要的问题，因此一定要综合考量影响排洪抗涝的相关因素。由于行洪过程中极有可能对堤岸造成一定的损害，因此就要利用硬质防护对堤岸进行保护，以确保植被的完整性。综合治理就是提高堤岸的植被覆盖率，对雨滴进行截留，以此来保持水土的完整。该次工程主要是通过修建高度接近枯水期水面的拦蓄水闸等方式对岸坡、滩地等进行水土保持，保证农业正常发展，提高地下水位，促进水生生物生长，保护闲置区域内植草。

6.工程防护技术

在水利工程施工过程中，防护措施必不可少，通过防护技术能有效加强水土的保持效果。在具体施工过程中，需要在弃土区背水面临时设置排水沟，防止水力侵蚀。该次工程中，渣场上下游均设置了烂渣坝，下游烂渣坝长约156.42m，断面底宽约58.62m，上宽约2.00m，坝高最大为25.34m，使用弃渣料碾压筑坝。上游烂渣坝长约35.64m，断面底宽约20.35m，上宽约2.00m，坝高最大为9.64m。渣场底部设置涵洞，并在周边设置砌石排水沟，以此有效控制取料工作，减少对周围水土资源的破坏。在荒坡取料时，将上层腐质土剥离，对腐质土进行集中处理，完成采土工作后，及时进行回填工作，以做好该次工程的水土保持工作。

三、发挥小型水库在水土保持中的作用的建议

（一）加强宣传力度

加强宣传力度，提高群众参与小型水利工程建设的积极性，以解决建设用地协调与建后管护作用，确保工程能够正常发挥其效益。一方面，加强石漠化治理宣传工作，尤其是将石漠化、贫困、治理、建设小型工程、农业增产、民众增收之间的关系及小型水利工程建设知识作为重点进行宣传，提高群众对石漠化土地的忧虑意识，使其能够正确认识农业生产及农林开发项目，为小型水利施工规划设计、用地协调、建设管护提供良好的思想保障。另一方面，则需要通过对石漠化治理意义、相关措施以及国家对开发性治理进行宣传，使民众了解近10年来，随着小型农田水利工程在经济收益和环境效益的成效显著，水利项目投资增加100倍，2019年初，陕西省水利厅预计完成水利项目投资325亿元，多数以小型农田水利工程项目为主，新增治理水土流失及生态修复面积3000km^2，修复整治涝池、塘堰1500座，新建加固淤地坝300座，解决和改善260万农村人口的安全饮水问题，新增小水电装机2.5万千瓦。做到深入人心、家喻户晓，以此为基础引导鼓励社会资本将更多资金投入小型水利工程建设之中，以解决现有资金不足问题。

（二）积极创新各类技术手段

对于小型水利工程项目来说，要想保证其发挥良好的水土保持效果，就要注重各类技术手段的创新应用，避免出现各种故障问题。由于其所涉及的内容较为复杂，为了能够实现可持续发展效果，要保证各项措施理想、协调，这样才能够充分发挥其作用和价值。应用各种先进的施工技术，在提升植被覆盖率的同时，还要着重分析提升水土保持能力、改善生态环境等方面的方法，以此不断提升其运行效果和质量，保证整体改良优化的效果。

（三）加强水利工程的管理力度

对水土流失情况进行实时监测，主要包括水土流失情况的变化动态、水

土流失因子变化和水土保持措施的实施情况等。通过实时监测深入了解水土工程中水土流失发生的位置、特征和强度等情况，为预防水利工程中水土流失提供有效的依据，从而及时调整水土流失预防和控制措施。另外，监督机构对水利工程建设中可能会引发水土流失的工程项目进行监督、管理，因为水土保持工作对于水利工程有着十分重要的支撑作用。

四、小型水库在农田水利中的作用和意义

小型水库工程设施是农业基础设施的重要组成部分，是提高全市农业生产能力的基础条件，是全面建设小康社会、促进社会主义新农村发展的重要保障。"三农"问题一直以来都是我国改革与发展的根本问题，解决好"三农"问题，是社会发展的需要，也是建设社会主义新农村的需要。

小型水库工程的建设和发展，是提高农民收入、改善农民生活水平的主要基础性工程，进一步促进农田水利工程的建设和发展，对稳固国民经济、增加农民收入、保障粮食安全具有重要的现实意义与历史意义。众所周知，自古以来我国就是农业大国，13亿人口中有7亿多为农民，农民的安居乐业、农民生活质量的提高、粮食生产的安全、农业经济的发展是新时期的工作重点。近年来，随着社会的不断进步和发展，各地小型水库工程农田水利工程也得到了明显发展，农村经济和农民收入都有了显著增长，但仍有部分地区发展缓慢。尤其是内陆许多偏远、经济欠发达地区的广大农村，大多数农民的经济收入仍然主要来源于农业。农业基础性设施的缺乏，滞后的农田水利工程建设，严重影响着农业生产的顺利进行，使大面积的农作物灌溉出现严重不足，造成粮食及其他农作物的减产减收，严重影响了农民增产增收的愿望。

农业是安天下的产业，农业经济是我国国民经济的重要支柱，国民经济的发展速度、发展状况一定程度上取决于农业基础是否稳固。长期以来，我国农产品主要来源于灌溉耕地，有限的耕地、有限的灌溉水源一定程度上制约了粮食产量、农业生产、农村经济的发展。新中国成立以来，在国家及各级地方政府的领导扶持下，修建了一大批各类农田水利工程设施，一定程度上缓解了农田灌溉、灌溉水资源紧缺的问题，使粮食产量得以稳定。但随着

我国现代农业的迅速发展，原有的一些农田水利工程设施远远满足不了现代农业生产的需要，尤其是一些地处偏远、交通不畅、信息闭塞、经济较为落后的地区，出现了严重的干旱、人畜饮用水、灌溉水源紧缺的问题。大面积的农田因干旱导致减产，甚至绝产，使农民蒙受巨大的经济损失，严重挫伤了农民的生产积极性，严重制约了当地农业经济的发展。

近年来，随着国家的日益重视，不断加大了对小型农田水利工程建设的投入力度，使各地小型水库农田水利工程得到了良好发展。但仍有部分地区小型水库农田水利工程的建设有待进一步提高，以满足农业生产的需要，避免或减少因自然灾害等因素造成的损失。运用现代科技手段，利用好有限的自然资源，最大限度地发挥小型农田水利工程在现代农业生产、人民生活、经济发展中所无法取代的作用。农田耕地面积、淡水资源的总量是有限的，如何利用好小型水库农田水利工程设施，扩大农田灌溉面积、提高农田灌溉率、保证农田灌溉质量、确保人畜饮水安全是当务之急，是进一步贯彻并落实党中央国务院走群众路线的具体体现。

加强小型水库农田水利工程的建设和发展，加快现有灌区的持续配套设施和更新改造，是稳定粮食产量、提高农业综合生产能力的重要战略措施。同时，农业发达国家的经验表明了发展现代高效农业，对灌溉技术、灌溉方法、有效灌溉率的要求会越来越高，依赖性也越来越强，只有进一步发展小型水库农田水利工程的基本建设、配套设施建设，才能满足现代农业生产的需要。历史发展经验再一次证明了只有依靠农田水利工程，提高农田灌溉水的利用率和水分生产率，才能更好地促进农业经济的可持续发展。

第四节　渠系建筑物的构造和作用

在渠道上修建的水工建筑物称为渠系建筑物，它使渠水跨过河流、山谷、堤防、公路等。类型主要有渡槽、涵洞、倒虹吸管、跌水与陡坡等。

一、槽的构造及作用

渡槽按支承结构可分为梁式渡槽和拱式渡槽两大类。渡槽由输水的槽身及支承结构、基础和进出口建筑物等部分组成。小型渡槽一般采用简支梁式结构，截面采用矩形。

（一）梁式渡槽

1.槽身结构

梁式渡槽槽身结构一般由槽身和槽墩（排架）组成，主要支承水荷载及结构自重。槽身按断面形状有矩形和U形；梁式渡槽又分成简支梁式、双悬臂梁式、单悬臂梁式和连续梁式。简支矩形槽身适应跨度为8~15m，U形槽身适应跨度为15~20m。

2.渡槽的进出口建筑物

由翼墙、护底、铺盖和消能设施组成，把矩形或U形槽身和梯形渠道连接起来，起改善水流条件、防冲及挡土作用。

（二）拱式渡槽

拱式渡槽的槽身不再是承重结构，主拱圈是拱式渡槽的主要承重结构，主拱圈以承受轴向压力为主，拱内弯矩较小。拱式渡槽跨度较大，可以达百米，充分发挥砖石和混凝土材料的抗压性能，但拱脚的约束条件和拱脚变位对拱圈内力及稳定影响较大，因此，拱式渡槽一般建在岩基上，或者采用桩基础或沉井基础。

二、涵洞的构造及作用

根据水流形态的不同，涵洞分有压、无压和半有压式。

（一）涵洞的洞身断面形式

1.圆形管涵

它的水力条件和受力条件较好，多由混凝土或钢筋混凝土建造，适用于有压涵洞或小型无压涵洞。

2.箱形涵洞

它是四边封闭的钢筋混凝土整体结构，适用于现场浇筑的大中型有压或无压涵洞。

3.盖板涵洞

断面为矩形，由底板、边墙和盖板组成，适用于小型无压涵洞。

4.拱形涵洞

由底板、边墙和拱圈组成。因受力条件较好，多用于填土较高、跨度较大的无压涵洞。

（二）洞身构造

洞身构造有基础、沉降缝、截水环等。

1.基础

管涵基础采用浆砌石或混凝土管座，其包角为90°～135°。拱涵和箱涵基础采用C15素混凝土垫层，它可分散荷载并增加涵洞的纵向刚度。

2.沉降缝

设缝间距不大于10m，且不小于2～3倍洞高，主要作用是适应地基的不均匀沉降。对于有压涵洞，缝中要设止水，以防止渗水使涵洞四周的填土产生渗透变形。

3.截水环

对于有压涵洞要在洞身四周设若干截水环或用黏土包裹形成涵衣，用以防止洞身外围产生集中渗流。

三、倒虹吸管的构造和作用

倒虹吸管有竖井式、斜管式、曲线式和桥式等，主要由管身段和进口段、出口段三部分组成。

（1）进口段的形式。进口段包括进水口、拦污栅、闸门、渐变段及沉砂池等，用来控制水流、拦截杂物和沉积泥砂。

（2）出口段的形式。出口段包括出水口、渐变段和消力池等，用于扩散水流和消能防冲。

（3）管身的构造。水头较低的管身采用混凝土（水头为4~6m）或钢筋混凝土（水头为30m左右），水头较高的管身采用铸铁或钢管（水头在30m以上）。为了防止管道因地基不均匀沉降和温度变化而受到破坏，管身应设置沉降缝，内设止水。现浇钢筋混凝土管在土基上缝距为15~20m，在岩基上缝距为10~15m。为了便于检修，在管段上应设置冲砂放水孔兼做进入孔。为改善路下平洞的受力条件，管顶应埋设在路面以下1.0m左右。

（4）镇墩与支墩。在管身的变坡及转弯处或较长管身的中间应设置镇墩，以连接和固定管道。镇墩附近的伸缩缝一般设在下游侧。在镇墩中间要设置支墩，以承受水荷载及管道自重的法向分量。

四、跌水与陡坡的构造和作用

当渠道通过地面坡度较陡的地段时，为了保持渠道的设计比降，避免高填方或深挖方，往往将水流落差集中，修建建筑物连接上下游渠道，这种建筑物称为跌水或陡坡。

（一）跌水

跌水有单级和多级两种形式，两者构造基本相同，一般单级跌水落差小于5.0m，落差超过5.0m宜采用多级跌水。跌水主要由进口连接段、跌水口、侧墙、消力池和出口连接段组成。

（二）陡坡

陡坡是以斜坡代替跌水墙。陡坡主要由进口连接段、控制堰口、陡坡段、消力池和出口连接段组成。

五、渠道断面及施工

（一）断面

明渠断面形式有梯形、矩形、复合形、弧形底梯形、弧形坡脚梯形、U形；无压暗渠断面形式有城门洞形、箱形、正反拱形和圆形。

（二）施工

改建渠道的基槽填筑，应提前停止通水，或采用抽排、翻晒等方法降低基土含水量，并应清除杂草、淤积泥沙等杂物。小型渠道，宜将全渠填满至设计高程后，再按设计开挖至防渗层铺设断面。填筑面宽度应比设计尺寸加宽50cm，并应将原渠坡修成台阶状，再填筑新土。新建半挖半填渠道基槽的开挖，应先开挖基槽，再将渠道两岸填方部分填筑至设计高程，然后整修渠槽。

浆砌石防渗结构的砌筑顺序如下。

（1）梯形明渠，宜先砌筑渠底后砌渠坡。砌渠坡时，从坡脚开始，由下而上分层砌筑；U形、弧形底梯形和弧形坡脚梯形明渠，从渠底中线开始，向两边对称砌筑。

（2）矩形明渠，宜先砌两边侧墙，后砌渠底；拱形和箱形暗渠，可先砌侧墙和渠底，后砌顶拱或加盖板。

第十二章 水利工程质量管理研究

第一节 质量体系建立与运行

一、质量体系的性质和特点

（一）质量体系的性质

建设工程项目质量控制体系既不是业主方也不是施工方的质量管理体系或质量保证体系，而是建设工程项目目标控制的一个工作系统，具有下列性质。

（1）建设工程项目质量控制体系是以工程项目为对象，由工程项目实施的总组织者负责建立的面向项目对象开展质量控制的工作体系。

（2）建设工程项目质量控制体系是建设工程项目管理组织的一个目标控制体系，它与项目投资控制、进度控制、职业健康安全与环境管理等目标控制体系共同依托于同一项目管理的组织机构。

（3）建设工程项目质量控制体系根据工程项目管理的实际需要而建立，随着建设工程项目的完成和项目管理组织的解体而消失，因此是一个一次性的质量控制工作体系，不同于企业的质量管理体系。

（二）工程项目质量体系的特点

如前所述，建设工程项目质量系统是面向项目对象而建立的质量控制工作体系，它与企业或其他组织机构建立的质量管理体系相比较，有以下不同点。

1.建立的目的不同

建设工程项目质量体系只用于特定的建设工程项目质量控制，而不是用于企业或组织的质量管理，其建立的目的不同。

2.服务的范围不同

建设工程项目质量体系涉及建设工程项目实施过程中所有的质量责任主体，而不只是某一个承包企业或组织机构，其服务的范围不同。

3.控制的目标不同

建设工程项目质量控制体系的控制目标是建设工程项目的质量目标，并非某一具体企业或组织的质量管理目标，其控制的目标不同。

4.作用的时效不同

建设工程项目质量控制体系与建设工程项目管理组织系统相融合，是一次性的质量工作体系，并非永久性的质量管理体系，其作用的时效不同。

5.评价的方式不同

建设工程项目质量控制体系的有效性一般由建设工程项目管理的总组织者进行自我评价与诊断，不需进行第三方认证，其评价的方式不同。

二、质量体系的结构

建设工程项目的实施涉及业主方、设计方、施工方、监理方、供应方等多方主体的活动，各方主体各自承担不同的质量责任和义务。为了有效地进行系统、全面的质量控制，必须由项目实施的总负责单位负责建设工程项目质量控制体系的建立和运行，实施质量目标的控制。

建设工程项目质量控制体系，一般形成多层次、多单元的结构形态，这是由其实施任务的委托方式和合同结构所决定的。

（一）多层次结构

多层次结构是对应于建设工程项目工程系统纵向垂直分解的单项、单位工程项目的质量控制体系。在大中型工程项目尤其是群体工程项目中，第一层次的质量控制体系应由建设单位的工程项目管理机构负责建立，在委托代建、委托项目管理或实行交钥匙式工程总承包的情况下，应由相应的代建方项目管理机构、受托项目管理机构或工程总承包企业项目管理机构负责建立。第二层次的质量控制体系，通常是指分别由建设工程项目的设计总负责单位、施工总承包单位等建立的相应管理范围内的质量控制体系。第三层次及其以下，是承担工程设计、施工安装、材料设备供应等各承包单位的现场质量自控体系，或称各自的施工质量保证体系。系统纵向层次机构的合理性是建设工程项目质量目标、控制责任和措施分解落实的重要保证。

（二）多单元结构

多单元结构是指在建设工程项目质量控制总体系下，第二层次的质量控制体系及其以下的质量自控或保证体系可能有多个。这是项目质量目标、责任和措施分解的必然结果。

三、建设工程项目质量体系的建立

建设工程项目质量体系的建立过程，实际上就是建设工程项目质量总目标的确定和分解过程，也是建设工程项目各参与方之间质量管理体系和控制责任的确立过程。为了保证质量体系的科学性和有效性，必须明确体系建立的原则、内容、程序和责任主体。

（一）建立的原则

实践经验表明，建设工程项目质量体系的建立，遵循以下原则对于质量目标的规划、分解和有效实施是非常重要的。

1.分层次规划原则

建设项目质量体系的分层次规划，是指建设工程项目管理的总组织者（建设单位或代建制项目管理企业）和承担项目实施任务的各参与单位分别进行不同层次和范围的建设工程项目质量体系规划。

2.目标分解原则

建设工程项目质量系统总目标的分解，是根据系统内工程项目的分解结构，将工程项目的建设标准和质量总体目标分解到各个责任主体，明示于合同条件，由各责任主体制订出相应的质量计划，确定其具体的控制方式和控制措施。

3.质量责任制原则

建设工程项目质量体系的建立，应按照《建设工程质量管理条例》中有关建设工程质量责任的规定，界定各方的质量责任范围和控制要求。

4.系统有效性原则

建设工程项目质量体系，应从实际出发，结合项目特点、合同结构和项目管理组织系统的构成情况，建立项目各参与方共同遵循的质量管理制度和控制措施，并形成有效的运行机制。

（二）建立的程序

工程项目质量控制体系的建立过程，一般可按以下环节依次展开工作。

1.确立系统质量控制网络

首先明确系统各层面的建设工程质量控制负责人。一般应包括承担项目实施任务的项目经理（或工程负责人）、总工程师、项目监理机构的总监理工程师、专业监理工程师等，以形成明确的项目质量控制责任者的关系网络架构。

2.制定质量控制制度

质量控制制度包括质量控制例会制度、协调制度、报告审批制度、质量验收制度和质量信息管理制度等。形成建设工程项目质量控制体系的管理文件或手册，以其作为承担建设工程项目实施任务各方主体共同遵循的管理依据。

3.分析质量控制界面

建设工程项目质量控制体系的质量责任界面包括静态界面和动态界面。一般来说静态界面根据法律法规、合同条件、组织内部职能分工来确定。动态界面主要是指项目实施过程中设计单位之间、施工单位之间、设计单位与施工单位之间的衔接配合关系及其责任划分，必须通过分析、研究，确定管理原则与协调方式。

4.编制质量控制计划

建设工程项目管理总组织者，负责主持编制建设工程项目总质量计划，并根据质量控制体系的要求，部署各质量责任主体编制与其承担任务范围相符合的质量计划，并按规定程序完成质量计划的审批，作为其实施自身工程质量控制的依据。

（三）建立质量控制体系的责任主体

根据建设工程项目质量控制体系的性质、特点和结构，明确相应的责任主体。一般情况下，建设工程项目质量控制体系应由建设单位或工程项目总承包企业的工程项目管理机构负责建立；在分阶段依次对勘察、设计、施工、安装等任务进行分别招标发包的情况下，该体系通常应由建设单位或其委托的工程项目管理企业负责建立，并由各承包企业根据项目质量控制体系的要求，建立隶属于总的项目质量控制体系的设计项目、施工项目、采购供应项目等分质量保证体系（可称相应的质量控制子系统），以具体实施其质量责任范围内的质量管理和目标控制。

四、建设工程项目质量体系的运行

建设工程项目质量控制体系的建立为建设工程项目的质量控制提供了组织制度方面的保证。建设工程项目质量控制体系的运行，实质上就是系统功能的发挥过程，也是质量活动职能和效果的控制过程。然而，质量控制体系要有效地运行，还有赖于系统内部的运行环境和运行机制的完善。

（一）运行环境

建设工程项目质量控制体系的运行环境，主要是指以下几方面为系统运行提供支持的管理关系、组织制度和资源配置的条件。

1.建设工程的合同结构

建设工程合同是联系建设工程项目各参与方的纽带，只有在建设工程项目合同结构合理、质量标准和责任条款明确并严格进行履约管理的条件下，质量控制体系的运行才能成为各方的自觉行动。

2.质量管理的资源配置

质量管理的资源配置包括专职的工程技术人员和质量管理人员的配置，以及实施技术管理和质量管理所必需的设备、设施、器具、软件等物质资源的配置。人员和资源的合理配置是质量控制体系得以运行的基础条件。

3.质量管理的组织制度

建设工程项目质量控制体系内部的各项管理制度和程序性文件的建立，为质量控制系统各个环节的运行提供了必要的行动指南、行为准则和评价基准，是系统有序运行的基本保证。

（二）运行机制

建设工程项目质量控制体系的运行机制，是由一系列质量管理制度安排所形成的内在能力。运行机制是质量控制体系的生命，机制缺陷是造成系统运行无序、失效和失控的重要原因。因此，在设计系统内部的管理制度时，必须予以高度重视，防止重要管理制度的缺失、制度本身的缺陷、制度之间的矛盾等现象出现，才能为系统的运行注入动力机制、约束机制、反馈机制和持续改进机制。

1.动力机制

动力机制是建设工程项目质量控制体系运行的核心机制，它来源于公正、公开、公平的竞争机制和利益机制的制度设计或安排。这是因为建设工程项目的实施过程是由多主体参与的价值增值链，只有保持合理的供方及分供方等各方关系，才能形成合力，是建设工程项目成功的重要保证。

2.约束机制

没有约束机制的控制体系是无法使工程质量处于受控状态的。约束机制取决于各主体内部的自我约束能力和外部的监控效力。约束能力表现为组织及个人的经营理念、质量意识、职业道德及技术能力的发挥，监控效力取决于建设工程项目实施主体外部对质量工作的推动和检查监督。两者相辅相成，构成了质量控制过程中的制衡关系。

3.反馈机制

运行状态和结果的信息反馈是对质量控制系统的能力和运行效果进行评价，并为及时做出处置提供决策依据。因此，必须有相关的制度安排，保证质量信息反馈得及时和准确，坚持质量管理者深入生产第一线，掌握第一手资料，才能形成有效的质量信息反馈机制。

4.持续改进机制

在建设工程项目实施的各个阶段，不同的层面、不同的范围和不同的主体之间，应用PDCA循环原理，即计划、实施、检查和处置不断循环的方式展开质量控制，同时注重抓好控制点的设置，加强重点控制和例外控制，并不断寻求改进机会、研究改进措施，才能保证建设工程项目质量控制系统的不断完善和持续改进，不断提高质量控制能力和控制水平。

第二节　工程质量统计与分析

一、质量管理统计方法的基本概念和原理

为了保证项目及产品质量，需要对过程（工序）的质量状况及其动态进行掌握、分析、判断，以保证过程（工序）质量处于稳定状态，从而制造出符合质量标准的合格品。质量管理统计方法就是适应这一需要的科学管理方法。

所谓质量管理统计方法，就是利用数理统计原理和方法对施工及生产过程实行科学管理和控制的有效方法。这个方法的基本原理是：用具有代表性

的"样本"代替"母体"，通过系统的随机抽样活动取得样本数据，并对它进行科学的整理分析，揭示出包含在数据中的规律性本质，进而推断总体的质量状况，从而采取相应的技术组织措施，实现对过程的质量控制。这是事中控制的有效手段。

产品控制的总体质量，是通过部分样品的质量特性值来推断的。样品的质量特性值不可能完全相同，而且总与产品设计的质量特性值存在一定差异。但是只要处在允许波动的范围内，产品仍被认为是合格品；只有超出允许波动范围，才认为产品不合格或生产过程存在问题。这种产品质量特性值存在变异的客观表现，是由于制造过程的两种因素各自或同时在起作用的结果。一是系统性因素在影响制造过程，使产品质量特性值产生条件误差，经常造成产品成为不合格品。如设备不良、材质差、工艺方法不当、操作者技能不过关、制造环境不符合要求等因素。不过，上述因素容易查明，而且可以采取措施消除其产生的条件误差。二是偶然性因素对制造过程的影响作用，如设备偶尔震动、材料某处出现料想不到的砂眼、工人操作上的微小变化等。这些偶然性因素作用也会产生质量特性值变异，出现随机误差。但这种变异不是经常性的，只是偶尔发生，这表明生产过程总体情况是正常的，不会经常大量出现不合格品，只是偶尔少量出现不合格品。另外，要查明这种由偶然性因素引起的质量变异的具体原因和采取解决措施并不容易，并且也是不必要的。

数理统计方法就是通过对抽测的数据分布倾向的分析揭示出制造过程系统性因素或偶然性因素的作用，从而随时掌握制造过程中质量的波动状况和变化趋势，以便及时采取措施，预防不合格品出现，保证制造过程正常、稳定，达到控制质量的目的。

质量管理统计方法是以批量生产为条件的。这主要因为只有在一定数量的重复连续生产条件下，才能获取有代表性的样品数据，才能运用统计方法，所以特别适用于制造业的质量管理。

质量管理统计方法是以数据作为根据的。可以说，没有数据的收集、整理、分析、判断，就没有质量控制的统计方法，就没有质量的界定、控制及管理。过程（工序）质量的异常状况、一批产品的质量状态、制造过程的稳定程度和变化趋势，都是要靠数据来说明和推断的。

二、常见质量管理统计方法

（一）分层法

1.分层法的原理

由于项目质量的影响因素众多，对工程质量状况的调查和质量问题的分析必须分门别类地进行，以便准确、有效地找出问题及其原因所在，这就是分层法的基本思想。

2.分层法的应用

应用分层法的关键是调查分析的类别和层次划分，根据管理需要和统计目的，通常可按照以下分层方法取得原始数据。

（1）按施工时间分，如月、日、上午、下午、白天、晚间、季节。

（2）按地区部位分，如区域、城市、乡村、楼层、外墙、内墙。

（3）按产品材料分，如产地、厂商、规格、品种。

（4）按检测方法分，如方法、仪器、测定人、取样方式。

（5）按作业组织分，如工法、班组、工长、工人、分包商。

（6）按工程类型分，如住宅、办公楼、道路、桥梁、隧道。

（7）按合同结构分，如总承包、专业分包、劳务分包。

经过第一次分层调查和分析，找出主要问题的所在以后，还可以针对这个问题再次进行分层调查分析，一直到分析结果满足管理需要为止。层次类别划分越明确、越细致，就越能够准确、有效地找出问题及其原因之所在。

（二）因果分析图法

1.因果分析图法的原理

因果分析图法，也称为质量特性要因分析法，其基本原理是对每一个质量特性或问题进行逐步分析，逐层深入排查可能的原因，然后确定其中最主要的原因，再进行有的放矢的处置和管理。

2.因果分析图法的应用

比如混凝土强度不合格，进行原因分析，先把混凝土施工的生产要素即人、机械、材料、施工方法和施工环境作为第一层面的因素进行分析；然后对第一层面的各个因素，再进行第二层面的可能原因的深入分析。依此类推，直至把所有可能的原因分层次地一一罗列出来。

（三）排列图法

1.排列图法的适用范围

在质量管理过程中，通过抽样检查或检验试验所得到的关于质量问题、偏差、缺陷、不合格等方面的统计数据，以及造成质量问题的原因分析统计数据，均可采用排列图法进行状况描述，它具有直观、主次分明的特点。

2.排列图法的应用

如对某项模板的施工精度进行抽样检查，得到150个不合格点数的统计数据，然后按照质量特性不合格点数（频数）由大到小的顺序，重新整理为表，并分别计算出累计频数和累计频率。根据表的统计数据画出列图，并将其中累计频率为0～80%的问题定为A类问题，即主要问题，进行重点管理；将累计频率在80%～90%的问题定为B类问题，即次要问题，作为次重点管理；将其余累计频率在90%～100%的问题定为C类问题，即一般问题，按照常规适当加强管理。以上方法称为ABC分类管理法。

（四）直方图法

1.直方图法的用途

（1）整理统计数据，了解统计数据的分布特征，即数据分布的集中或离散状况，从中掌握质量能力状态。

（2）观察分析生产过程质量是否处于正常、稳定和受控状态以及质量水平是否保持在公差允许的范围内。

2.直方图的观察分析

（1）直方图观察分析的第一种方式是通过分布形状进行观察分析：

①所谓形状观察分析是指将绘制好的直方图形状与正态分布图的形状进行比较分析，一看形状是否相似，二看分布区间的宽窄。直方图的分布形状及分布区间宽窄是由质量特性统计数据的平均值和标准偏差所决定的。

②正常直方图呈正态分布，其形状特征是中间高、两边低、成对称。正常直方图反映生产过程质量处于正常、稳定状态。数理统计研究证明，当随机抽样方案合理且样本数量足够大时，在生产能力处于正常、稳定状态时，质量特性检测数据趋于正态分布。

③异常直方图呈偏态分布，常见的异常直方图有折齿型、缓坡型、孤岛型、双峰型。

（2）直方图的第二种观察分析方法是通过分布位置进行观察分析：

①所谓位置观察分析是指将直方图的分布位置与质量控制标准的上下限范围进行比较分析。

②生产过程的质量正常、稳定和受控，还必须在公差标准的上、下界限范围内达到质量合格的要求。只有这样的正常、稳定和受控才是经济合理的受控状态。

③如果质量特性数据分布偏下限，则易出现不合格，在管理上必须提高总体能力。

④如果质量特性数据的分布宽度边界达到质量标准的上、下界限，其质量能力处于临界状态，则易出现不合格，必须分析原因，采取措施。

⑤如果质量特性数据的分布居中且边界与质量标准的上、下界限有较大的距离，说明其质量能力偏大，不经济。

⑥如果数据分布均已超出质量标准上、下界限，这些数据说明生产过程存在质量不合格，需分析原因，采取措施进行纠偏。

第三节　工程质量事故的处理

一、工程质量问题和质量事故的分类

（一）工程质量不合格

1.质量不合格和质量缺陷

根据我国质量管理体系标准的规定，凡工程产品没有满足某个规定的要求，就称为质量不合格；而未满足某个与预期或规定用途有关的要求，称为质量缺陷。

2.质量问题和质量事故

凡工程质量不合格，必须进行返修、加固或报废处理，由此造成直接经济损失低于规定限额的称为质量问题；凡是工程质量不合格，影响使用功能或工程结构安全，造成永久质量缺陷或存在重大质量隐患，甚至直接导致工程倒塌或人身伤亡的，必须进行返修、加固或报废处理，由此造成的直接经济损失在规定限额以上的称为质量事故。

（二）工程质量事故

根据《水利工程质量事故处理暂行规定》（水利部令第9号），水利工程质量事故是指在水利工程建设过程中，由于建设管理、监理、勘测、设计、咨询、施工、材料、设备等原因造成工程质量不符合规程规范和合同规定的质量标准，影响工程使用寿命和对工程安全运行造成隐患和危害的事件。

工程质量事故具有成因复杂、后果严重、种类繁多、往往与安全事故共生的特点，建设工程质量事故的分类有多种方法，不同专业工程的类别对工程质量事故的等级划分也不尽相同。

1.按事故造成损失的程度分级

根据工程质量事故造成的人员伤亡或者直接经济损失，工程质量事故分为以下4个等级。

（1）特别重大事故

是指造成30人以上死亡，或者100人以上重伤，或者1亿元以上直接经济损失的事故。

（2）重大事故

是指造成10人以上30人以下死亡，或者50人以上100人以下重伤，或者5000万元以上1亿元以下直接经济损失的事故。

（3）较大事故

是指造成3人以上10人以下死亡，或者10人以上50人以下重伤，或者1000万元以上5000万元以下直接经济损失的事故。

（4）一般事故

是指造成3人以下死亡，或者10人以下重伤，或者100万元以上1000万元以下直接经济损失的事故。

该等级划分所称的"以上"包括本数，所称的"以下"不包括本数。

2.按事故责任分类

（1）指导责任事故

指由于工程指导或领导失误而造成的质量事故。例如，由于工程负责人不按规范指导施工，强令他人违章作业，或片面追求施工进度，放松或不按质量标准进行控制和检验、降低施工质量标准等而造成的质量事故。

（2）操作责任事故

指在施工过程中，由于操作者不按规程和标准实施操作而造成的质量事故。例如，浇筑混凝土时随意加水或振捣疏漏造成混凝土质量事故等。

（3）自然灾害事故

指由于突发的严重自然灾害等不可抗力造成的质量事故。例如，地震、台风、暴雨、雷电及洪水等造成工程破坏甚至倒塌。这类事故虽然不是人为责任直接造成，但事故造成的损害程度也往往与事前是否采取了预防措施有关，相关责任人也可能负有一定的责任。

3.按质量事故产生的原因分类

（1）技术原因引发的质量事故

指在工程项目实施中由于设计、施工在技术上的失误而造成的质量事故。例如，结构设计计算错误、对地质情况估计错误、采用了不适宜的施工方法或施工工艺等引发的质量事故。

（2）管理原因引发的质量事故

指管理上的不完善或失误引发的质量事故。例如，施工单位或监理单位的质量管理体系不完善、检验制度不严密、质量控制不严格、质量管理措施落实不力、检测仪器设备管理不善而失准、材料检验不严等原因引起的质量事故。

（3）社会、经济原因引发的质量事故

是指由于经济因素及社会上存在的弊端和不正之风导致建设中的错误行为而发生的质量事故。例如，某些施工企业盲目追求利润而不顾工程质量，在投标报价中恶意压低标价，中标后则采用随意修改方案或偷工减料等违法手段而导致的质量事故。

（4）其他原因引发的质量事故

指由于其他人为事故（如设备事故、安全事故等）或严重的自然灾害等不可抗力的原因导致连带发生的质量事故。

二、工程质量事故的处理

（一）质量事故处理的依据

1.质量事故的实况资料

包括质量事故发生的时间、地点；质量事故状况的描述；质量事故发展变化的情况；有关质量事故的观测记录、事故现场状态的照片或录像；事故调查组调查研究所获得的第一手资料。

2.有关的合同文件

包括工程承包合同、设计委托合同、设备与器材购销合同、监理合同及分包合同等。

3.有关的技术文件和档案

主要是有关的设计文件（如施工图纸和技术说明），与施工有关的技术文件、档案和资料（如施工方案、施工记录、施工日志、有关材料的质量证明资料、现场制备材料的质量证明资料、质量事故发生后对事故状况的观测记录、试验记录或试验报告等）。

4.相关的建设法规

主要包括《建设工程质量管理条例》等与工程质量及质量事故处理有关的法规，勘察、设计、施工、监理等单位资质管理方面的法规，从业者资格管理方面的法规，市场方面的法规，施工方面的法规，以及标准化管理方面的法规等。

（二）质量事故的处理程序

施工质量事故发生后，事故现场有关人员应立即向工程建设单位负责人报告。工程建设单位负责人接到报告后，应于1小时内向事故发生地县级以上人民政府住房和城乡建设主管部门及有关部门报告。同时，施工项目有关负责人应根据事故现场的实际情况及时采取必要措施抢救人员和财产，保护事故现场，防止事故扩大。房屋市政工程生产安全和质量较大及以上事故的查处督办，按照住房和城乡建设部《房屋市政工程生产安全和质量事故查处督办暂行办法》规定的程序办理。

1.事故调查

（1）事故调查管理权限的确定原则

①一般事故由项目法人组织设计、施工、监理等单位进行调查，调查结果报项目主管部门核备。

②较大质量事故由项目主管部门组织调查组进行调查，调查结果报上级主管部门批准并报省级水行政主管部门核备。

③重大质量事故由省级以上水行政主管部门组织调查组进行调查，调查结果报水利部核备。

④特别重大质量事故由水利部组织调查。需要注意的是，根据《生产安全事故报告和调查处理条例》（中华人民共和国国务院令第493号）的规定，特别重大事故是指造成30人以上死亡，或者100人以上重伤（包括急性工业中毒），或者1亿元以上直接经济损失的事故。特别重大质量事故由国务院或者国务院授权有关部门组织事故调查组进行调查。

（2）事故调查的主要任务

①查明事故发生的原因、过程、经济损失情况和对后续工程的影响。

②组织专家进行技术鉴定。

③查明事故的责任单位和主要责任人应负的责任。

④提出工程处理和采取措施的建议。

（3）事故调查的主要内容

事故调查应力求及时、客观、全面，以便为事故的分析与处理提供正确的依据。调查结果要整理撰写成事故调查报告，其主要内容包括：工程项目和参建单位概况；事故基本情况；事故发生后所采取的应急防护措施；事故调查中的有关数据、资料；对事故原因和事故性质的初步判断，对事故处理的建议；事故涉及人员与主要责任人的情况；等等。

2.事故的原因分析

要建立在事故调查的基础上，避免情况不明就主观推断事故的原因。特别是对涉及勘察、设计、施工、材料和管理等方面的质量事故，往往事故的原因错综复杂，因此，必须对调查所得到的数据、资料进行仔细的分析，去伪存真，找出造成事故的主要原因。

3.制订事故处理的技术方案

事故的处理要建立在原因分析的基础上，并广泛地听取专家及有关方面的意见，经科学论证，决定事故是否进行处理和怎样处理。在制订事故处理方案时，应做到安全可靠、技术可行、不留隐患、经济合理、具有可操作性，以满足结构安全和使用功能要求。

4.事故处理

根据制订的质量事故处理的方案，对质量事故进行认真处理。处理的内容主要包括：事故的技术处理，以解决施工质量不合格和缺陷问题。事故的责任处罚，根据事故的性质、损失大小、情节轻重对事故的责任单位和责任人做出相应的行政处分，甚至追究刑事责任。

5.事故处理的鉴定验收

质量事故的处理是否达到预期的目的，是否依然存在隐患，应当通过检查、鉴定和验收做出确认。事故处理的质量检查鉴定，应严格按施工验收规范和相关质量标准的规定进行，必要时还应通过实际量测、试验和仪器检测等方法获取必要的数据，以便准确地对事故处理的结果做出鉴定，最终形成结论。

6.提交处理报告

事故处理结束后，必须尽快向主管部门和相关单位提交完整的事故处理报告，其内容包括：事故调查的原始资料、测试的数据；事故原因分析、论证；事故处理的依据；事故处理的方案及技术措施；实施质量处理中有关的数据、记录、资料；检查验收记录；事故处理的结论；等等。

（三）质量事故处理的原则和基本要求

1.质量事故处理的原则

发生质量事故，必须坚持"事故原因不查清楚不放过、主要事故责任人和职工未受教育不放过、补救和防范措施不落实不放过"的原则（简称"三不放过原则"），认真调查事故原因，研究处理措施，查明事故责任，做好事故处理工作。

2.质量事故处理的基本要求

（1）质量事故的处理应达到安全可靠、不留隐患、满足生产和使用要求、施工方便、经济合理的目的。

（2）重视消除造成事故的原因，注意综合治理。

（3）正确确定处理的范围和正确选择处理的时间及方法。

（4）加强事故处理的检查验收工作，认真复查事故处理的实际情况。

（5）确保事故处理期间的安全。

（四）施工质量问题和质量事故处理的基本方法

1.返修处理

当工程的某些部分的质量虽未达到规范、标准或设计规定的要求，存在一定的缺陷，但经过返修后可以达到要求的质量标准而又不影响使用功能或外观的要求时，可采取返修处理的方法。例如，某些混凝土结构表面出现蜂窝、麻面，经调查分析，该部位经返修处理后不会影响其使用及外观；对混凝土结构局部出现的损伤，如结构受撞击、局部未振实、冻害、火灾、酸类腐蚀、碱集料反应等，若这些损伤仅仅在结构的表面或局部，不影响其外观和使用，可进行返修处理。

2.加固处理

主要是针对危及承载力的质量缺陷的处理。通过对缺陷的加固处理，使建筑结构恢复或提高承载力，重新满足结构安全性及可靠性的要求，使结构能继续使用或改作其他用途。例如，对混凝土结构常用加固的方法主要有：增大截面加固法、外包角钢加固法、粘钢加固法、增设支点加固法、增设剪力墙加固法和预应力加固法等。

3.返工处理

当工程质量缺陷经过返修处理后仍不能满足规定的质量标准要求或不具备补救可能性时，则必须实行返工处理。例如，某防洪堤坝填筑压实后，其压实土的干密度未达到规定值，经核算将影响土体的稳定且不满足抗渗能力的要求，须挖除不合格土，重新填筑，进行返工处理。

4.限制使用

在当工程质量缺陷按返修方法处理后无法保证达到规定的使用要求和安全要求而又无法返工处理的情况下，不得已时可做出诸如结构卸荷或减荷以及限制使用的决定。

5.不作处理

某些工程质量问题虽然达不到规定的要求或标准，但其情况不严重，对工程或结构的使用及安全影响很小，经过分析、论证、法定检测单位鉴定和设计单位等认可后可不作专门处理。一般可不作专门处理的情况有以下几种。

（1）不影响结构安全、生产工艺和使用要求的质量缺陷

例如，有的工业建筑物出现放线定位的偏差，且严重超过规范标准规定，若要纠正会造成重大经济损失，但经过分析、论证，其偏差不影响生产工艺和正常使用，在外观上也无明显影响，可不作处理。

（2）后道工序可以弥补的质量缺陷

例如，混凝土结构表面的轻微麻面，可通过后续的抹灰、刮涂、喷涂等弥补，也可不作处理。

（3）法定检测单位鉴定合格的工程

例如，检验其批混凝土试件强度值不满足规范要求，强度不足，但经法定检测单位对混凝土实体强度进行实际检测后，其实际强度达到规范允许和设计要求值时，可不作处理。对经检测未达到要求值，但相差不多，经分析论证，只要在使用前经再次检测达到设计强度，也可不作处理，但应严格控制施工荷载。

（4）出现质量缺陷的工程，经检测鉴定达不到设计要求，但经原设计单位核算，仍能满足结构安全和使用功能的

例如，某一结构构件截面尺寸不足，或材料强度不足，影响结构承载力，但按实际情况进行复核验算后仍能满足设计要求的承载力时，可不进行专门处理。这种做法实际上是挖掘设计潜力或降低设计的安全系数，应谨慎处理。

6.报废处理

出现质量事故的工程，通过分析或试验，采取上述处理方法后仍不能满足规定的质量要求或标准，则必须予以报废处理。

第四节　工程质量验收与评定

一、工程质量验收

（一）工程质量验收的分类

根据《水利水电建设工程验收规程》，水利水电建设工程验收按验收主持单位可分为法人验收和政府验收。

法人验收应包括分部工程验收、单位工程验收、水电站（泵站）中间机组启动验收、合同工程完工验收等；政府验收应包括阶段验收、专项验收、竣工验收等。验收主持单位可根据工程建设需要增设验收的类别和具体要求。

（二）工程验收的主要依据和内容

1.验收的主要依据

（1）国家现行有关法律、法规、规章和技术标准。

（2）有关主管部门的规定。

（3）经批准的工程立项文件、初步设计文件、调整概算文件。

（4）经批准的设计文件及相应的工程变更文件。

（5）施工图纸及主要设备技术说明书等。

（6）法人验收还应以施工合同为依据。

2.工程验收工作的主要内容

（1）检查工程是否按照批准的设计进行建设。

（2）检查已完工程在设计、施工、设备制造、安装等方面的质量及相关资料的收集、整理和归档情况。

（3）检查工程是否具备运行或进行下一阶段建设的条件。

（4）检查工程的投资控制和资金使用情况。

（5）对验收遗留问题提出处理意见。

（6）对工程建设做出评价和结论。

（三）验收的基本要求

（1）政府验收应由验收主持单位组织成立的验收委员会负责；法人验收应由项目法人组织成立的验收工作组负责。验收委员会（工作组）由有关单位代表和有关专家组成。验收的成果性文件是验收鉴定书，验收委员会（工作组）成员应在验收鉴定书上签字。对验收结论持有异议的，应将保留意见在验收鉴定书上明确记载并签字。

（2）工程验收结论应经2/3以上的验收委员会（工作组）成员同意。验收过程中发现的问题，其处理原则应由验收委员会（工作组）协商确定。主任委员（组长）对争议问题有裁决权。若1/2以上的委员（组员）不同意裁决意见时，法人验收应报请验收监督管理机关决定；政府验收应报请竣工验收主持单位决定。

（3）工程项目中需要移交非水利行业管理的工程，验收工作宜同时参照相关行业主管部门的有关规定进行。

（4）当工程具备验收条件时，应及时组织验收。未经验收或验收不合格的工程不应交付使用或进行后续工程施工。验收工作应相互衔接，不应重复进行。

（5）工程验收应在施工质量检验与评定的基础上对工程质量提出明确的结论意见。

（6）验收资料制备由项目法人统一组织，有关单位应按要求及时完成并提交。项目法人应对提交的验收资料进行完整性、规范性检查。验收资料分为应提供的资料和需备查的资料。有关单位应保证其提交资料的真实性并承担相应的责任。工程验收的图纸、资料和成果性文件应按竣工验收资料的要求制备。除图纸外，验收资料的规格宜为国际标准A4（210mm×297mm）。

文件正本应加盖单位印章且不应采用复印件。验收资料应具有真实性、完整性和历史性。所谓真实性是指如实记录和反映工程建设过程的实际情况。所谓完整性是指建设过程应有及时、完整、有效的记录。所谓历史性是指对未来有可靠和重要的参考价值。验收时所需提供资料与备查资料的区别主要是，备查资料是原始的且数量有限不可再制，提供资料是对原始资料的归纳和建立在实践基础上的经验总结。

（四）竣工验收的要求

1.竣工验收的条件

（1）工程已按批准设计全部完成。

（2）工程重大设计变更已经有审批权的单位批准。

（3）各单位工程能正常运行。

（4）历次验收所发现的问题已基本处理完毕。

（5）各专项验收已通过。

（6）工程投资已全部到位。

（7）竣工财务决算已通过竣工审计，审计意见中提出的问题已整改并提交了整改报告。

（8）运行管理单位已明确，管理养护经费已基本落实。

（9）质量和安全监督工作报告已提交，工程质量达到合格标准。

（10）竣工验收资料已准备就绪。

2.竣工验收的程序

（1）项目法人组织进行竣工验收自查。

（2）项目法人提交竣工验收申请报告。

（3）竣工验收主持单位批复竣工验收申请报告。

（4）竣工验收技术鉴定（大型工程）。

（5）进行竣工技术预验收。

（6）召开竣工验收会议。

（7）印发竣工验收鉴定书。

3.竣工验收会议

（1）竣工验收委员会可设主任委员1名，副主任委员以及委员若干名，主任委员应由验收主持单位代表担任。竣工验收委员会应由竣工验收主持单位、有关地方人民政府和部门、有关水行政主管部门和流域管理机构、质量和安全监督机构、运行管理单位的代表以及有关专家组成。工程投资方代表可参加竣工验收委员会。

（2）项目法人，勘测、设计、监理、施工和主要设备制造（供应）商等单位应派代表参加竣工验收，负责解答验收委员会提出的问题，并应作为被验收单位代表在验收鉴定书上签字。

（3）竣工验收会议应包括以下主要内容和程序：

①现场检查工程建设情况及查阅有关资料；

②召开大会。

（4）工程项目质量达到合格以上等级的，竣工验收的质量结论意见应为合格。

（5）竣工验收会议的成果性文件是竣工验收鉴定书。数量应按验收委员会组成单位、工程主要参建单位各1份以及归档所需要份数确定。自鉴定书通过之日起30个工作日内，应由竣工验收主持单位发送有关单位。

4.工程移交及遗留问题处理

（1）工程交接手续

①通过合同工程完工验收或投入使用验收后，项目法人与施工单位应在30个工作日内组织专人负责工程的交接工作，交接过程应有完整的文字记录并有双方交接负责人签字。

②项目法人与施工单位应在施工合同或验收鉴定书约定的时间内完成工程及其档案资料的交接工作。

③在工程办理具体交接手续的同时，施工单位应向项目法人递交单位法定代表人签字的工程质量保修书，保修书的内容应符合合同约定的条件。

④工程质量保修期应从工程通过合同工程完工验收后开始计算，但合同另有约定的除外。

⑤在施工单位递交了工程质量保修书、完成施工场地清理以及提交有关竣工资料后，项目法人应在30个工作日内向施工单位颁发经单位法定代表人签字的合同工程完工证书。

（2）工程移交手续

①工程通过投入使用验收后，项目法人宜及时将工程移交运行管理单位管理，并与其签订工程提前启用协议。

②在竣工验收鉴定书印发后60个工作日内，项目法人与运行管理单位应完成工程移交手续。

③工程移交应包括工程实体、其他固定资产和工程档案资料等，应按照初步设计等有关批准文件进行逐项清点，并办理移交手续。办理工程移交，应有完整的文字记录和双方法定代表人签字。

（3）验收遗留问题及尾工处理

①有关验收成果性文件应对验收遗留问题有明确的记载。影响工程正常运行的，不应作为验收遗留问题处理。

②验收遗留问题和尾工的处理应由项目法人负责。项目法人应按照竣工验收鉴定书、合同约定等要求，督促有关责任单位完成处理工作。

③验收遗留问题和尾工处理完成后，有关单位应组织验收并形成验收成果性文件。项目法人应参加验收并负责将验收成果性文件报竣工验收主持单位。

④工程竣工验收后，应由项目法人负责处理验收遗留问题，项目法人已撤销的，应由组建或批准组建项目法人的单位或其指定的单位处理完成。

（4）颁发工程竣工证书

①工程质量保修期满后30个工作日内，项目法人应向施工单位颁发工程质量保修责任终止证书。但保修责任范围内的质量缺陷未处理完成的要除外。

②工程质量保修期满以及验收遗留问题和尾工处理完成后，项目法人应向工程竣工验收主持单位申请领取竣工证书。

③竣工验收主持单位应自收到项目法人申请报告后30个工作日内决定是

否颁发工程竣工证书，包括正本和副本。

④工程竣工证书是项目法人全面完成工程项目建设管理任务的证书，也是工程参建单位完成相应工程建设任务的最终证明文件。

⑤工程竣工证书数量应按正本3份和副本若干份颁发，正本应由项目法人、运行管理单位和档案部门保存，副本应由工程主要参建单位保存。

二、工程质量评定

水利工程施工质量等级为"合格""优良"两级。合格标准是工程验收标准。优良等级是为工程项目质量创优而设置的。

（一）工程质量评定的主要依据

1.国家及相关行业技术标准。

2.《单元工程评定标准》。

3.经批准的设计文件、施工图纸、金属结构设计图样与技术条件、设计修改通知书、厂家提供的设备安装说明书及有关技术文件。

4.工程承发包合同中约定的技术标准。

5.工程施工期及试运行期的试验和观测分析成果。

（二）施工质量合格标准

1.单元（工序）工程施工质量合格标准

（1）单元（工序）工程施工质量评定标准按照《单元工程评定标准》或合同约定合格标准执行。

（2）单元（工序）工程施工质量达不到合格标准时，应及时处理。处理后的质量等级按下列规定重新确定。

①全部返工重做的，可重新评定质量等级。

②经加固补强并经设计和监理单位鉴定能达到设计要求时，其质量评为合格。

③处理后的工程部分质量指标仍达不到设计要求时，经设计复核，项目

法人及监理单位确认能满足安全和使用功能要求的，可不再进行处理；或经加固补强后，改变了外形尺寸或造成工程永久性缺陷的，经项目法人、监理及设计单位确认能基本满足设计要求的，其质量可定为合格，但应按规定进行质量缺陷备案。

2.分部工程施工质量合格标准

（1）所含单元工程的质量全部合格。质量事故及质量缺陷已按要求处理，并经检验合格。

（2）原材料、中间产品及混凝土（砂浆）试件质量全部合格，金属结构及启闭机制造质量合格，机电产品质量合格。

3.单位工程施工质量合格标准

（1）所含分部工程质量全部合格。

（2）质量事故已按要求进行处理。

（3）工程外观质量得分率达到70%以上。

（4）单位工程施工质量检验与评定资料基本齐全。

（5）工程施工期及试运行期，单位工程观测资料分析结果符合国家和行业技术标准以及合同约定的标准要求。

4.工程项目施工质量合格标准

（1）单位工程质量全部合格。

（2）工程施工期及试运行期，各单位工程观测资料分析结果均符合国家和行业技术标准以及合同约定的标准要求。

（三）施工质量优良标准

1.单元工程施工质量优良标准

单元工程施工质量优良标准按照《单元工程评定标准》以及合同约定的优良标准执行。全部返工重做的单元工程，经检验达到优良标准时，可评为优良等级。

2.分部工程施工质量优良标准

（1）所含单元工程质量全部合格，其中70%以上达到优良等级，主要单元工程以及重要隐蔽单元工程（关键部位单元工程）质量优良率达90%以上，且未发生过质量事故。

（2）中间产品质量全部合格，混凝土（砂浆）试件质量达到优良等级（当试件组数小于30时，试件质量合格）。原材料质量、金属结构及启闭机制造质量合格，机电产品质量合格。

3.单位工程施工质量优良标准

（1）所含分部工程质量全部合格，其中70%以上达到优良等级，主要分部工程质量全部优良，且施工中未发生过较大的质量事故。

（2）质量事故已按要求进行处理。

（3）外观质量得分率达到85%以上。

（4）单位工程施工质量检验与评定资料齐全。

（5）工程施工期及试运行期，单位工程观测资料分析结果符合国家和行业技术标准以及合同约定的标准要求。

4.工程项目施工质量优良标准

（1）单位工程质量全部合格，其中70%以上单位工程质量达到优良等级，且主要单位工程质量全部优良。

（2）工程施工期及试运行期，各单位工程观测资料分析结果均符合国家和行业技术标准以及合同约定的标准要求。

（四）施工质量评定工作的组织要求

（1）单元（工序）工程质量在施工单位自评合格后，报监理单位复核，由监理工程师核定质量等级并签证认可。

（2）重要隐蔽单元工程及关键部位单元工程质量经施工单位自评合格、监理单位抽检后，由项目法人（或委托监理），监理、设计、施工、工程运行管理（施工阶段已经有时）等单位组成联合小组，共同检查核定其质量等级并填写签证表，报工程质量监督机构核备。

（3）分部工程质量，在施工单位自评合格后，报监理单位复核，项目法人认定。分部工程验收的质量结论由项目法人报质量监督机构核备。大型枢纽工程主要建筑物的分部工程验收的质量结论由项目法人报工程质量监督机构核定。

（4）工程质量外观评定。单位工程完工后，项目法人组织监理、设计、施工及工程运行管理等单位组成工程外观质量评定组，进行工程外观质量检验评定，并将评定结论报工程质量监督机构核定。参加工程外观质量评定的人员应具有工程师以上的技术职称或相应的执业资格。评定组人数应不少于5人，大型工程宜不少于7人。

（5）单位工程质量，在施工单位自评合格后，由监理单位复核、项目法人认定。单位工程验收的质量结论由项目法人报质量监督机构核定。

（6）工程项目质量，在单位工程质量评定合格后，由监理单位进行统计并评定工程项目的质量等级，经项目法人认定后，报质量监督机构核定。

（7）阶段验收前，质量监督机构应提交工程质量评价意见。

（8）工程质量监督机构应按有关规定在工程竣工验收前提交工程质量监督报告，工程质量监督报告应当有工程质量是否合格的明确结论。

（五）施工质量验收评定要求

1.单元质量评定的主要要求

（1）单元工程按工序划分情况，分为划分工序单元工程和不划分工序单元工程。划分工序单元工程应先进行工序施工质量验收评定。在工序验收评定合格和施工项目实体质量检验合格的基础上进行单元工程施工质量验收评定。不划分工序单元工程的施工质量验收评定，在单元工程中所包含的检验项目检验合格和施工项目实体质量检验合格的基础上进行。

（2）工序和单元工程施工质量等各类项目的检验，应采用随机布点和监理工程师现场指定区位相结合的方式进行。检验方法及数量应符合本标准和相关标准的规定。

（3）工序和单元工程施工质量验收评定表及其备查资料的制备由工程施工单位负责，备查资料一式两份，其中验收评定表及其备查资料一份应由监理单位保存，其余由施工单位保存。

2.工序施工质量验收评定的主要要求

（1）单元工程中的工序分为主要工序和一般工序。

（2）工序施工质量验收评定应具备以下条件：

①工序中所有施工项目（或施工内容）已完成，现场具备验收条件；

②工序中所包含的施工质量检验项目经施工单位自检全部合格。

（3）工序施工质量验收评定应按以下程序进行：

①施工单位应首先对已经完成的工序施工质量按本标准进行自检，并做好检验记录；

②施工单位自检合格后，应填写工序施工质量验收评定表，质量责任人履行相应的签认手续后，向监理单位申请复核；

③监理单位收到申请后，应在4小时内进行复核。复核内容包括：核查施工单位的报验资料是否真实、齐全。结合平行检测和跟踪检测结果等复核工序施工质量检验项目是否符合本标准的要求。在施工单位提交的工序施工质量验收评定表中填写复核记录，并签署工序施工质量评定意见，核定工序施工质量等级，相关责任人履行相应的签认手续。

参考文献

[1]张占贵，李春光，王磊.水文与水资源基本理论与方法[M].沈阳：辽宁大学出版社，2020.

[2]李骚，马耀辉，周海君.水文与水资源管理[M].长春：吉林科学技术出版社，2020.

[3]刘凤睿.水文统计学与水资源系统优化方法[M].天津：天津科学技术出版社，2021.

[4]水利部水文局，罗国平.水文测验[M].北京：中国水利水电出版社，2017.

[5]王现国.水文地质环境地质调查规范[M].郑州：黄河水利出版社，2018.

[6]李合海，郭小东，杨慧玲.水土保持与水资源保护[M].长春：吉林科学技术出版社有限责任公司，2021.

[7]田红卫，马力，刘晖，等.水土保持与生态文明研究[M].武汉：长江出版社，2017.

[8]王玉生，黄百顺.生产建设项目水土保持[M].郑州：黄河水利出版社，2021.

[9]汪义杰，蔡尚途，李丽，等.流域水生态文明建设理论、方法及实践[M].北京：中国环境出版集团，2018.

[10]李建林.水文统计学[M].北京:应急管理出版社，2019.

[11]刘凤睿.水文统计学与水资源系统优化方法[M].天津：天津科学技术出版社，2021.

[12]胡世明.水土流失治理与区域经济发展[M].西安：西安交通大学出版社，2019.

[13]王克勤，黎建强.水土流失综合治理理论与实践[M].北京：中国林业出版社，2021.

[14]江苏省骆运水利工程管理处.基层水文业务技术手册[M].南京：河海大学出版社，2018.

[15]于建华，杨胜勇.水文信息采集与处理[M].北京：中国水利水电出版社，2015.